周德九

作者簡介

1954年在台灣出生，名中的「九」是紀念筆者是家母所懷的第九胎，「九」就因此伴隨筆者一生；出生月、身分證號、學號、兵籍號碼、結婚日、居家與公司地址等不計其數都因緣巧合與「九」在在相繫。

1978年赴美讀研究所，主修熱學，筆者的姓名是屬火，主修熱學是命中注定，獲有30餘件的各國專利；又生肖屬馬，一生奔波勞頓，除文中略記登山經歷，中年以後開始學習飛行，無論因工作需要或興趣，跨洋環宇似馬奔馳，迭迭不歇。

極限挑戰
駕機環球16天全紀錄

周德九 著

前言

在筆者的青年時期，既是 1970 年的時代，台灣的航空完全是被空軍所掌握著，想要學飛或者是計劃以飛行為志業，那時只有一條路可走，就是報考空軍官校，當時的民航機機師也完全是由空軍退伍的飛行員所包辦著，報考空軍官校的首要是報考人必須是甲種體格，視力必須是無視力矯正的 2.0。 到了 1980 年代的後期，台灣的民航業才開始自己培養飛行員，但視力的要求還是無視力矯正的 2.0，一位生長在台灣的四眼田雞在那個時代是與飛行無緣的，更不要說能去夢想以飛行為一生的志業！

「通用航空 General Aviation」這名詞是直到筆者赴美就讀研究所且得到學位後受雇於一家位於底特律北邊郊區的一家專門研發新能源的私人公司的時期才聽到的。 該公司後面有一座小飛機場，機場名為 Oakland County Troy Airport（KLVV），這機場的跑道長 3500 英呎，寬只有 60 英呎，是一座無塔台管制的社區飛機場，在該機場的跑道南邊有 15 列的機棚，這些機棚是提供當地居民停放他們的私人飛機，飛機的數量至少百架，以上所見讓筆者開了眼界，才瞭解「通用航空」是私人或企業的飛行行為，在這小機場起降的飛機都被界定為「通用航空」。 當時在美國通用航空飛行是屬於白人的獨享品，除非有圈內人帶領，華人是不太可能打入那個飛行小圈子的。筆者雖然在美求學就業多年，但工作以外的社交圈子都是來自台灣取得研究所學位的人士與他們的家庭，與白人基本上是沒有私人的交往，更不用說有白人朋友能帶領入門飛行。 當年那家私人研發公司僱了十多位來自台灣的研究員，其中一位是台灣知名人士，他是前台大校長李嗣涔先生。 有一天筆者的一位白人同事在午休時間聊提到他有一架小飛機，筆者聽到後心中非常驚訝，怎麼都無法體會擁有一架飛機並能自駕飛行是一位普通受薪階級人士可以辦到的，於是告訴他「非常羨慕你，因為飛行是我一生夢想」，這位同事很大方地邀請筆者一起飛行，於是我們約好下週的某一天下班後去體驗飛行，筆者當時以為他的飛機就是停放在公司後面的小機場，但筆者先入為主的觀念是錯的，他的飛機駐在機場是 Oakland County International Airport（KPTK），這座機場位在筆者服務公司的西北邊約 25 公里遠，是一座非常繁忙的通用航空機場，底特律的三大汽車公司以及大企業的私人噴射機都是以這機場為樞紐。 各位不要被該機場的「International」給唬了，這機場並沒有定期的民航班機，但配有常駐移民與海關官員，他們主要是服務來往加拿大的通用航空飛機，來往美國各州與加拿大的通用航空飛機大多不會使用底特律的國際機場 Detroit Metropolitan Wayne County Airport（KDTW），KDTW 是國際與國內民航航班的專用機場。 美國各大都會的空中交通非常繁忙，為了讓民航航班與通用航空飛機能更有效率的運轉，民航班機與通用航空飛機會分流使用不同的機場起降。 筆者依稀記得約好飛行的那一天已是秋分時節，白晝時間較短，到達機場時間已是黃昏，同事的飛機是露天放置，沒有停放在機棚中，筆者當時是飛行白癡，對通用航空的品牌與機型是完全不具備任何知識，當時有詢問是哪種機型，同事也有回應，在不具備這些知識下問了也是白問，現在只依稀記得該飛機是雙座紅色低翼型飛機。 起飛後的天空已是暮色，筆者已記不得當時的飛行高度，但現在查了一下底特律機場的 VFR 航圖得知這裡的空域是 KDTW Class B，在不申請儀器飛行或沒有取得 VRF 進入 KDTW Class B 的許可時最高只能飛到 6,000 英呎高，起飛後就往筆者服務公司方向飛去，公司附近的空域最高只能飛到 4,000 英呎，所以當時東飛的高度不是 1,500 英呎就是 3,500 英呎，至今還很深刻印象是從機艙內看到地面上的萬家燈火與下班時間的如長龍般的汽車白色大燈與紅色尾燈，同事還讓我操作控制桿飛行，飛到公司後就 180 度向後轉飛返回 KPTK 機場，向西飛行高度應該是 2,500 英呎。 接近 KPTK 機場時天色已全暗，同事於是聯絡塔台請求降落許可，但在飛機對準跑道後時塔台通報沒有看到飛機的降落大燈亮著，這時同事才知道燈泡燒壞了，只能以無大燈降落，這就是筆者的第一飛行駕駛體驗，也同時埋下了飛行生涯中的第一顆種子。

當時雖然天時地利人和的「地利」已到位，但是還是沒能踏出一步，最主要是沒有多餘的錢能花在飛行訓練。 1986 年筆者回台創業，創業時期間常夢想著，如創業有成一定要開始學習飛行，學成後要買一架私人用噴射機 Private Jet，載著妻子飛上天雲遊。 但天有不測風雲，人有旦兮禍福，筆者的妻子不幸在 1995 年11 月被診斷出肺腺癌，她不久就離世了，為遠離傷心地，用時間來慢慢療傷，筆者帶著兩位女兒於 1996 年 8 月由台北遷到亞利桑那州 Arizona 的梅莎市 Mesa 居住，Mesa 是位在鳳凰城 Phoenix 的東邊。 搬遷安頓完畢先暫時將事業放在一邊，嘗試著做好身兼父母兩職的角色，同時為了要減輕失去妻子的痛苦，於是開啟了圓「學習飛行」與「駕駛飛機」的少時夢想。 筆者的 Mesa 居所正東方 2 公里處就是獵鷹機場 Falcon Field Airport（KFFZ），這時天時地利就開始到位了，因筆者的三哥當時受僱於生產 Apache 攻擊直升機的麥克唐諾道格拉斯公司 McDonnell Douglass（1997 年被波音公司併購），這家公司就位在 Falcon Field Airport 的北邊，他告知筆者 Falcon Field 有幾家私人的飛行學校，建議筆者去看看哪家飛行學校較適合。 台灣的空軍與民航飛行員對 Falcon Field 應該不陌生，因為他們很多都是在鳳凰城周遭的機場接受飛行訓練，其中新成立的星宇航空，第一與第二梯次的新進飛行員就是在 Falcon Field 的 CAE Oxford 飛行學校受訓。

筆者選了一家名叫 Arizona Aviation 的飛行學校（現已不存在），於 1996 年 9 月開始接受飛行訓練，在 1996 年 11 月取得美國航空總署 FAA 的私人單引擎目視飛行駕照，隨後的 15 年歲月中在不間斷持續受訓，逐步取得較高等級私人多引擎儀器飛行的執照，以及 EA500 型噴射機單人駕駛資格（Type Rating）。 在筆者的飛行生涯中，曾飛過 10 多種機型；單引擎螺旋漿、雙引擎螺旋漿、噴射渦輪螺旋槳，直升機、Taildragger（後三點起落架）、動力滑翔機與雙噴射引擎等，也曾經擁有過單引擎螺旋漿、噴射渦輪螺旋槳、雙噴射引擎各類飛機。 具備了這些飛行的資格與經驗，才得有幸於 2018 年 4 月 27 日到 5 月 12 日之間的 16 天駕駛 6 人座雙噴射引擎飛機 Eclipse 500（機號為 N287WM）環地球飛行一周。 經查自從 1938 年以後，有私人（非商業、非聘雇、非軍事、或非航空公司）環球飛行的紀錄開始，筆者應該是私人駕雙噴射引擎飛機環世界飛行的第一位亞洲人或華人。

這本書詳細記載了筆者環球飛行的規劃、籌備，飛行過程、各停留城市的探訪過程與事後感想等，它應可以提供欲以私人飛行為興趣之人士一種務實的參考。

筆者 周德九 謹識

二十一年磨一劍的偉大夢想　序

63 歲的你是什麼樣的你？等退休？等孫子回來？還是勇敢地去實現夢想？著名的小說《環遊世界八十天》，這是一個多麼令人驚嘆的偉大夢想，然而卻有人可以在 63 歲時，利用 16 天完成了這偉大的夢想。 沒錯他就是執行力驚人的周大哥，在他生命中不僅攀爬聖母峰，組織與領導有史以來華人第一支世界第二高峰 K2 的遠征攀登隊，也完成了駕機飛行世界一周的壯舉。 雖然他只花了 16 天，但這本書的故事卻不止 16 天，從發願，實行，甚至介紹飛行概論，紀錄飛行過程，連結地域與歷史，介紹了東方人不熟悉的地方，還有心路歷程。 讓這本書不僅是紀實勵志的書籍，也是一本飛行入門教科書及環遊世界的書籍。

周大哥在書中曾提到，儒家思想匡住了中國人的思想，總覺得只有中國才是世界，如此一來，安逸，滿足現狀，成了普世對中國人的印象，而冒險犯難反而成了西方人的價值。 同樣身為飛行員，更不得不佩服周大哥的膽識與勇氣，因為在航空公司上班，幾乎所有的後勤工作公司都已經安排好，航線也固定，不像書中的航行，每趟都如湯姆歷險記（Tom Sawyer）般地處處充滿了驚險與驚喜。 只能說民航機是舒服的飛行，相較書中的飛行反而較無趣。 而小飛機的飛行雖然苦，樂趣卻是無窮的。

雖然說是驚險，但是書中的周大哥並非無的放矢，他善用了他理工科的背景，分析了所有的狀況，一步一步的規劃前進，讓他知道該如何完成夢想，並且實踐了他的夢想。 雖然過程略有挫折，最後他仍然創下了華人的壯舉。 從中年發願開始，先去完成年輕就有的飛行夢，再按部就班地累積各種飛行時數及飛行經驗。 要不是有熱誠跟執著，相信是不容易堅持下去的，更別說這是一個二十幾年的大計劃。 而為了飛到全世界，他也不斷地進修，學習，直到現在都未曾停歇。 難怪他曾告訴我，飛行能夠讓他保持年輕。

心在哪，世界就在哪，跟著周大哥的書，我的心也跟著走了好多我都不曾去過的地方，看到不同角度的世界，正如古人說的行萬里路，勝讀萬卷書。 每到一個新景點，周大哥都當成不容易再度拜訪的地方，也因此他特別研究了當地的奇風異俗，才有辦法在書中描述當地貫通古今中外的軼事。 這態度讓我這個民航飛行員完全跟不上，因為我總覺得還有下次，但是人生真的有那麼多下次嗎？

幸好，周大哥不是民航機飛行員，不然他可能會遇到其他讓他完成夢想的問題，畢竟這個計劃所需的財務支出不是每個人都能負擔的。 知名演員約翰屈伏塔曾說，飛行是他的氧氣，能飛行的生命是有氧的，躍上大銀幕所掙得收入，資助了他對飛行的熱情。 而周大哥也是有效率的運用他自己的資產與人生，完成了他這項人生的目標。 此等熱情，讓人著實欽佩。

也許大家會覺得周大哥的夢想離我們太遙遠，太難達成，但是周大哥也是用了二十幾年來實踐這個夢想。 大家不妨重新想想自己的夢想，評估一下自己的能力，然後努力去實踐。 當太空人也許太遙遠，但騎車環島絕對不會，成為書中的王公貴族沒辦法，但是當個好兒子卻不難（就像周大哥的兒子去接機）。 人生苦短，設定目標，努力實踐，對飛行有興趣的你，下一個駕機環遊世界的華人就是你！

楊國興

2021 年 6 月於台北

楊國興先生現任華航波音777機型的飛行教官

平凡中的了不起　序

我自幼 7 歲時就認識周先生，我們生命中有一位重要重疊的關聯人物就是已故堂姊，堂姊是他早逝的妻子。 我是在 1998 年開始受雇於航能國際，然而在陰錯陽差下直到任職航能 8 年後的 2006 年才開始一步步瞭解他的為人與處世，23 年間我參與了經營航能，也親眼目睹他怎麼走過人生各種風風雨雨。

據我所知，周先生這一生在他的本業上交出三個世界第一的成績；第一個創舉是在 1988 年率先量產熱電發電機（Thermal Electric Generator），第二個創舉是在 1992 年率先將熱管（Heat Pipe）導入筆電 CPU 的散熱應用，第三個創舉是在 2004 年率先開發出商業化的 LED Par Lamp。 他這一生已獲得過世界各國的 30 餘件專利，但是他在這些出眾成績的背後是一位活生生的平凡人。

他經營航能 31 年期過程中曾歷經了許多中小型企業經營者都會遇到的難題；例如攜手襤褸的高階管理主管因事對他訴諸於法律訴訟；曾為愛屋及烏培育的姻親晚輩趁便掏空業務與財務來成就自己中飽慾囊；曾經受到他苦心教導的員工竟集體出走，而其理由是歸咎於周先生對工作上嚴格要求。 凡此種種，周先生與我一次一次領受人性面臨利誘時的齷齪，風雨中，周先生秉持理工人應有的嚴謹，雖幾經波濤與打擊，依舊顏色不改，終究交出更出色的經營成果，證明堅持理念才是一條持久恆常的大道。

周先生的生活非常節簡樸素與低調，他至今還開了一輛已經有 25 年車齡的 SUV，他走到街上時路人絕對不會想到這位不起眼大叔不單單在本業上擁有多項世界第一的成績，在個人興趣上也交出了幾項輝煌的華人紀錄；2000 年他籌備組織募款率領了 15 億華人有史以來第一支世界第二高峰 K2（喬戈里）的遠征攀登隊；2018 年他完成 15 億華人有史以來第一次非商業性質的駕駛輕型雙噴射引擎飛機環球飛行。 他是白手起家，經營下所得的利潤都存起來，在航能 31 載的營運過程中，公司財務單位從來無需向外調過一次頭寸或跑過一次銀行 3 點半，以上的成就必須是一位嚴以待己無時無刻自我要求的一位紀律人才有機會達成的。

我想在別人的眼裡是很難真正理解到周先生為何嚴謹要求所有事務的背後原因，別人都只能看到他還算是輝煌的表面，卻沒能力穿透表層看到他能深諳危機既是轉機，進而能適時適地提出正確判斷與決策，更能確實做到「做事要第一次就將事做對」和「不要浪費自己與他人的時間」，然而這些本領都需經曠日持久的熱情與煎熬才能鍛鍊出的。 他年輕時沒有機會修練社會大學，經營事業一路是跌跌撞撞的被人性打敗，直到了「知天命」的年紀才慢慢地累積出知曉人性的智慧。當他被人性打敗的時候，他會自省與調整心態，漸漸地體會出人間冷暖與世態炎涼，但他會不妥協，過程中努力可能會被否定，辛苦可能不被認同，隱忍可能不被理解，付出可能無回報，有時甚至讓人無法理解他的堅持是了為什麼？ 多年在旁觀察他的人生格局就如同他選擇挑戰 K2 與自駕飛機環遊世界都是一樣的艱難而高遠，他體認珍貴的生命轉瞬即逝不容浪費與怠惰，遐滿人身是今生的福報，他的理想人生目標不是成為一位被大眾所仰望的人物，而是成為踐行在分分秒秒的生命中的一位平凡人，始能在百年之後獲得「不枉此生」的蓋棺論定。

半生奔馳，風雨艱辛，年過耳順，等待他的，相信是隨之而來的從心所欲吧？

陳惠齡

2021 年 7 月於台北

陳惠齡女士現任航能國際的負責人

目錄 Contents

通用航空

人類自古以來心中都夢想著能像飛鴻般在天空中自由翱翔，這個夢想是一直上個世紀的 1903 年 12 月 17 日才得成真，在那一天早上 10 點 35 分萊特兄弟（Wright Brothers）的弟弟 Orville 駕駛自行研製的飛機「飛行者一號」在 Kitty Hawk 的海灘上首次成功將重於空氣的動力航空器能持續且被受控著飛行了 59 秒鐘，飛行的距離是 852 英呎（約 260 公尺）。 萊特兄弟雖然不是讓航空器飛行的第一人，但他們首先發明的固定翼飛機控制系統為飛機的實用性奠定了基礎，所以他們被後人譽為飛機的發明者，這項控制技術的原理至今仍被應用在所有的固定翼航空器身上，因此人類從 1903 年 12 月 17 日開始才真正算是能夠在天空中自由翱翔。

一次世界大戰之後，許多愛冒險的飛行員開始將飛機應用於商業攝影、勘測、執法，播種和噴灑農藥、以及其他多項商業行為。 在美國因第一次世界大戰後有大量的軍用飛機被淘汰下來，這些剩餘的飛機給有意提供商業飛行服務的創業者一次難得的創業機會，通用航空開始吸引了越來越多的客群。 但是到 1920 年代後期，剩餘飛機的供給逐漸枯竭，於是新興的飛機製造公司開始研發與生產新型可容納 2 至 5 人封閉機艙型式的飛機，從而終結了開放式駕駛艙、頭盔、護目鏡與高分貝的發動機噪音的飛行型態。

在整個 1930 大蕭條年代，私人飛機的開發並沒有停滯，美國在地理上是分散的，運用公路或鐵路的商務旅行是非常耗費時間的，所以輕型載人飛機可填補民航空業的運輸間隙，可運送乘客與貨物到小城鎮或無公鐵路到達的偏遠地區，大大節省了時間和運輸成本。 在最受歡迎的輕型載人機型中，有巡航速度每小時 85 英哩兩人座 65 馬力單活塞引擎的 Piper Cub，每小時 160 英哩四人座 165 馬力單活塞引擎的 Cessna C165 Air Master，還有每小時 220 英哩七至九人座 450 馬力雙活塞引擎的Beechcraft 18。 當時 Cessna 和 Beechcraft 還是使用徑向式活塞引擎（Radial Piston Engine）時，Piper 則開始使用水平對置式活塞引擎（Horizontally Opposed Piston Engine），水平對置式活塞引擎簡化了引擎艙設計，到今天水平對置活塞引擎已成為輕型飛機的首選。

第二次世界大戰結束後，各種不同私人或商用輕型飛機的需求持續不斷地增長，大約在 1942 年時「通用航空」一詞開始被用來描述所有軍事或定期民航運輸以外的飛航行為。 Piper，Cessna 和 Beechcraft 是三家主要的「輕型飛機」製造商。 飛機引擎製造商 Lycoming 與 Continental 已能量產 65 至 200 匹馬力的高效水平對置活塞引擎，這兩家製造商的量產能力使他們在國際占了輕型飛機用引擎的主導地位，這些量產引擎搭配渦輪增壓器後就可將功率提升到 300 匹馬力以上。在 1950 年時期，Piper 和 Cessna 都推出了 2 至 4 人座適合短程飛行的高單翼飛機。

▲ Piper Cub（Licensed, AirTeamImages.com）

▲ Cessna Airmaster C165（Licensed, AirTeamImages.com）

Beechcraft 則推出了時尚全金屬 V 型尾翼可升縮起落架的 Bonanza B33，B33 的特點是更快的飛行速度和更寬敞的 4 人座艙。 新一代的無線電通信和導航設備也開始被安裝到輕型飛機的駕駛艙，今天我們統稱這些設備為航電（Avionics），航電可讓飛行員在惡劣天氣下仍然能執行飛行任務。 為了提供更快與更舒適的商務旅行，這三家飛機製造商續推出 4 到 8 人的雙引擎機型，並且有些機型被加裝了增加艙壓的系統，使乘客在高空飛行時不致因低艙壓而感到缺氧與身體不適，有些機型的客艙備有豪華座椅與洗手間，壓力艙飛機的艙門內面有階梯，機艙門打開放下後艙門就成為上下飛機用的梯子，當時這類機型都需要兩位飛行員來駕駛。

▲ Beechcraft 18（Licensed, AirTeamImages.com）

▲ Bonanza B33 V Tail（Licensed, AirTeamImages.com）

儘管美國生產的飛機在全球通用航空產業占有主導地位，但其他西方國家製造的飛機也贏得了一定程度的市場，成為全球航空器產業中的不可或缺的要角。

加拿大在荒野飛行用機型的開發與生產是悠久歷史的，由 De Havilland 公司所推出的高單翼「海狸」（Beaver）就是一個實證，它配備 450 馬力功率的大型徑向發動機，海狸可以運載 6 至 7 人，或大約 1,700 磅的有效載重，海狸的大小適中，使飛行員可以在荒野中的簡易飛機跑道上起降，裝上了浮桶（Pontoon）或雪橇的海狸，可以在荒野中的湖泊、河川、冰雪地等地區起降，海狸是一種多彩多藝（Versartile）並適應性極高的機型，De Havilland 前前後後一共生產了約 1700 架的海狸，它們在從熱帶到極地的 63 個國家或地區提供飛行服務。 演員 Harrison Ford 主演 1998 年的電影（Six Days and Seven Nights），在電影中他駕駛的飛機機型就是 De Havilland Beaver。

▲ De Havilland Beaver DHC-2（Licensed, AirTeamImages.com）

蘇聯也沒有在輕型飛機的產業中缺席，Antonov 飛機製造公司在 1947 年推出雙翼寬敞桶狀機身的 AN-2 機型，AN-2 裝置了一具 1,000 匹馬力的徑向引擎，它可乘載 10 多位乘客或 4,000 磅的貨物，AN-2 的機翼面積超大，所以該機型的低空飛行性能是很優異的，非常適用於農業低空噴灑。 又因為 AN-2 能夠在蘇聯偏遠地區的崎嶇跑道上起降，使它成為一架非常經典的通用航空飛機，在西伯利亞 AN-2 承擔了短程客貨運和空中救護的任務。 1950 年代後期，烏克蘭已經生產了約 5,000 多架 AN-2，隨後在 1960 年代，波蘭也生產了大約 11,900 架，AN-2 不僅在整個蘇聯集團被廣泛使用外，今日的非洲、拉丁美洲和亞洲還是能見到它飛行的身影。

▲ Antonov AN-2（Licensed, AirTeamImages.com）

英國在 1960 年代時在通用航空產業也取得了一些成果，British Executive and General Aviation Limited（Beagle Aircraft Ltd）飛機製造商曾推出數十架機型，但這些機型都無法跟美國製造的機型競爭，原因是除了美製的機型裝備精良外，美國飛機製造商都已布局了國際經銷網來提供銷售與支援售後服務。

英國專門生產企業用或支線民航用機型的飛機製造商的營業狀況還算不錯，如 De Havilland（後來被併購成 Hawker Siddeley）於 1945 年所推出的雙引擎低翼伸縮式起落架的 Dove 機型。 Dove 一直到 1960 年代還被持續生產中，前前後後一共製造了 554 架，其中的 200 架是軍用型。 另一個位在英格蘭南方的懷特島 Isle of

▲ Beagle Dove B206（Licensed, AirTeamImages.com）

Wight 的飛機製造商 Britten-Norman 在 1960 年代中期推出了Islander 機型，Islander 是一種可乘載 9 名乘客金屬機身結構雙引擎高翼固定式起落架的機型，Islander 的上市是為了取代過時 Dove 的機種，Islander 配備了先進的航電設備，它是以流水線方式組裝的，成本僅為 Dove 機型的三分之一。 儘管該機型的生產基地是分散在英國、羅馬尼亞和菲律賓，極不利於有效率的生產，但因其成本低廉銷售成績還是很好。 後來 Islander 機型被加長了機身，使客艙能乘載到 16 名乘客，同時重新設計了機翼和機尾，將第三個活塞引擎機安裝在垂直尾舵的上方，使機型成為了 Tri-Islander。 該機型上市的 50 多年後，在 21 世紀 Islanders 還在為地形狹窄與人口稀少的地區，如加勒比海各島嶼，提供載人與運貨的飛行服務。

▲ Britten-Norman Tri-Islander（Courtesy of FlightAware.com）

法國的通用航空飛機製造產業與英國是類似的，它的飛機製造商為了要與美國的飛機製造商競爭都忙於推出輕型飛機。 二戰後的數十年期間，法國飛機製造商們推出了數十種機型，但它們大部分的命運都是未完工，或者是被放在地下室，車庫和穀倉中慢慢地腐爛。 1966 年法國飛機製造商進行了全方位的整併與重組，一個嶄新飛機製造公司被成立，該公司名稱是 Socata，它是法文 Société de Construction d'Avions de Tourisme et d'Affaires 的字首縮寫，翻譯成中文是「旅遊和商務飛機製造公司」。 該公司繼續生產擁有長時間市場考驗的 2 人單翼 Rallye 機型，Socata 憑藉 Rallye 系列機型的成功銷售而因此壯大，到 1990 年代，Socata Tobago 和 Trinidad 兩種升縮式起落架單引擎機型在北美市場中成為 Piper，Cessna 和 Beechcraft 的競爭對手。

▲ Socata Rallye 100ST（Licensed, AirTeamImages.com）

整個 1960 年代，以活塞引擎為動力的機型是通用航空產業的主力，而無所不在的通用航空為航空業注入了新的活力，到 1969 年時通用航空的飛機數量已高達十二萬架。

第一架通用航空噴射機是在 1957 年被推出，該機型是 Lockheed 飛機製造商的 JetStar，第二架被推出的通用航空噴射機是 North American 飛機製造商的 Sabreliner。 但到了 1963 年時 Learjet 飛機製造商推出了 Learjet 23 後，之前的通用航空噴射機就黯然失色了。 Learjet 23 可乘載 5 至 7 名乘客，最高時速可達每小時 560 英哩，航程為 1,830 英哩。 1960 年代名藝人如法蘭克辛納屈（Frank Sinatra）、馬龍白蘭度（Marlon Brando）、和迪安馬丁（Dean Martin）等的青睞下紛紛購入 Learjet ，從此 Learjet 就成為通用航空噴射機的代名詞，就如同 Xerox 是影印機的統稱一樣。 到了 2020 年時通用航用噴射機製造商有：美國 Gulfstream、Cessna、Beechcraft、Cirrus 與 Honda 等 5 家，加拿大龐巴迪（Bombardier），法國達梭（Dassault）與巴西 Embraer。 Learjet 在 1990 年被 Bombardier 併購，但 Bombardier 在 2021 年 2 月宣布，Learjet 75 型噴射機將於 2021 年第 4 季停止生產，Bombardie 的說法是需要著重在利潤更高機型的產銷，這是商場上利潤至上的表現，自 1963 年推出市場後 Learjet 飛機製造商一共交付了 3000 多架飛機給客戶。

▲ Lockheed Jetstar（Courtesy of FlightAware.com）

North America Sabreliner（Courtesy of FlightAware.com）

Lear Jet 23（Courtesy of FlightAware.com）

航電與導航

一架現代飛機的最基本飛行儀表必須顯示 6 種飛行數據：空速、姿態、高度、轉彎度、航向與升降速。 其中呈現姿態、轉彎度與航向等 3 種儀表是陀螺（Gyro）儀，而呈現空速、高度與升降速等 3 種儀表是閥桿（Stem gauge）儀。這 6 種儀表俗稱「6 Pack」，是屬於類比式（Analog）的儀表。

▲ 6 Pack

航空產業在踏進噴射時代後，因應儀器飛行的需要，使導航、儀表、通訊、著陸輔助等的航電設備得到了快速發展。 首先是將陰極管顯示器（CRT）應用到航空激發了航電的革命，CRT 是在第二次世界大戰時首先被應用在偵測來襲敵機的軍事雷達，但很快就被衍生應用到導航與進場管制（GCA），進場航管員可依據雷達系統 CRT 所顯示的飛機航向和下降角進而發出導航指令，得使飛行員能夠在極端惡劣的天氣條件下將飛機安全降落。 GCA 在 1948 年柏林封鎖空運中被美國軍方廣泛使用在軍機導航，1949 年獲准應用在美國民用航空的導航。 隨後 CRT 也接著進入駕駛艙，取代了各種類比式儀表。 接著導入駕駛艙的是 EFIS（Eelectronic Flight Instrument System），EFIS 為飛行員提供了更多的有用與及時的信息，EFIS 搭配自動駕駛時，由 EFIS 顯示出的飛航數據成為飛行安全的關鍵要素。 到了 1980 年代時 CRT 逐漸被用於電腦顯示屏的 LCD 所取代，第一個 「玻璃座艙」 是波音在 1981 年推出的 B767 機型，從那時起，LCD 顯示屏就逐漸被應用在整個航空領域，今日幾乎所有生產的新飛機，不論大小，商用或軍用，它們的駕駛艙的航電設備都是 LCD 顯示屏了，6 Pack 類比式儀表基本上已經在駕駛艙儀表板上一步一步地消失了。

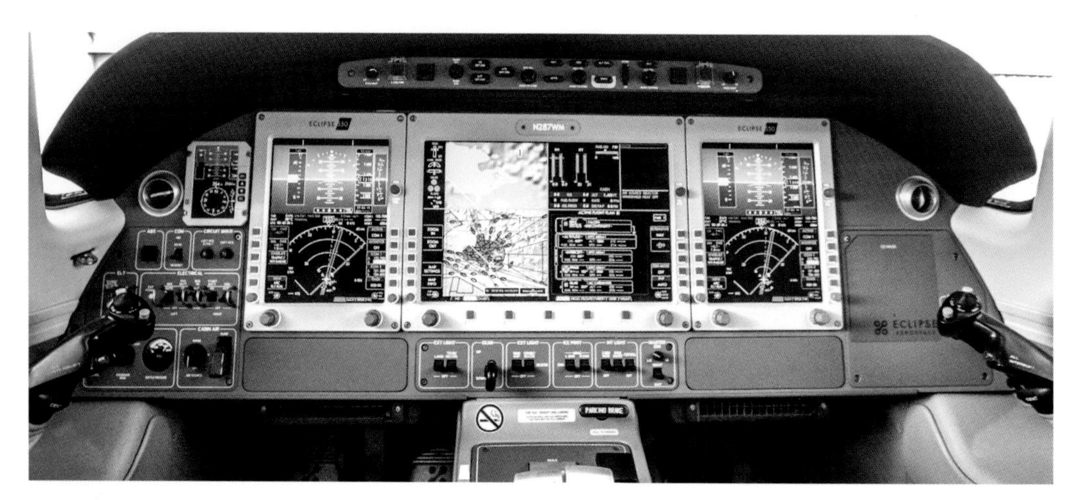

▲ Glass Cockpit

第二次世界大戰時各交戰國為了取得戰場上的優勢，使得在通訊與導航上發生了巨大的躍進：

在通訊領域中，第二次世界大戰後開發出的超高頻 VHF 的無線電成為民用和商用飛機的標準，而軍用飛機則採用了超高頻 UHF。 1990 年代第一種衛星通訊 Inmarsat 被推出，推出時的通訊價格昂貴，但到了今天，衛星通訊設備已被普遍地裝置到各種型飛機上，機組與乘客可在世界任何角落的空中與地面通話，傳收電子郵件，連接互聯網等等。

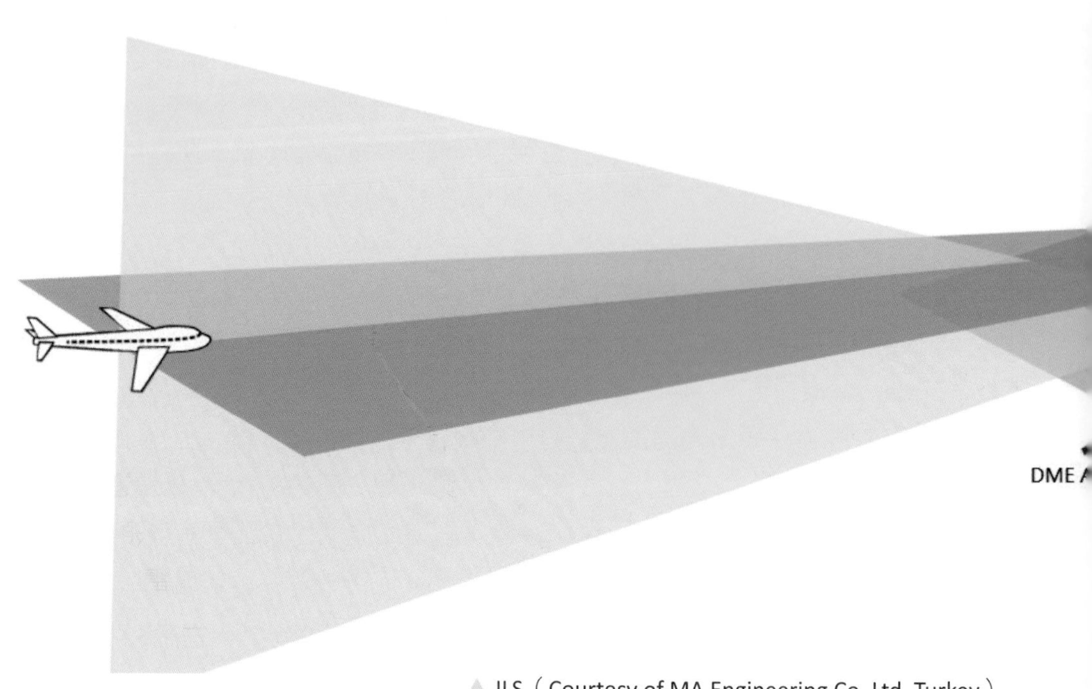

▲ ILS（Courtesy of MA Engineering Co. Ltd, Turkey）

第 1 種被開發出來的儀器導航系統是儀器降落系統（Instrument Landing System），簡稱ILS， ILS 的系統是由左右定位導航台（Localizer）與下滑導航台（Glideslope）兩種導航設備所組成的。 機載航電解碼 Locaizer 導航台發送出左右無線電波配合著 Glideslope 導航台發送出下滑無線電波，得使飛行員在雲霧中能依循者左右無線電波的中線與下滑無線電波的中線將飛機安全著陸。 ILS 是在 1929 年就被推出，但直到 1945 年才真正進入實用。 今天在美國有 1,550 個 ILS 進場台在運作中。

第 2 種被開發出來的儀器導航系統是列非定向無線電信標（NDB，Non-Directional Beacon）。 1932 年 5 月 9 日美國陸軍航空兵赫根伯格上尉（Albert Francis Hegenberger）使用他所開發的 NDB 系統在俄亥俄州麥庫克機場進行了第一次單機進場和著陸，在地面上設有非定向無線電信標，飛機上配備了無線電羅盤、陀螺器和無線電接收器，Hegenberger 的 NDB 系統隨後就被民軍航空廣泛採用。 非定向電台是使用中波（MF）或長波（LF）的無線電，如機上裝置的自動方向尋找器（Automatic Direction Finder），簡稱 ADF，可接收該電台所發出的無線電訊號，飛行員就可在航圖上定位出與該 NDB 的相對軸線方位。 中波（MF）的頻率是 300 至 3000 KHz，而 AM 廣播電台的頻率是 540 至 1600 KHz，所以在導航系統不發達的地區，AM 廣播電台所放送出的電波也可以用來導航。 到 2021 年在美國幾乎沒有人使用 NDB 來導航了。

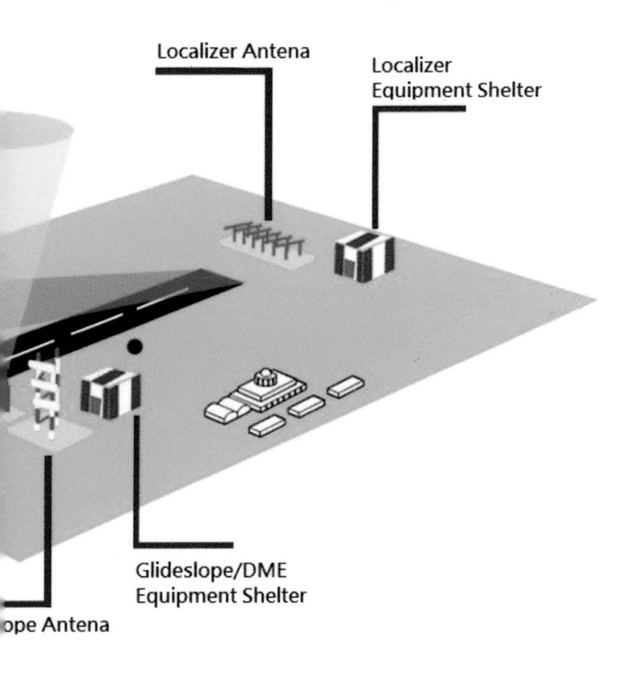

第 3 種被開發出來的儀器導航系統是（VHF Omnidirectional Range），簡稱 VOR。 它是於 1937 年在美國被開發出，直到 1946 年才在世界各國展開佈網，1946 至 2000 年間 VOR 是全球的標準導航系統，約有 3,000 多座 VOR 地面導航台在運行中，美國就有 1,033 座。 1993 年全球衛星定位系統（Global Positioning Sattlite，GPS）的 24 顆衛星形成星群（Full Constellation）後 GPS 導航正式開始運作，VOR 地面導航台就逐步地被退役中，現在在美國境內 VOR 地面導航台已經減少到 590 個。 VOR 是全向 360 度 VHF 無線電台，它使用 108.00

至 117.95 MHz 之間的超高頻（VHF）頻段內的頻率。 飛機上的導航無線電（NAV Radio）在接收到 VOR 發射出來徑向無線電波線，就可知道飛機和該 VOR 的相對軸線方位，早期裝置了儀器飛行航電的機型都會有 2 台導航無線電，各導航無線電接收不同的 VOR 電波就可在航圖上以三角定位出飛機的現在位置。

▲ VOR

第 4 種被開發出來的儀器導航系統是 VOR/DME（VHF Omnidirectional Range / Direction Measuring Equipment）中的 DME 是測距設備，是一種通過 VHF 無線電波來量測飛機到 VOR 地面導航台距離的裝置。 DME 是在 1946 年開始被開發，但直到 1960 年代固態（Solid State）導航無線電被應用到飛機上後才開始被泛用的。 VOR/DME 的組合使在航圖上定位更簡易，偵測到由單一的 VOR/DME 地面導航台所發出的無線電波就可測出的飛機與該地面導航台的相對方位角度和距離，飛行員可以輕鬆地在航圖上定位出飛機的現在位置。

不過 VOR、VOR/DME、NDB 等的導航系統在 GPS 出現後就逐漸的變成無用武之地，也正在逐步地被退役中，除非第三次世界大戰時的星際大戰，各交戰國互相將美國 GPS、中國北斗、歐盟伽利略、與俄羅斯 GLONASS 的衛星群摧毀掉，飛機導航就會回到地面導航了，那時 VOR、DME、NDB 等才會再被廣泛使用。 事實上美國航空總署 FAA 已經未雨綢繆在建立一個最低限的導航網，英文名稱為 Minimum Operational Network（MON），這個導航網是由 VOR 地面導航台與 ILS 進場台所組成的，萬一 GPS 導航因故失效，儀器飛行的飛機可運用 VOR 導航飛到具備 VOR 或 ILS 進場程序的機場。 FAA 指出，MON 導航網預計在 2025 年會成形。

▲ GPS 衛星群 (由 Space.com 下載)

因為使用 GPS 導航飛機能取得精準的二維定位，因操作成本低廉，GPS 被廣泛用民用與軍用飛機的導航。 在 2003 年 7 月 FAA 再推出廣域增強導航系統（Wide Area Augmentation System，WAAS），使三維導航（水平與高度）的精準度縮小到 1.5 公尺之內，結合 GPS 與 WAAS 能提供標準儀器出場 SID（Standard Instrument Departure）、標準航站儀器到場 STAR（Standard Terminal Arrival）與儀器進場（Instrument Approach）等程序的精準導航，因此美國眾多的偏遠地區與山區的機場不論有無塔台再也不需要增設 ILS 進場地面台就可提供飛機非常精準的儀器進場導航。

GPS 導航的精準與實用是集合政府、軍方、學校、產業經過 40 年不間斷地的投入才達到的成果。 美國國防部於 1973 年開啟 GPS 的研究與開發，目的是為了克服當時軍用與民用導航系統的局限性，GPS 是在 1995 年全面投入使用。 美海軍研究實驗室的 Roger L. Easton、航天公司的 Ivan A. Getting和應用物理實驗室的 Bradford Parkinson 三位是被公認為 GPS 導航技術的發明人。 但如果再進一步探討哪位科學家的理論與研究成果能讓在 2021 年時的 GPS 導航提供正負 30 公分（1 英呎）的定位精確度呢？那就要歸功於兩位數學家了，第一位是眾所皆知的大科學家阿爾伯特愛因斯坦（Albert Einstein），而另一位是格拉迪斯韋斯特（Gladys West）了。

從物理學角度運動（Motion）、彎曲空間（Curve space）與地球引力（Gravitation）都會影響接收到的 GPS 訊號在轉換成位置和時間過程的精確性：

- **運動**：如 GPS 星群在太空中的位移與地表上 GPS 接收器的位移，兩者相對物體的位移在愛因斯坦狹義相對論定律下會引起時間膨脹和長度收縮。
- **彎曲空間**：廣義相對論定律指出，當光波或無線電波從空間曲率較少的太空運動到空間曲率較大的地球表面時，光波或無線電波會被地心引力所藍移，而使時間被擴展。 藍移（Blue shift）是指當光、無線電波、聲波位移接近時，光譜移向藍色端，無線電波長變窄，聲音頻率變高，而當光、無線電波、聲波位移遠離時會紅移（Red shift），光譜移向紅色端，無線電波長變寬，聲音頻率變低，這就是都卜勒效應（Doppler Effect）。 愛因斯坦的廣義相對論提及，地心引力會藍移或紅移光波或無線電波。
- 地心引力的影響：地表上的山脈、山谷與地殼厚度的變化，甚至是土壤中不同位置的地下水層等，都會使地心引力的強度與方向造成微量的變化。

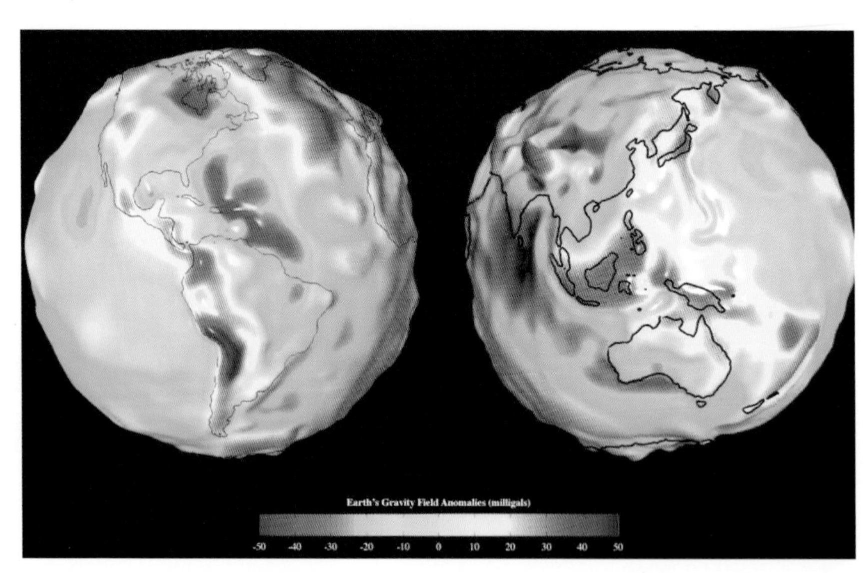

▲ 地心引力在地表的微量變化

地心引力在地球表面不同區域的微量變化會使無線電波藍移和時間被擴張，導致直接影響到 GPS 定位的準確性，計算出這地心引力在地球表面各區域微量變化是需要超強計算能力的計算機來完成，儘管這艱鉅的科學工作是需要很多人所組成的大型研究團隊來執行，但是貢獻最大的是韋斯特，她是有史以來被弗吉尼亞州的海軍試驗場（Naval Proving Ground）所錄用的第二位黑人女性，1956 年韋斯特在海軍試驗場的職務是計算機程序撰寫員，運用大型計算機來分析由衛星所偵測的資料與數據。 她最具革命性的成就是在 60 年前，為了使 GPS 定位與時間更準確被計算出，計算程式就必須納入所有能扭曲地球形狀的力量所造成的變化，她自己撰寫的計算機程式能精確地計算出地球的水平面，在 1960 年時她是人類史上第一人提出了極高準確度的地表高度模型，她也編寫了新一代的雷達高度量測衛星的指導書，並教導人們如何提高衛星對大地測量的精度。 1998 年時她從海軍水面作戰中心（Naval Surface Warfare Center）退休，海軍試驗場在 2008 年提升為海軍水面作戰中心。 她退休後回到學校並完成了博士學位。 今天，我們每天都會用到 GPS，如手機叫外賣、駕車、飛行、海運、土地丈量、偏遠地區救難等不勝枚舉，因為她傑出與卓越的貢獻使 GPS 的定位準確度由營運初期的正負 30 公尺縮小到現在的正負 0.3 公尺，準確度增加了足足 100 倍，大眾們當使用到這麼精準定位或導航時，請務必由衷感謝韋斯特博士。

▲ Dr. Gladys West

韋斯特博士今年已經是 91 歲，她還很健在，有趣的是她還是用紙張地圖來導航而不用 GPS。

有一部電影，片名叫《被隱藏的人物》（Hidden Figures），影片內是描寫太空競賽期間在美國國家航空航天總署（NASA）工作的三位非洲裔女性：衛星軌道數學家 Katherine Johnson、計算機數學家 Dorothy Vaughan 與航太工程師 Mary Jackson，其中 Katherine Johnson 為水星計劃和登月任務導出的衛星飛行軌跡的數學式，用來計算出衛星飛行所需要的軌跡，她對人類文明做出了至高的貢獻。 不諱言，美國的種族歧視嚴重，但是少數民族或移民在美國還是有出頭的機會，且這些對世界有極大貢獻的人們都非由一流大學畢業的。 一個國家或地區被出自一所大學單一學系近親繁殖的一群人所領導時是不可能全方位發展的，甚至有可能還會開倒車。

獨立自動監測廣播設備（Automatic Dependent Surveillance Broadcast，ADSB）是美國下一代航空運輸系統（NextGen）的骨幹。 自 2020 年 1 月起，飛行在美國境內的所有民航班機，以及欲飛進需應答器的空域（Air Space）的所有飛機都要裝置 ADSB-Out。 ADSB Out 是以每秒一次的頻率向外廣播飛機位置的經緯度、高度、地面速度和其他數據。 而航管或有裝配 ADSB-In 的飛機可立即收到此信息。 與雷達技術相比，此技術可更準確地跟踪飛機，因為雷達的掃描頻率是每 5 至 12 秒才掃描到一次。

自 2017 年以來，ADSB 已在歐洲的幾種飛機上強制使用，自 2019 年 1月 15 日起，加拿大將 ADSB 運用於沒有雷達覆蓋的偏遠地區，如哈德遜灣、拉布拉多海、戴維斯海峽、巴芬灣和格陵蘭南部，今天在澳大利亞領空的儀器飛行飛機，必須配備 ADS-B Out 設備。

2021 年 FlightAware 所提供的 ADBS-Out 的涵蓋圖，圖上的幾個橙色圈出的地域是一架輕型短程飛機環球飛行的航路中，沒有 ADSB 地面接收台的區域。

▲ ADBS-Out 訊號涵蓋圖（FlightAware）

環球飛行的衍生、準備與籌劃

筆者自從學習飛行後就時常夢想著這一生能自己駕駛飛機環繞地球飛一圈，如果能駕駛自己擁有的飛機那是更上一層樓了，而這個夢想是直到了筆者 63 歲多才能有幸完成。 有了年紀才完成環球飛行主因是筆者遲至 42 歲才開始學習飛行，除利用閒暇按步就班接受各階段的飛行訓練並通過各項飛行資格核試。在取得到飛行資格後尚需花數年時間來做高巡航高度遠距離儀器飛行練習，最終才能累積足夠的飛行經驗。 具有這些飛行經驗才能夠應付與處理各種飛行中發生的狀況，如異常的氣候，故障排除，航管對話，各種地形機場的到場、進場、降落與出場，以上都是對「人」 的要求。然而，想「駕駛自己擁有的飛機」困難度更高，當然有個「富爸爸」可以省去累積財力拚搏需花的時間，與有暇專心訓練，即便如此還得接受5年的飛行訓練，才可能完成環球飛行的目標。 筆者是白手起家的人，退伍後在台北中興工程顧問社做助理工程師兩載，月薪是新台幣 7,000 元，當年為了要去美國讀研究所時，省吃儉用並用標會存錢，兩年存了 14 萬新台幣，當年美金對新台幣匯率是 1 比 40，到銀行兌換了美金 3,500 元，再向筆者二哥借了美金 1,500 元，湊足 I-20 美國大學入學所需財力證明的美金 5,000 元，再花了新台幣 18,500 買了一張台北到舊金山單程華航機票，存款也只剩下美金 4,500 元。 1978 年 7 月筆者提了一個皮箱，皮箱內裝了簡單衣物與幾本無版權的原文教科書，搭乘在1970年代唯一能夠由台北直飛美國的機型，B747-SP 客機來到美國。 取得學位後順利在一家美國私人研發公司任職，有一次筆者奉命接待一位來自日本的京都陶瓷（Kyocera）的副總經理，在一個寒冬的夜晚，筆者邀請這位副總到家裡晚餐，酒過三巡後這位副總對筆者說：「你們這些具有美國產業工作經驗的台灣科技人都留在美國不回台灣貢獻所知所學，台灣才會這麼落後。」聽到這句話後回家鄉服務的志願就此而生。 回台後因緣際會走上創業之途，過程艱辛篳路襤褸不在話下，當公司財務較充裕時，於 2002 年購買第一架飛機，Piper Turbo Saratoga，它是鋁金屬結構配置增壓活塞引擎、螺旋槳，可收放式起落架的機型，筆者用它累積了 165 小時的飛行時數與經驗。一年多後筆者專心投入開發新品與品牌行銷，不得已需將飛機賣掉，新產品從構思、成局、上市到穩固銷量一晃就是 10 年的光陰，其中經歷 2008 年的金融危機，事業幾乎面臨瓦解。 有幸老天保佑讓筆者經營的事業渡過難關，得在 2012 年購買了第二架飛機，Cirrus SR22，SR22 是一種複合材料結構，配置增壓活塞引擎、螺旋槳、固定起落架，有整機逃生降落傘的機型，筆者靠它累積了 270 小時的飛行時數與經驗。 當時心中有了能飛更高更快的夢想，想要飛得更高更快就需要更換到渦輪引擎、螺旋槳、可收放式起落架、增壓艙的機型，2014 年的市場具有該規格的二手機型有兩種：Pipe Meridian 與 Socata TBM。 2014 年6月筆者將 SR22 賣掉，再購買一架 Pipe Meridian，該機型的最高巡航高度是 30,000 英呎，最高巡航速度是每小時 260 海浬，筆者用它累積了 130 小時的飛行時數與經驗。 具備渦輪引擎增壓艙機型的飛行資格後，才能更上一層樓的駕駛噴射引擎機型。 於是在 2015 年將 Meridian 出售並購得 Eclipse 500，它是一種雙噴射引擎、增壓艙、可收放式起落架的機型，最高巡航高度 41,000 英呎，最高巡航速度是每小時365海浬，此機型共累積了 271 小時的飛行時數與經驗後，自此筆者才感覺有能力去規劃與完成環球飛行。

飛行是一種「Perishable Skill」，短時間不飛就會生疏的技能，飛行技能的養成是漸進且無法中斷的，一旦有長時間的中斷，想要再重拾飛行時，基本上是要重新開始，許多人考得私人目視飛行執照後，因故沒有持續飛行，中斷1年後想再飛行時，其考照前的飛行技能全都還給飛行教練了。 擁有愈高等級的私人飛行執照的飛行員，如要維持儀器飛行的技能到最佳狀況，基本上每週都需要去飛行。 以筆者為例，冠狀病毒肆虐後，無法用 Eclipse 500 作為遠距商務出差時的交通工具，就必須每週給自己定飛行家庭作業。 例如在一個週末選一座附近的機場做晝日或夜間的 ILS、LOC、RNAV/GPS、VOR 等的儀器到場、進場、重飛、降落、繞場降落（Circle to Land）與離場等等的練習，另一週末則選一個距離 300 海浬遠的機場做 SID 離場、30,000 英呎以上巡航、STAR 到場與儀器進場等一系列的儀器飛行練習，出發時間通常安排在下午 5 點起飛，300 海浬的飛行時間約 1 小時，回程安排在 7 點起飛，這樣子一次來回就可練習到晝日與夜間一系列的儀器飛行。

要維持噴射機儀器單飛（Jet Instrument Solo）的技能，紀律與自我要求是何其重要的，為何這麼說呢？ 因為在美國，通用航空選擇儀器飛行時，沿途所選的機場經常是沒有塔台，常常會位於山區內，到場前飛機降低至某種高度時，航管雷達就照不到了，低雲層時的儀器進場就必須完全靠自己，沒有航管的監控幫忙，沒有副機師的協助叮嚀，所以在美國噴射機儀器單飛的能力必須要非常強，否則老命會不保。 筆者在安排航線與行程時，當然會盡量避免選擇在天候不良雲層低的機場降落，加滿 Jet-A 燃油後的行程距離約為 1,000 海浬，飛行時間約 3 小時，在春夏飛行時如迄點機場所在的大區域有低氣壓或熱帶氣旋時，起飛前即使該機場的氣象預報是可目視飛行進場，但在飛行 3 小時後該機場的氣象經常是變化多端無法捉摸的，在機上雖備有氣象雷達，也具有即時的衛星氣象資料，但還是會發生到場前才能取得該機場的實際氣象資料，最重要的資料是雲底層高度及能見度，如果該機場沒有塔台，或有塔台但塔台航管下班了，航管中心的航管員所能提供給你的氣象資料與你由機上氣象設備獲得的資料基本上是大同小異，此時能決定是否在這座機場降落是要依據該機場的自動氣象觀察系統（Automated Weather Observing System，簡稱 AWOS）所廣播的氣象資料來做最後的判斷，AWOS 的氣象資料更新頻率是每一分鐘至少一次，如果廣播的雲底層高度及能見度低於儀器進場的最低標（Below Minimum），那就必須轉場到飛行計劃中的備選機場 Alternate。 但若當時燃油已不足，無法轉場到備選機場時，或備選機場也不幸是 Below Minimum，你就沒有選擇只有硬著頭皮執行儀器進場了。 讀者如果有家人親友是飛行員，能知道「沒有航管的監控幫忙；沒有副機師協助與叮嚀；機場處在Below Minimum 且位於山區」是多麼危險！國際航線的航機是不會飛到無塔台的機場航線，此外航空公司也不准 Solo 單飛的，這就是筆者前面提到「要維持噴射機儀器單飛能力，紀律與自我要求是何其重要」的因素。 筆者飛行生涯中 75% 的飛行時數是 Solo，所幸自 2010 年起，幾乎所有航電設備製造商都推出了人造環境視野（Synthetic Vision），在進場時連跑道也能被呈現在駕駛艙的 PFD（Primary Function Display）。 筆者剛開始接受飛行訓練時，駕駛艙的航電儀表都還是類比式 3 英吋圓形類比式儀表，筆者誠心感激 20 年間航電有這麼大的進步，這些新穎的設備與功能大大提升了在山區儀器進場單飛的安全度。

▲ 人造環境視野的航電（Diamond DA40）

在美國要取得 ATP（Airline Transportation Pilot）的資格前要先完成至少 1,500小時的飛行時數，這代表有計劃成為航空公司機師的人在取得多引擎儀器商業飛行執照也同時會去考飛行教練資格，通常飛行教練用教學時數來累積 ATP 所需的飛行時數，或成為貨機或包機的副機師來累積飛行時數，所以擁用美國 ATP 執照的飛行員基本上其飛行經驗是很豐富的。 運用飛行教練與成為貨機或包機的副機師來累積飛行時數在通用航空不普遍的國家與地區是不可行的，所以這些國家與地區的航空公司機師的養成都是將無飛行經驗的學員人送到美國或澳洲的飛行學校做訓練，待該員取得多引擎儀器商業飛行執照後，馬上返回所在地，接受指定機型的模擬機訓練，在取得該機型的飛航資格（Type Rating）後成為一位副機師（First Officer）。

在美國一位具有多年飛行經驗的私人儀器飛行資格的飛行員，其飛行技能並不比資淺的航空公司機師來的差，因為所有飛行的規劃都要自己來做，經常會飛到陌生的機場，其儀器到場、進場、重飛、降落、繞場降落（Circle to Land）與離場等等的都只能事先紙上作業，無模擬機可練習。 第一次飛到陌生機場就是真槍實彈的單飛，無其他飛行員協助，多數時候也無塔台導航，所以無出大錯誤的空間，因為出了大錯誤即意味要去天堂報到。 在美國一位具有多年飛行經驗的私人儀器飛行資格的飛行員一生中可能起降超過上百個不同的機場。

有句飛行界的俗語，「There are old pilots and bold pilots，but no old bold pilots」，其含意是在這世界上會有老飛行員與莽撞飛行員，但不會有既老又莽撞飛行員的存在，因為莽撞的飛行員通常早就去天堂報到了。 就如同筆者在另一本著作《華人首次遠征世界第二高峰 K2 - 2000 年海峽兩岸喬戈里峰聯合登山隊紀實》 中所說「攀登八千公尺以上高峰沒有征服只有生還」 的態度是一致，飛行也是一樣「沒有征服只有生還」。

越洋航路的規劃與考量

對環球飛行所使用飛機的規格有幾項先決條件，第一是飛機的航程，欲環球飛行的飛機必須具備至少 1,000 海浬的續航力，因為該續航力才滿足安全的跨洋飛行，所謂安全續航力是一架飛機在加滿燃油後能由起點飛到迄點後還剩餘 45 分鐘的燃油存量，這個燃油存量是為了當迄點機場的天候惡劣，導致以儀器進場都無法安全降落著陸，或者是該機場因故突然的關閉時，飛機還有足夠的燃油移轉到備選機場。

一架具有 1,000 海浬續航力的飛機，向東環球飛行的路線是必須飛越北太平洋與北大西洋的。 在飛越北大西洋時，飛行路線是要由加拿大的東北部紐芬蘭中的一個機場向東北方向飛去，在飛越了拉布拉多海（Labrador Sea）後降落在格陵蘭（Greenland）的一個機場，下一段航段是向東飛越丹麥海峽（Demark Strait）後降落在冰島（Iceland）的一個機場，從冰島機場起飛後的航路則有兩種選擇：

- 第一種選擇是繼續向東，越過挪威海（Norwegian Sea）後可飛抵挪威境內的一座機場。

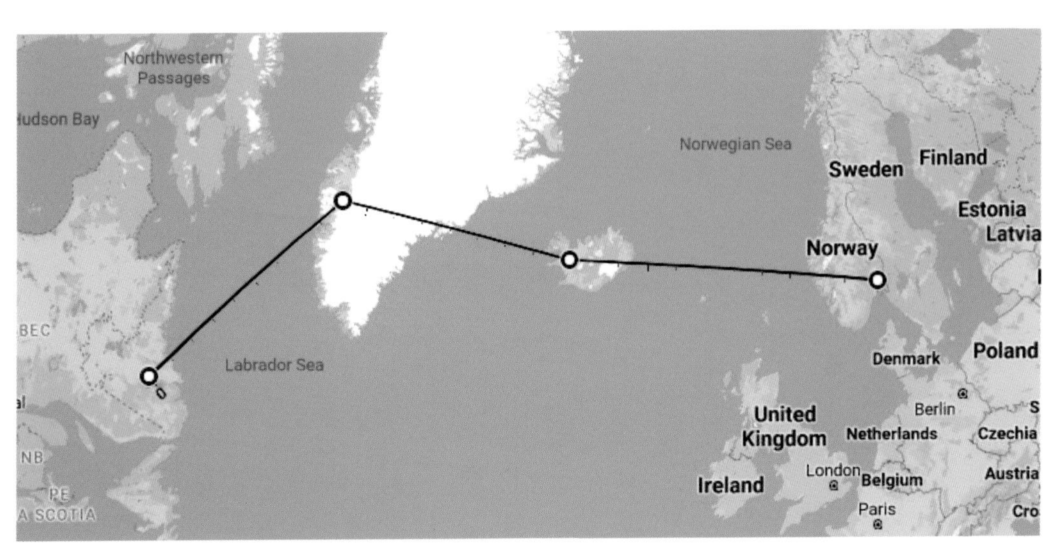

▲ 北大西洋飛行路線選擇一

- 第二種選擇是轉向東南方向，飛越北大西洋後降落不列顛群島（英格蘭，蘇格蘭，或愛爾蘭）的一座機場。

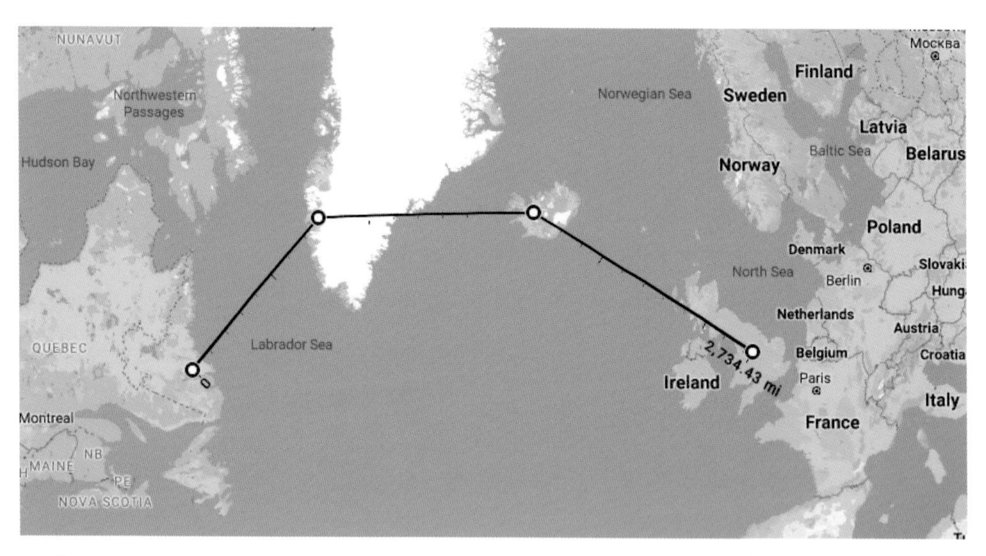

▲ 北大西洋飛行路線選擇二

飛越北太平洋路線的路線是由日本北海道的一個機場向東北方向，飛越鄂霍次克海（Sea of Okhotsk）後，降落在俄羅斯堪察加半島（Kamchatka Peninsula）南部的一個機場。從堪察加半島南部的一個機場起飛後的航路也有兩種選擇：

- 第一種選擇是向東飛越白令海（Bering Sea）先降落在美國阿拉斯加的阿留申群島其中一個小島的機場，加滿燃油後在再繼續向東，飛越白令海（Bering Sea）到後，降落在安克拉治（Anchorage）。

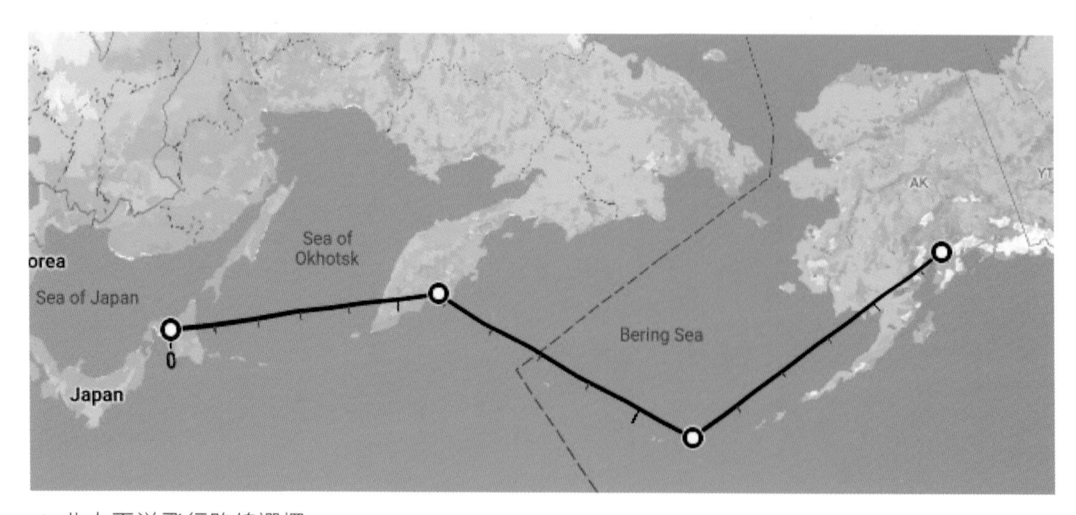

▲ 北太平洋飛行路線選擇一

- 第二種選擇是向東北飛往俄羅斯楚科奇半島（Chukchi Peninsula）的一個機場，而這段航程不需飛越海洋，下一個航程是向東南飛去，越過白令海峽（Bering Strait）後抵達安克拉治。

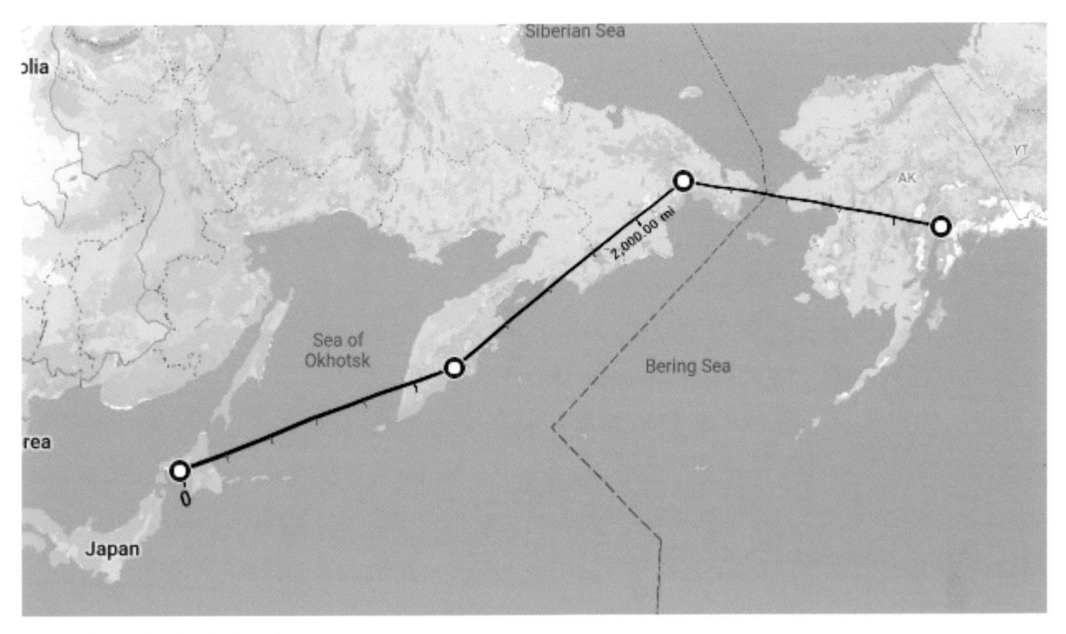

▲ 北太平洋飛行路線選擇二

環球飛行航程都必定要飛越海洋，而這些的海洋都很接近北極圈，海水溫度幾近冰點，如搭乘單引擎飛機，當引擎發生故障時，即使能成功迫降在海面，打開並坐上緊急救生艇，人還是會因迅速失溫而死亡，所以環球飛行的飛機最好是雙引擎機型，當然飛行員就必須具有多引擎儀器飛行的資格。 有一部電影，片名叫《The Guardian》，是由凱文科斯納主演，描寫美國海洋警衛隊新進救生員的訓練過程，其中一位最傑出的學員在結訓後被分發到美國阿拉斯加 Kodiak 的海洋警衛隊基地服勤，與他們在冰冷的白令海與阿拉斯加灣（Gulf of Alaska）營救遇難人員的故事。 電影的情節可以印證筆者前面所說的「即使坐上救生艇，人還是會因迅速失溫而死亡」，一個人若不幸落入海水中，3 分鐘後身體就進入失溫狀態（Hyperthermia），這時救難人員如未能及時到達遇難現場施救，死亡是必然的。

筆者順便提一下航空公司越洋航線所使用的機型，1994 年波音公司在推出世界上第一種能飛越太平洋兩岸中途不用降落在阿拉斯加或夏夷威加燃油的雙噴射引擎 B777 機型前，當時所有飛越太平洋航線的機型幾乎都是 4 個噴射引擎的 B747 機型。 為何需要用到 4 引擎，其主要原因有二，第一個原因當然是為了安全，當時噴射引擎的可靠度還不高，在越洋時正好飛行到太平洋的中間，如有一具引擎故障，對飛行安全影響不大。 第二個原因是在 1960 年代，當波音公司開發設計 B747 機型時，當時大客機的噴射引擎製造商只有一家普惠公司（Pratt & Whitney，P&W），裝置在第一代 B747 的噴射引擎機種是 JT9D-3A，該引擎的推力是 43,500 磅，所以必須用到 4 個引擎才能有效推動起飛重量是 335 公噸重的 B747-100 型。 而到了 1990 年代，噴射引擎的產業與技術有大步提升，能提供第一代 B777-200 機型噴射引擎的製造商已有 3 家了，他們是普惠（P&W），通用電器 General Electric，GE）與勞斯萊斯（Rolls Royce，R&R）。 當時 P&W PW4000 型引擎，GE 的 GE90 型引擎與 Rolls Royce 的 Trent 800 引擎，都能提供至少 80,000 磅的推力，兩具引擎就能有效地推動 250 公噸重的 B777-200 機型，但航空公司與廣大的乘客都已習慣了飛越太平洋航線的機型必須是 4 個噴射引擎的機型，當 B777-200 雙引擎機型推出後，引擎的可靠度就成為主要關鍵與顧慮了，於是 FAA 制定了 ETOPS 的標準，ETOPS 全名是「Extended-range Twin-engine Operational Performance Standards」 中文意義為「增程雙引擎運行性能標準」，這標準要求 B777 機型與其引擎必須在一個引擎失效後能持續飛行 180 分鐘，使飛機能在 180 分鐘內飛到最近的機場降落。 至 2021 年為止，B777 已經營運了 27 年，還沒有一次在飛行中兩個雙引擎都失效的紀錄發生過，這紀錄可以充分證明噴射引擎的可靠度。

筆者為了要能夠安全的環球飛行，對飛機的擁有也得按步就班地逐步升級，由活塞式單引擎螺旋槳機型，升級到由噴射渦輪式單引擎螺旋槳機型，最後晉級到雙噴射引擎機型，過程前前後後用了筆者 16 年的時光。 當然筆者並不是說單引擎飛機不能環球飛行，有一個網站，www.earthrounders.com 專門是提供完成非商業環球飛行的人士上載飛行員姓名、機型、環球飛行日期、所花時間與停留過的機場等等的資訊，由該網站上的統計得知，自從 1924 起到 2020 年，一共有 345 架通用航空機型完成環球飛行，當然我們必須承認一定還有少數的環球飛行沒有被登錄在這個網站，但這個網站可提供有參考價值的資訊給對環球飛行有興趣的讀者。 網站統計的 345 架機型中，有將近 70% 或 238 架是單引擎機型，事實上飛機用引擎，不論是往復式活塞引擎或者是噴射式渦輪引擎，因為在製造、維護與大修（Overhaul）等過程上，對參與的人、事、物都有一套非常嚴謹甚至是挑惕的規範，以確保品質。 水平對置空冷式活塞引擎自 1930 年代被開發出來後就基本上沒有太大的改變，1975 年筆者在台灣服役預備軍官役時，基礎訓練完畢後被分發的專科是兵工（Ordinance），還清楚記得在中壢的兵工學校學習維修美式 M41 華克猛犬坦克的引擎，該引擎就是美國 Continental 引擎公司所製造具有 500 匹馬力、

6 汽缸水平對置空氣冷式活塞引擎，型號是 AOS-895-3，Continental 引擎公司是在 1905 年創立的，M41 是 1951 年為韓戰所設計的輕型坦克。 筆者開始學習飛行後，對飛機引擎也會特別的關注，進而瞭解到，在美國有兩家專門製造航空規格的水平對置空冷式活塞引擎，其中一家就是Continental 引擎公司，另一家是 Lycoming 引擎公司，兩家公司所製造的飛機用水平對置空冷式活塞引擎的結構與形狀，與當年看到 M41 華克猛犬坦克的引擎幾乎一模一樣，可見水平對置空冷式活塞引擎在軍事與航空用途已經有 80 年的歷史，可證明其可靠度是極高的，應付越洋飛行是足足有餘，但是人生就是「不怕一萬」「只怕萬一」，所以如果能力可及，選擇雙引擎機型作環球飛行還是較為上策的。

環球飛行前所需取得
適航書面許可

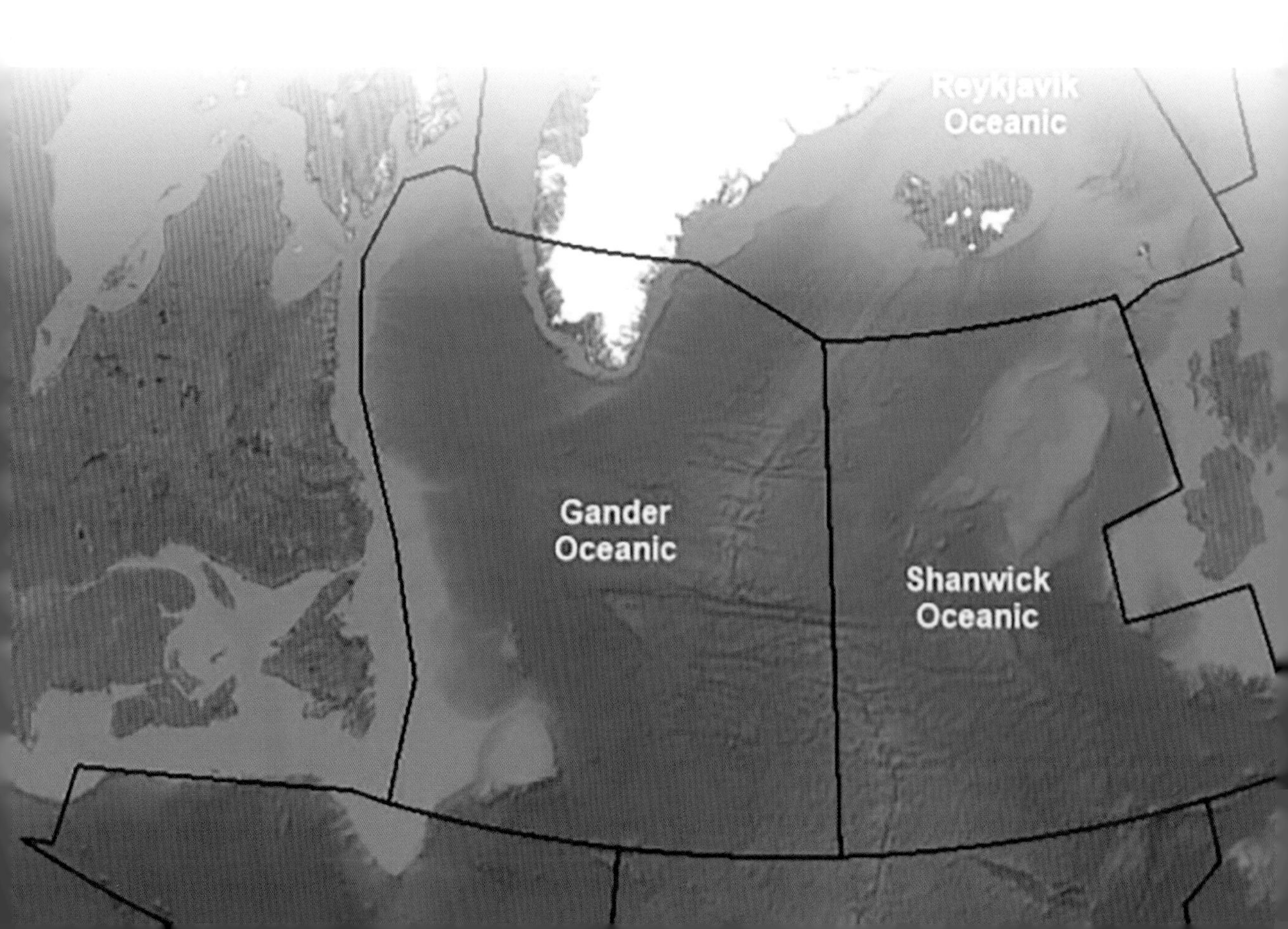

在 2017 年，美國註冊的飛機如計劃根據 FAA Part 91 規範作環球飛行，如果巡航高度高於 28,000 英呎且一定會越洋飛行時，飛行員與飛機都需要先取得幾項 FAA 適航書面許可 LOA（Letter of Authorization）後才可在這些特定的空域中飛行，FAA Part 91 規範是指「非商業性」 的飛行，以下是對所需的 LOA 做進一步的解釋：

- 縮減最小垂直高度間隔 - Reduced Vertical Separation Minima（RVSM）：在空層 290（FL290）至空層 410（ FL410）間允許兩架飛機在巡航垂直間隔縮減至 1,000 呎的一種適航規範。 RVSM 是為在同一空域中增加交通容量而訂定的，早期的間隔為 2000 呎，該作業規範規定了巡航在 FL280 與 FL410 間的飛機所必須具備的 RVSM 導航性能，以及飛行機組人員必須具備 RVSM 的作業資格。 這一個適航規範的 FAA LOA 的編號是 B046。
- 北大西洋空域飛行的最低導航性能 - Operations in North Atlantic Minimum

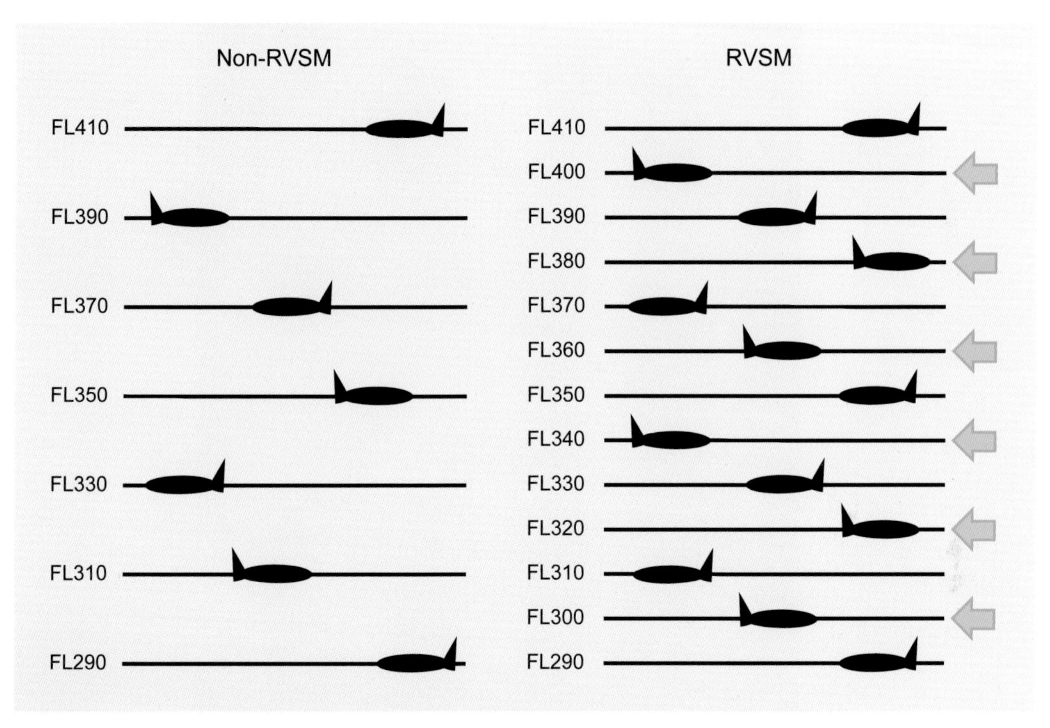

▲ RVSM

Navigation Performance Specifications Airspace（NAT/MNPS）：在北大西洋的 Reykjavik、Gander、Shanwick、New York 與 Santa Maria 等 5 個 Oceanic 海洋空域中巡航 FL290 至 FL410 間空層的適航規範。 因為這些空域是北美與歐洲間最主要的航道，並且也是世界上最繁忙的越洋航道之一，在 2020 冠狀病毒肆虐前，每天約 2,500 至 3,000 架次通過這個空域內的 FL290 至

FL410 間的空層，而這些空域中的大部分區域是沒有航管雷達監管，所以欲通過這些空域內的 FL290 至 FL410 空層間的飛機必須具備 NAT/MNPS 所規範的導航性能，飛行員也必須具備了 NAT/MNPS 的作業資格。 FAA 在 2019 年時修改了這一個適航規範，更新後的適航規範是 NAT High Level Airspace（NAT/HLA），Bodo Oceanic 空域被納入外，並且空層修訂為 FL285 與 FL410 間。 NAT/HLA 適航規範的 FAA LOA 編號是 B039。

- P-RNAV 和/或 B-RNAV/RNAV 5 空域內的機場與各機場間航道飛行的飛機

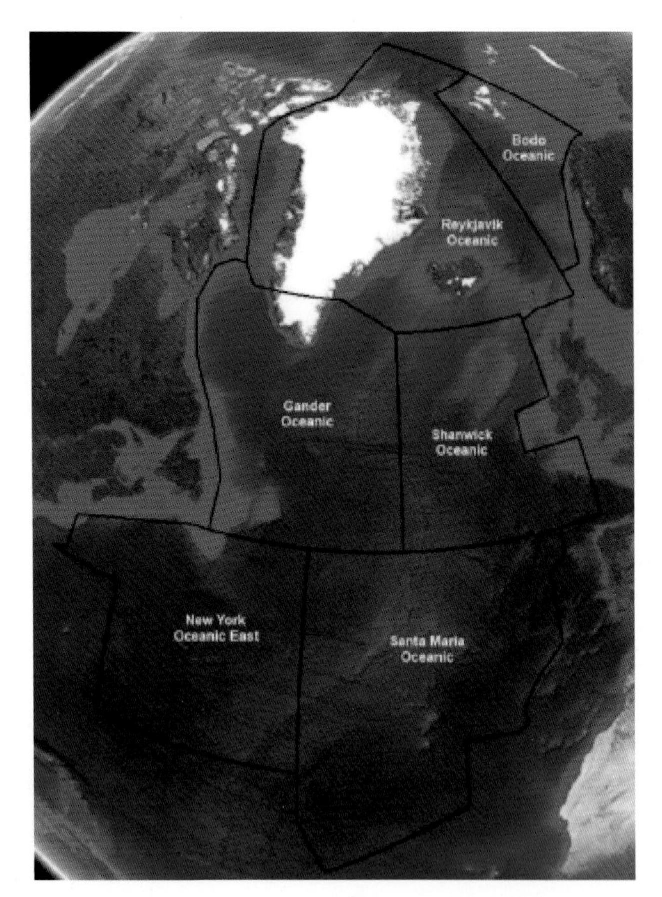

▲ NAT/MNPS

必須具備導航性能 - Navigation Equipment Eligibility to Operate in Terminal and En Route Airspace Designated as P-RNAV and/or B-RNAV/RNAV 5 Airspace（P-RNAV and/or B-RNAV/RNAV 5）。 然而 P-RNAV/B-RNAV 在歐洲大陸的空域已經不是一種有效的導航規範，因為歐洲空域監管機構已使用全球標準化的國際民航組織 ICAO 的 Performance-Based Navigation（PBN）導航

規範，再加上今天能在美國空域內能依循 RNAV 航路飛行的飛機都已具有 RNAV 1 and 2 的導航精準度，RNAV 1 代表在 95% 的飛行時間內的導航誤差小於 1 海浬，RNAV 1 and 2 的導航精度是高於歐洲空域的 PBN，因此 FAA 認定這一個適航規範已經無存在的必要，LOA 編號是 B034 的 P-RNAV and/or B-RNAV/RNAV 5 適航規範在 2020 年被 FAA 除役了。

- 海洋與偏遠陸地使用的多種遠程導航系統 - Oceanic and Remote Continental Navigation Using Multiple Long-Range Navigation Systems（M-LRNS），這一個適航規範的前身叫做 Operations in Required Navigation Performance Airspace（RNP）：飛行在海洋或偏遠陸地無航管雷達監管空域的飛機所必須具備導航性能與飛行員必須具備導航作業資格。 被認證導航精度有 A-RNP, RNP-2, RNP-4, and RNP-10 等，RNP-10 是代表導航誤差小於 10 海浬，RNP 導航是追蹤 VOR/DME 或 NDB 地面台所發出的無線電訊號，或者是使用長程慣性導航設備（LORAN）。 但事實上 GPS 的導航精度是正負 20 公尺，只有在機上 GPS 導航設備失效時，必須使用機上其他的導航設備時才可能使導航精度降低到正負 10 海浬，所以在今天，已不存在導航精確度是否達標的顧慮，這一個適航作業規範最主要是讓飛行員在無航管雷達監管的海洋與偏遠陸地的之空域中，在出海後脫離航管雷達監管前、海洋巡航與接近陸地要進入下一個航管雷達監管等各階段所需要執行的飛行程序，與在沒有航管雷達監管的航路上如何使用 VHF 超高頻或 HF 高頻無線電定時通報給海洋航管中心飛機的巡航位置座標、時間、巡航高度、下一個巡航到達位置座標、預計到達時間與再一下個巡航到達位置座標，航管會複誦後可能會要求飛行機組人員通報氣象資料如外氣溫度、風向與風速。 這一個適航作業規範的 FAA LOA 編號是 B036。

如今世界各地都逐步的納入 RNAV-1 與 RNP-1 的導航精度，如果要環球飛行就需要取得另一項適航作業規範 - Area Navigation（RNAV）and Required Navigation Performance（RNP）Terminal Operations. 這一個適航作業規範的 FAA LOA 編號是 CB063。

飛行服務公司與地勤代表

一架具有 1,000 海浬安全續航力的機型在一次環球飛行航程中需要降落添加燃油的國家或地區不會少於 16 個，每一個國家或地區的機場對待通用航空飛行的差異相當的大。 美國是通用航空最為普及的國家，大部分的機場都不會對通用航空收取降落費與停泊費，在美國機場就如同公路，是一種公共交通財產，全民是可免費並無限制使用，機場的管理與營運費用是由機場內商業租金、稅金與燃油稅所負擔的。 世界上其他國家與地區對通用航空都會收取降落費與停泊費，對非本國註冊的飛機收取費用就更高了，有些無通用航空的國家，他們的機場對通用航空收費等同民航班機，為避免荷包大量失血航程規劃是很關鍵的。 一般而言，由美國向東飛行時機場的收費是越往東越高，飛過了東亞的國家後收費才會開始下降。 在 2018 年時歐洲國家的機場收費與地勤（Ground Handler）的費用在 200 至 800 美金間，中東國家在 2,000 至 3,000 美金間，南亞與東南亞國家在 3,000 至 4,000 美金間，東亞國家與中國 3,000 至 8,000 美金間，俄羅斯在 1,000 至 2,000 美金間。 當然美國以外的國家也會產生降落許可、導航、飛越許可多種費，筆者在本書的環球飛行日記中有一一詳細記載。

在美國與加拿大飛行並沒有降落許可的制度，基本上是不需要地勤來協助處理到場與離場間的事務，飛行員只需要聯絡在機場的 FBO （Field Business Operation）即可，FBO 會提供飛機燃油、飛行員休息、維修、機棚、地面交通、預定旅館等等的服務。 飛行員也都是自己規劃航路，準備飛行計劃（Flight Plan）與提出飛行計劃給航管等工作。 但是飛出美加國境後，地勤是不可或缺的，凡降落許可、導航、飛越許可、入出境、海關、當地住宿、機場內外的交通、燃油與疑難雜症等各種大小事宜均需地勤來代為處理，各個國家的法規與規則繁瑣，沒有地勤協助根本動彈不得。

讀者如想計劃第一次做環球飛行時，筆者建議雇用一家飛行服務公司（Aviation Services）來代您安排各機場的地勤、航路規劃、申請降落許可與飛越許可、提出飛行計劃給轄地的航管、提供飛行員飛行簡報（Flight Briefing）與各種緊急事務如簽證等的處理。

飛行服務公司的選擇性基本有兩種；一種是全方位飛行服務公司，而另一種是創新的平價飛行服務公司。 其中全球性全方位服務幾乎都是老字號，主要客群是商業飛行與航空公司，收費昂貴，這類公司多在航空業開始成長的 1960 年代就成立了，如 Universal Weather and Aviation。 全方位飛行服務公司設有全球營運網路，世界各機場都有它的直屬或特約的地勤，以方便提供客戶 24 小時全方位的服務。 筆者在規劃環球飛行航程時，徵詢過幾位完成環球飛行前輩的意見，一位曾做過兩次環球飛行的前輩，他告訴筆者他第一次是有使用老字號飛行服務公司，但第二次他改為使用創新型飛行服務公司，他說更換的原因有二，第一點是老字號收費實在太昂貴，性價比太低，不太適用於自費非商業行為的環球飛行，第二點是當他完成第一次環球飛行後，他對入出各國機場的過程與運作都大致了解了，許多事務可以自行處理，不再需要全方位服務，所以他選用性價比高的平價飛行服務公司。 平價飛行服務公司運用電腦科技、大數據與互聯網將眾多繁瑣的國際飛行事務自動化，這類型的公司大多都在21世紀才成立的，如 Rocket Route，這類公司的收費合理，各項服務多採固定費用制，較適合自費的環球飛行。

筆者第一次計劃環球飛行是在 2017 年 4 月，當時筆者接受該前輩的推薦，雇用了RocketRoute，該公司的總部在倫敦，筆者當時在與該公司接洽過程中感受到該公司對於南亞、東南亞、東亞與俄羅斯等地區的掌握似乎不夠熟悉與周全，可能該公司在 2010 年才成立，對於全球服務網路與人脈還沒有被完善的建立，服務專員雖然服務態度都很好但是缺乏實際安排環球飛行的經驗。 有幾位曾飛到過俄羅斯的飛行朋友直接或間接的忠告筆者，如果所雇用的飛行服務公司對該地區的掌握不到位，且當地的地勤人脈與經驗都不足時，降落後的入境通關等過程如發生問題，就會產生意想不到且難以解決的困境，所以在行前一天，雖然筆者認為已經準備妥當，但還是斷然決定不出發，先冷靜下來，用一年的時間對不同的飛行服務公司作更充分的調查後，再做環球飛行。

環球航路的規劃

在 2010 年 起互聯網上已經有許多免費的網站提供全球的航空（VFR、 Low IFR、High IFR）地圖、氣象、不同巡航高度的風速風向，機場跑道、FBO 資訊等等的資訊，基本上飛行員就可在個人電腦上規劃出適當的航路以及選定計劃需降落的機場。 筆者規劃環球飛行的目標很簡單，就是單純的環球飛行，沒有考量遊覽與觀光，所以在規劃航路與機場的選定需考慮的項目就較簡單清楚了，以下是筆者安排航程時的過程：

- 研究該段航路的風向、風速與巡航的高度來計算飛機的安全航程。
- 選出安全航程內可著陸機場，如要入境休息則所選機場必須是該國出入境的口岸。

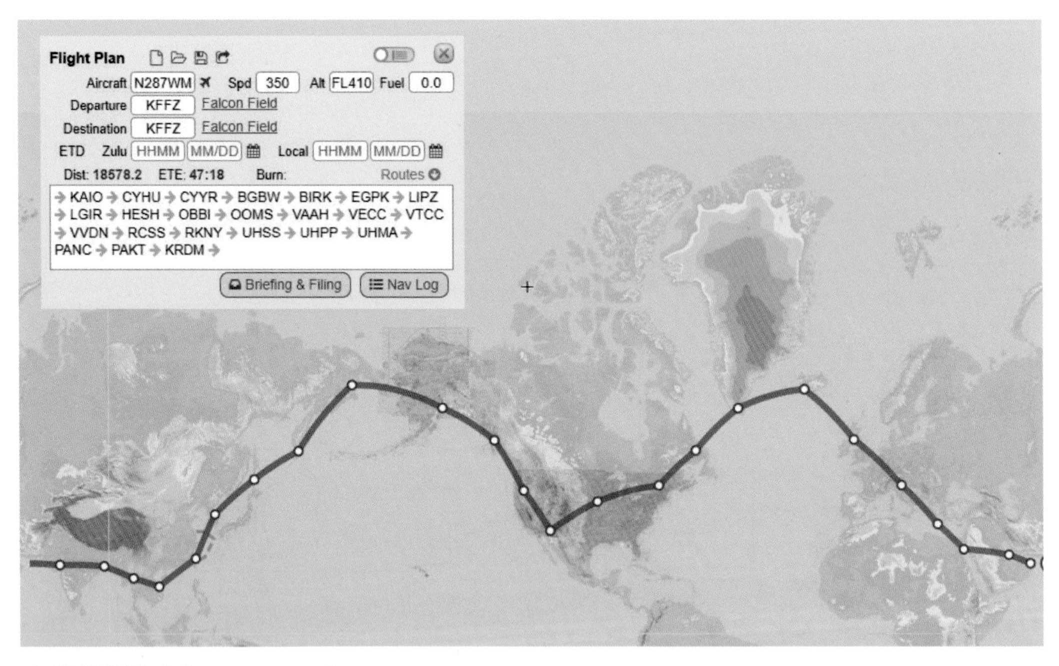

▲ 環球航路（SkyVector Map）

Eclipse 500 機型在無風 FL410 巡航，標準大氣溫度 ISA 在攝氏負 56.62 度下的安全航程是 900 海浬（1,035英里 或 1,667 公里 ），選擇向東環球飛行時航程中幾乎都是順風，900 海浬的安全航程基本上是可被保證的，所以筆者規劃各航段時是以不超過 900 海浬為準則。筆者是使用 https://skyvector.com/ 來規劃航路，在行前規劃出航路是經過多次的調整才定案的；例如緬甸的仰光，因為飛行服務公司建議取消該機場的原因是當時緬甸對美國人與機都不友善。 還有原本計劃由台北向東北方向飛去時計劃在日本停留兩座機場，但當地的地勤報價是一座機場的費用在美金 8,000 至 9,000 元之間，所以改採由台北直飛至南韓後，再由南韓飛俄羅斯庫頁島南端的機場。 本來計劃在由泰國向東飛時會先澳門著陸後再飛桃園機場，但得知澳門機場收費在美金 5,000 至 6,000 元間，且當時桃園機場壅塞不再接受私人飛機過夜，所以改成由泰國清邁直飛越南峴港，再由峴港直飛台北松山機場。 世界地圖中顯示了 2018 年出發前所規劃的航路。 下一個表格是規劃出的行程表，表中列出日期、降落機場、機場的 ICAO 編碼與兩機場間的直線距離，導出總距離是 18,579 海浬（21,380 英里 或 34,408 公里）。 但在實際飛行時除北美境內可用 GPS Direct 外，其他區域都需要遵循 VFR 或 IFR Airway 來規劃航路，無法機場到機場直飛，飛行過航程中也會發生原定機場的天候惡劣導致無法遵循儀器進場程序進場而必須轉場到備選機場，以上的狀況讓實際飛行的總航程增加到 20,003 海浬（23,004 英里或 36,806 公里）。

2018 年 日期	城市, 國家	機場 ICAO編碼	直線航距 (海浬)
4/23	Mesa, Arizona, USA	KFFZ	
	Atlantic, Iowa, USA	KAIO	926
	Montreal - St Hubert, Quebec, Canada	CYHU	974
4/24	Goose Bay, Newfoundland, Canada	CYYR	690
	Narsarsuaq, Greenland	BGBW	676
4/25	Reykjavik, Iceland	BIRK	670
4/26	Prestwich, Scotland, United Kingdom	EGPK	734
4/27~4/28	Venice, Italy	LIPZ	880
4/29	Iraklion, Crete Island, Greece	LGIR	845
4/30	Sharm-El Sheish, Sinai, Egypt	HESH	645
5/1	Manama, Bahrain	OBBI	875
5/2	Muscat, Oman	OOMS	447
5/3	Ahmedabad, Gujarat, India	VAAH	792
5/4	Kolkata, West Bengal, India	VECC	877
5/5	Chinag Mai, Tailand	VTCC	635
5/6	DaNang, Vietnam	VVDN	554
5/7~5/9	Taipei, Taiwan	RCSS	924
5/10	Yangyang, Gangwon, South Korea	RKNY	858
5/11	Yuzhno-Sakhalinsk, Sakhalin, Russia	UHSS	816
5/12	Petropavlovsk, Kamchatka, Russia	UHPP	714
5/13	Anadyr, Russia	UHMA	911
5/14	Anchorage, Alaska, USA	PANC	899
5/15	Ketchikan, Alaska, USA	PAKT	674
5/16	Redmond, Oregan, USA	KRDM	781
	Mesa, AZ, USA	KFFZ	782
		總計:	18579

▲ 各航段機場 ICAO 代碼與航距

VFR 與 IFR 航路

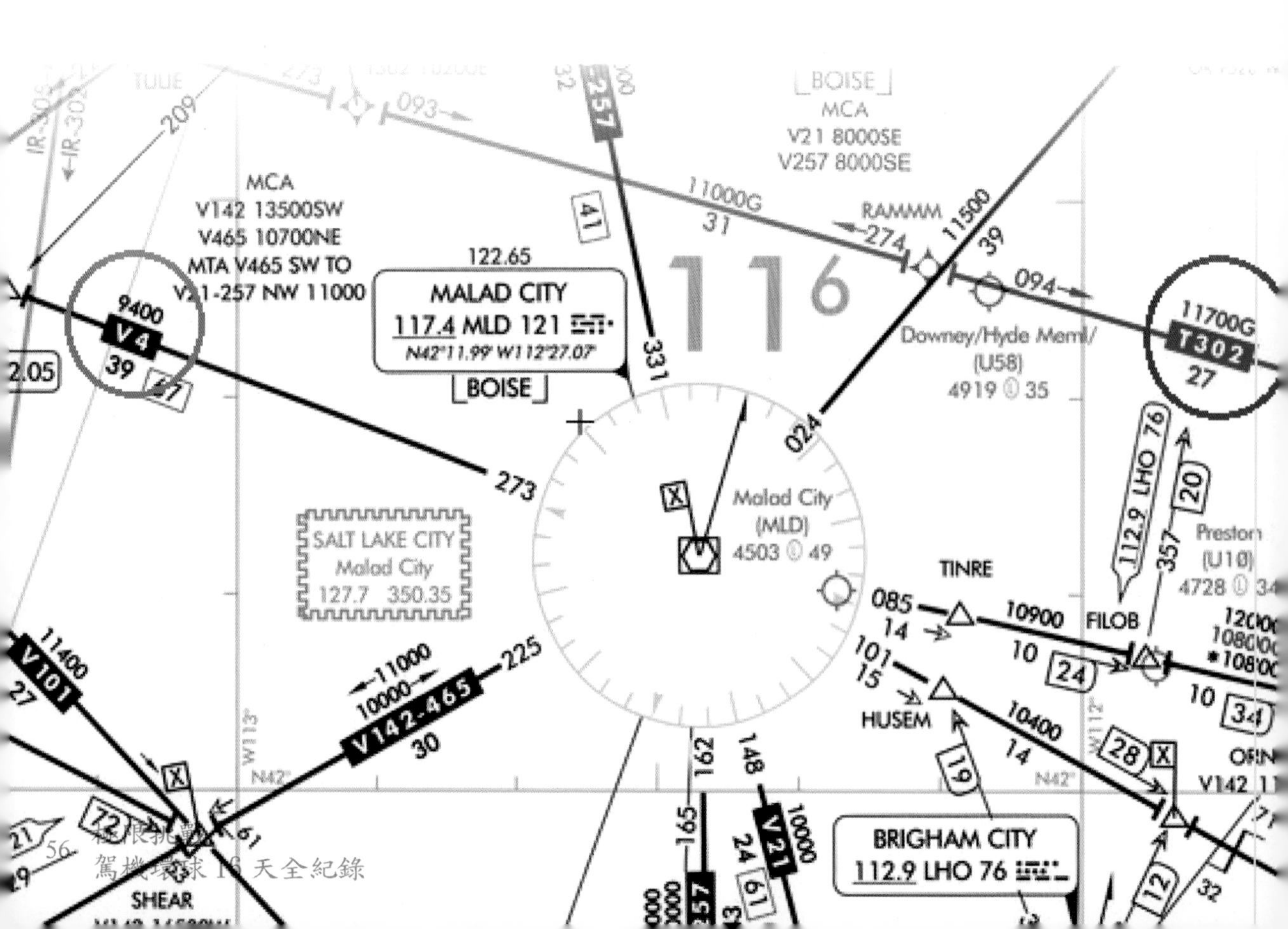

BOISE
MCA
V21 8000SE
V257 8000SE
MCA
V142 13500SW
V465 10700NE
MTA V465 SW TO
V21-257 NW 11000
122.65
MALAD CITY
117.4 MLD 121
N42°11.99' W112°27.07'
BOISE
11000G
31
RAMMM
274
11500
39
094
116
Downey/Hyde Meml/
(U58)
4919 35
11700G
T302
27
9400
V4
39
2.05
273
331
024
Malad City
(MLD)
4503 49
SALT LAKE CITY
Malad City
127.7 350.35
TINRE
085
14
10900
FILOB
10
24
101
15
HUSEM
10400
14
28
112.9 LHO 76
357
20
Preston
(U10)
4728
11400
V101
27
11000
10000
V142-465
30
225
162
148
165
V21
10000
BRIGHAM CITY
112.9 LHO 76
SHEAR

在 GPS 導航出現前，飛機的導航都是以追蹤 VOR 或 NDB 地面台所發出的無線電波，所以在航圖內的航路（Airway）都是連結各個 VOR 或 NDB 所制定出的。航圖分為三大類：目視航圖（VFR Chart）、低空域儀器航圖（Low IFR Chart）與高空域儀器航圖（High Low IFR Chart）。

- 目視航圖內的航路編號是以「V」起頭，V 為 Vector 的縮寫。
- 低空域儀器航圖是飛行高度低於 18,000 英呎時使用，航路編號也是以「V」起頭。
- 高空域儀器航圖是飛行高度高在 18,000 英呎時使用，航路的編號是以「J」起頭，J 為 Jet way 的縮寫。

GPS 導航被導入後，飛機導航就不再需要使用地面的導航台，應用 GPS 導航所制定出的新航路 RNAV（Area navigation）就逐步建立：

- 低空域儀器航圖內的 RNAV 航路編號是以「T」開頭。
- 高空域儀器航圖上的 RNAV 航路編號是以「Q」開頭。

高與低儀器航圖上 T 與 Q 航路是不一定會經過 VOR 或 NDB 的。

美國境內的通用航空飛機大多用 GPS Direct，而是不依循高或低空域儀器航圖上的 V或 J 航路來飛行。只是在到場或出場階段時要遵循 STAR 或 SID 航圖，這兩種航圖上規劃了進場或出場航路的轉接點（Transition Point），GPS Direct 飛行方式為起點機場起飛後先依循 SID 航圖上所規範的航路飛到轉接點，再以 GPS 直飛到迄點機場的 STAR 航圖上的轉接點，最後依循 STAR 的航路到場。

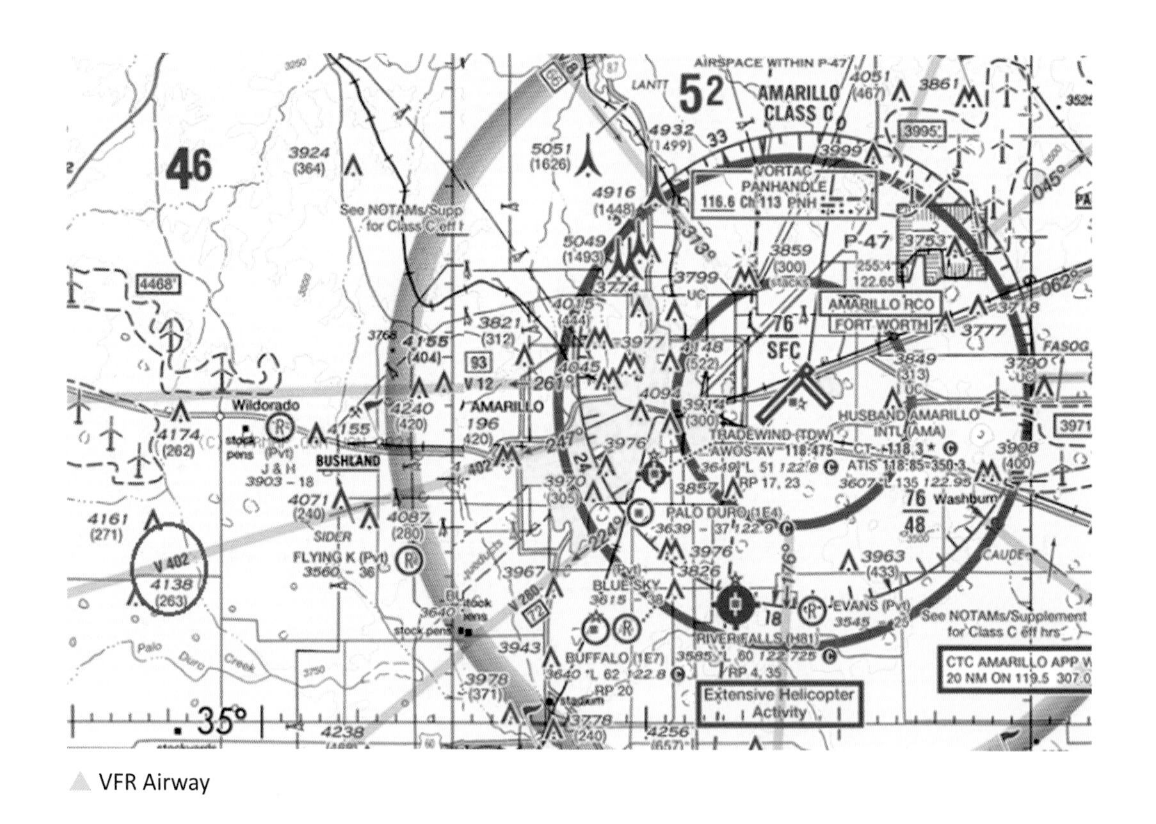

VFR Airway

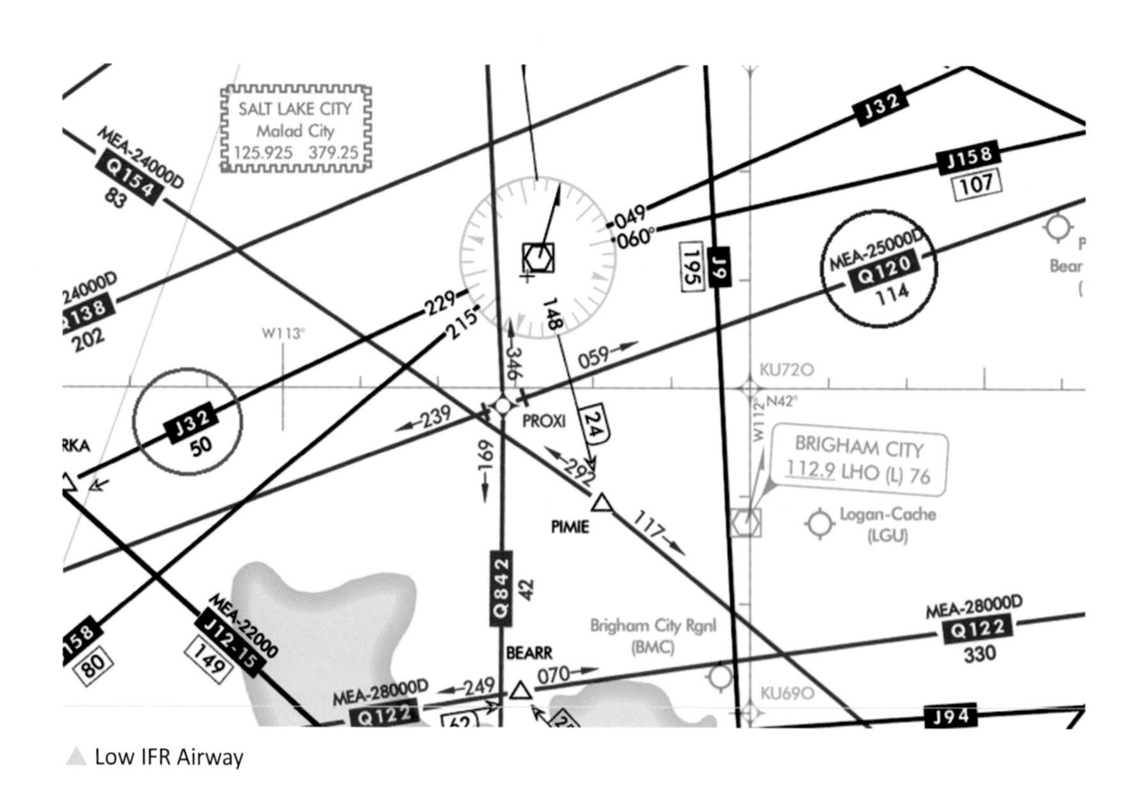

Low IFR Airway

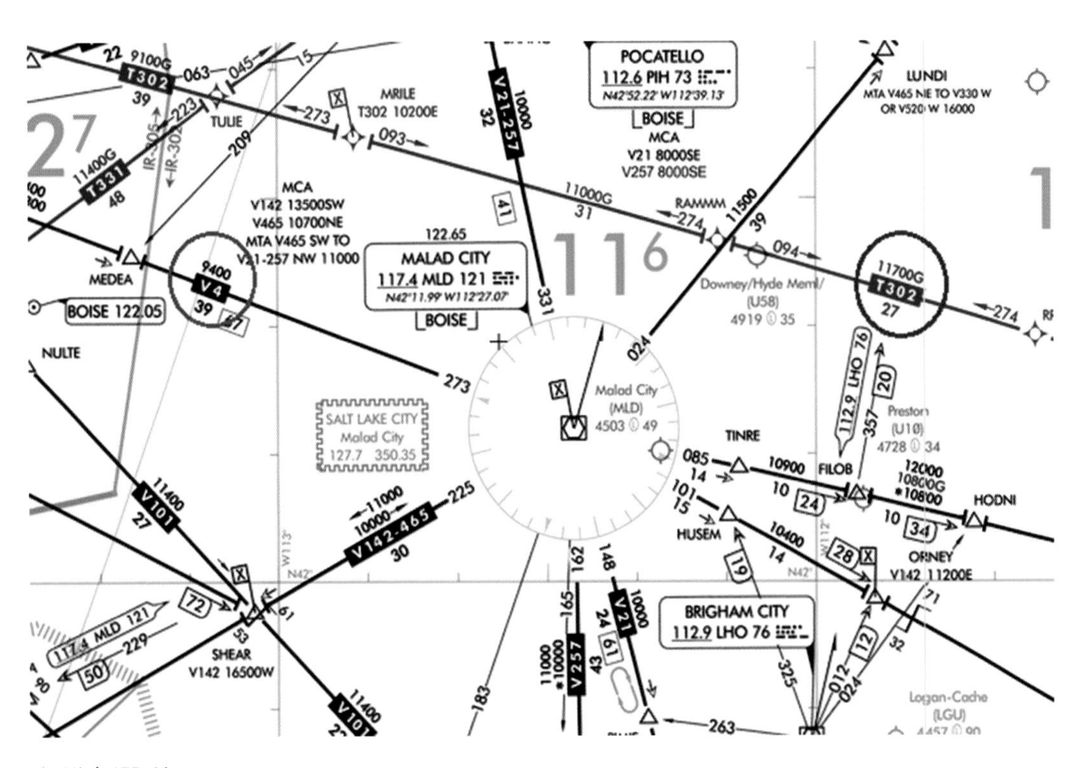

High IFR Airway

環球飛行前所需備妥的救生與通訊裝備

「不怕一萬」「只怕萬一」，越洋飛行必須備妥幾種最基本的救生與求援裝備；救生筏、求生包、手持式個人定位信標（Personal Locator Beacon，PLB）、與衛星電話。

▲ 求生包

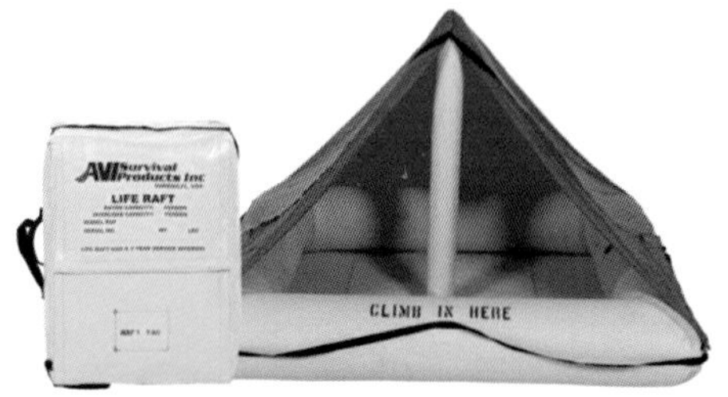

▲ 救生筏

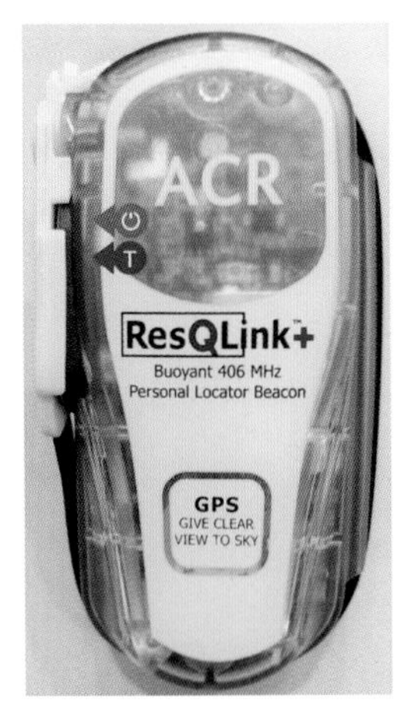

▲ 個人定位信標（PLB）

救生艇與求生包通常一起放在一個袋中，救生艇接著高壓二氧化碳氣瓶，當一拉袋上的拉環，高壓氣瓶內的二氧化碳可瞬間將救生筏充氣，求生包內裝有手電筒、紅色火焰、哨子、染料、信號旗、飲用水、緊急食物、急救醫療、救生筏修補件、遮雨棚等。當然要切記，要先將救生筏移到機艙外後再拉袋上的拉環，如不小心在機艙內拉救生筏的拉環，救生筏就會在機艙內被充氣，其後果是不堪設想的。

講到個人定位信標 PLB 前，就先要提一下通用航空的飛機上所必須配備的緊急定位發射器（Emergency Locator Transmitter，ELT）。ELT 最早是在 1950 年代被美國軍方所導入，它是為定出墜毀軍機的位置所設計的，當飛機墜毀後，ELT 會被自動或人為的開啟而發出訊號，當時 ELT 的射頻是 121.5 MHz。自 1970 年代初期 ELT 就逐漸被應用到商用和通用航空飛機。那時的 ELT 頻率和訊號格式不是為衛星偵測所設計的，以致除定位能力較差也需較長時間來偵測與定位，經常會導致失去黃金救援時間。直到 1982 年第一顆 Cospas-Sarsat 偵測衛星被放置在地球軌道上後，ELT 才逐漸導入有利於衛星偵測與定位的 406 MHz 射頻，今天裝配在商用和通用航空飛機上的 ELT 基本上都有雙射頻 121.5 MHz 與 406 MHz，Cospas-Sarsat 僅能偵測，其定位精度約為 20 公里（12 英里）。ELT 技術也被擴展到海上船舶定位信

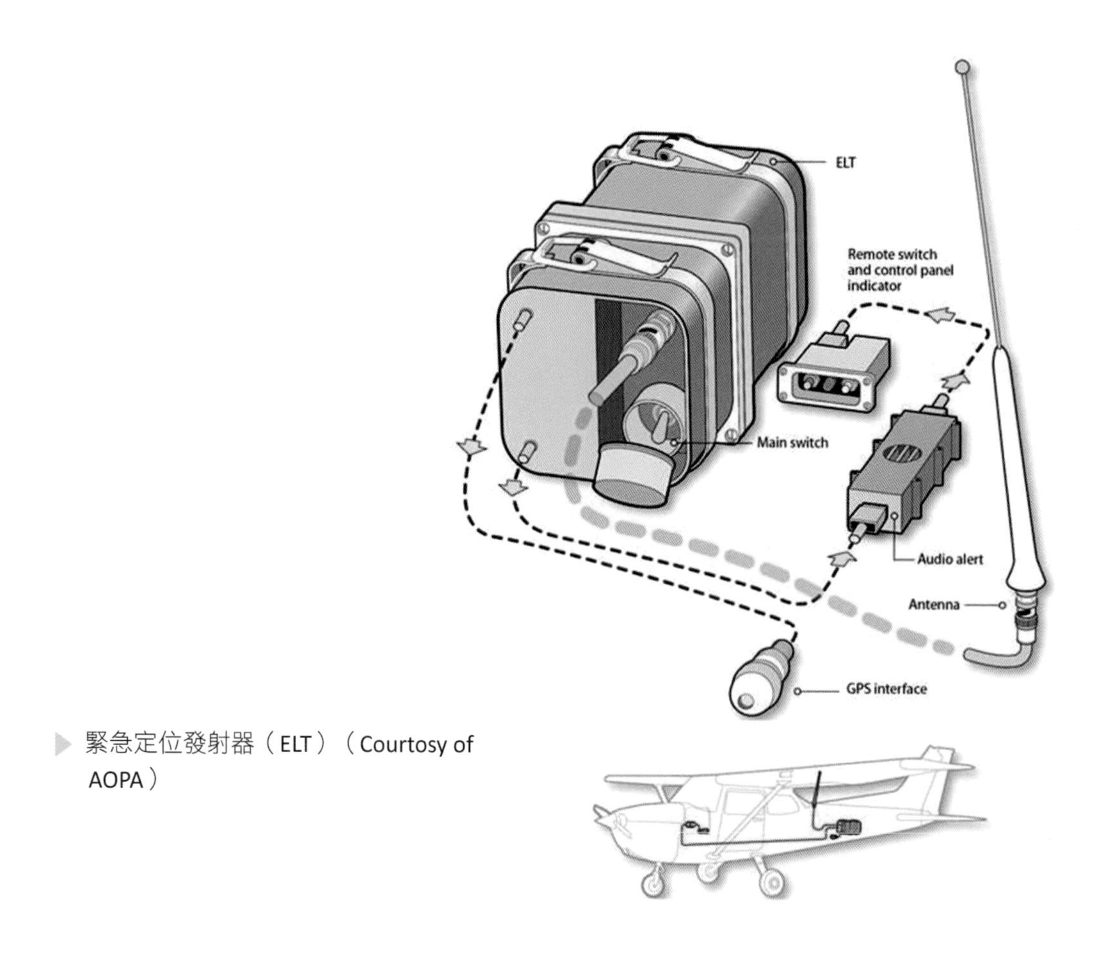

▶ 緊急定位發射器（ELT）（Courtosy of AOPA）

標（Emergency Position Indicating Radio beacons EPIRB），與個人定位信標 PLB。 今天有內建 GPS 的 PLB 的衛星定位精度是 5 公尺。 讀者會問既然飛機上已配備自動啟動的 ELT，為何還需要準備 PLB 呢？ 答案很簡單，即使飛機成功迫降海面，逃生時打開機艙門後，不需片刻飛機就會沉沒 ETL 發出的無線電訊號也無法穿透水，所以 PLB 是絕對必要的。 位於赤道上方的地球同步軌道的 Geosar 衛星可立即偵測到地球北緯 70 度到南緯 70 度之間所發出的 406MHz 遇險訊號，Geos 13 與 15 兩顆衛星覆蓋美國、墨西哥和加拿大大部分地區，而阿拉斯加是被 Geos 16 所覆蓋，地球的許多區域都被三到四顆 Geosar 覆蓋，三顆平均分布在赤道上方的地球同步軌道 Geosar 可以覆蓋整個地球在北緯 70度至南緯 70度之間的地表。 還有 Leosar 星群，它是每 101-105 分鐘繞著地球一周，通過地表上空時可偵測直徑 6,000 公里的區域，因此每顆衛星每天大約可偵測整個地球的地表兩次，Leosar 能夠通過測量輸入訊號的多普勒頻移（Doppler frequency shift）來確定發射訊號的位置。 Leosar 能接收 Gepsar 不覆蓋的極地訊號。 在北美 PLB 已被普遍使用在個人的偏遠地區的登山探險活動，在美國購買了 PLB 後 ，可到國家海洋和大氣管理局（National Oceanic

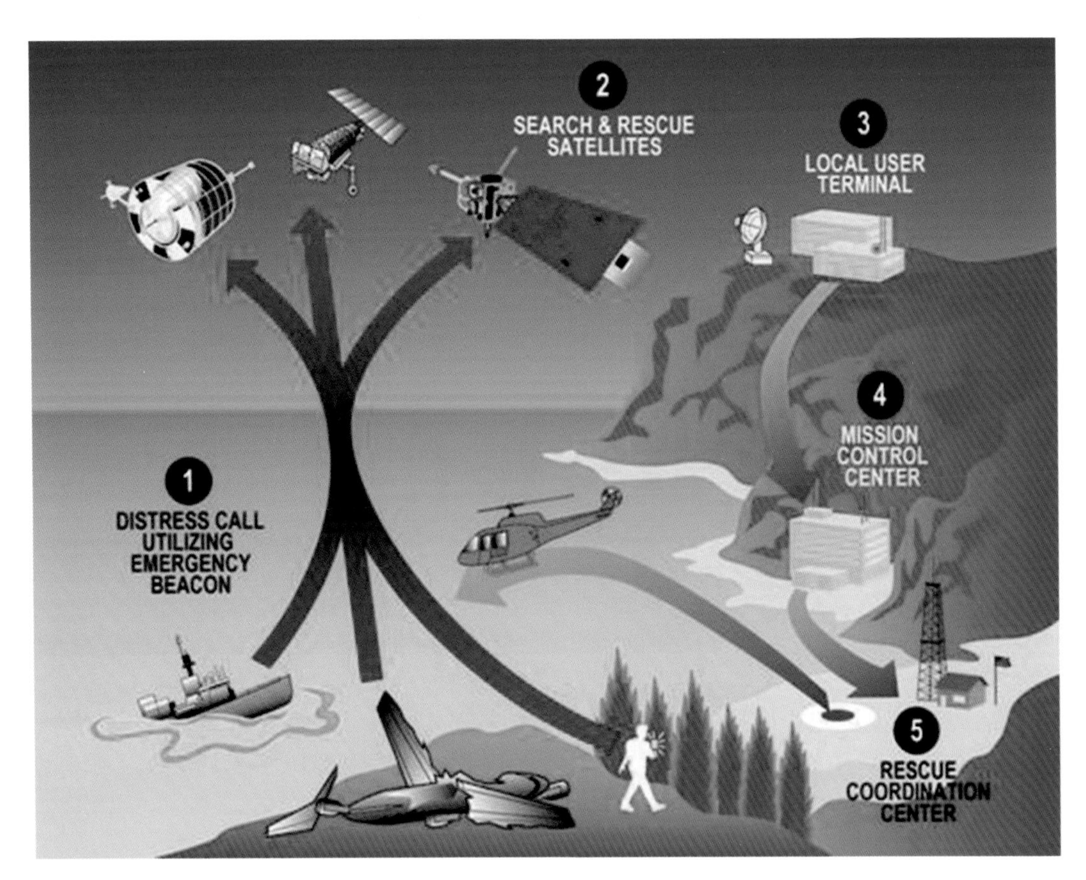

▲ COSPAS_SARSAT System

and Atmospheric Administration，NOAA）的 ELT 註冊網頁註冊所購買的 PLB，註冊時會填寫緊急聯絡人的電話，以便利迅速聯絡到關心你的人，而這種服務是免費的，一個全新的 PLB 的價格在美金 350 元左右。

雖然在 2018 年時，3G 或 4G 通訊在全球的布網已經大致完成，國際漫遊已普及，但還是有些偏遠地區不是沒有佈網，或是有佈網但因故無法連接，也無市話（Land Line Telephone）可用，如身處在該地區如重要或緊急事務需連絡外界時，衛星電話就絕對必要，衛星電話可用日租方式取得，2018 年時能提供全球覆蓋的衛星手機只有銥衛星手機（Iridium Satelitte Phone）。

飛行夥伴

▲ Falcon Field 機場的機棚

雖然筆者的 Eclipse 500 機型飛行資格（Type Rating）是單飛，環球飛行的飛行時數大約在 70 小時，如果能與同好一起成行，不單在行程中不會太孤單，而且多一位飛行員，在駕駛艙內的工作負載可大大減低。 有兩位飛行員在駕駛艙時，有一位專注飛行（Aviate），另一位負責導航及航管對話（Navigate，Communicate），在非常繁忙空域內才不致超過負載而出錯。 就拿在冠狀病毒肆虐前的加州洛杉磯國際機場，在最忙碌時，每 45 秒就會有一架飛機由一條跑道起飛，每 2 分鐘一架飛機降落在一條跑道上，洛杉磯國際機場有 4 條平行跑道，兩條內側跑道專用於起飛，兩條外側跑道專用於降落，每 2 分鐘一架飛機降落在一條跑道上既代表進場的機群之的間距只有 5 至 6 海浬，單一飛行員的工作負荷是兩位飛行員的 4 倍以上，因為飛行、導航、通話都要由一人來做，但完成所需工作的時間卻沒有加倍給予。

筆者有一位機棚鄰居，他的名字叫 Bill Archer 他是美國航空公司（American Airlines）退休下來的 A320 機長，我們是因為筆者前一架飛機 Piper Meridian 而認識的。 機棚間的人際關係與公寓人際關係類似，因為各機棚主人的作息時間都不同，除有特殊原因外一般是不會碰面，可説是老死也沒有往來。 筆者與 Bill 是在 2014 年認識的，有一天筆者完成飛行後滑行經過 Bill 的機棚前，一下機門就看到 Bill 在機旁等候筆者，經過各自介紹與寒暄後，Bill 説他擁有的飛機的機型是 Piper Malibu，Piper Meridian 與 Piper Malibu 都是單螺旋槳機型，兩機型的機身是相同結構的，主要差異是在引擎與機翼，Meridian 的引擎是渦輪式，Malibu 的引擎是增壓活塞式，Meridian 空速較 Malibu 快約 50 海浬，所以Meridian 的機翼的結構有被加強過。 當時 Bill 還沒有退休，但是他在公事以外還有教授個人飛行的私人事業

www.archeraircraft.com，我們因類似的機型而成為了飛行朋友。 筆者在 2015 年購買了 Eclipse Jet 並且獲得該機型的單飛 Type Rating 後，第一次由美西鳳凰城飛到美東波士頓的長程商務飛行就邀請 Bill 同行，途中他隨機傳授航空公司的飛行經驗與 Know How。 在雙方更為熟識後筆者就將想環球飛行的計劃告訴他，並問他是否有興趣同行，Bill 很熱情的接受邀請，當然他雖然有 3 萬多小時的飛行時數，但都是在北美，他並無飛到過歐洲、中東、亞洲、俄羅斯，這次的環球飛行也是對他而言是一種新的體驗吧。

順便提一下機棚，美國通用航空機場的機棚是搶手貨，機棚多為當地機場所擁有，機場將機棚以非常合理的租金租給當地居民，所以非常的搶手，且流動率極低，筆者的第一個機棚從交付訂金到實際承租就等待了 11 年。 機場管理者也會將機場內的土地以非常合理租金長期租給計劃在該機場經營與航空相關事業的業者，這些業者可在租來的土地上構建辦公室、廠房或機棚，這種做法是多贏的，舉例說明；機場能有租金收入，在這座機場起降的飛機、飛行員與乘客獲得適當的服務，業者營運事業取得利潤，業者聘雇員工創造當地就業，業者與員工交稅充裕當地政府的財庫，業者營運項目都是與航空產業相關，如此就可形成群聚使航空產業深入與扎根在各地區。

▲ Bill 與筆者合照

確認飛行服務公司與地勤代表

Bill 的大兒子 Dan 也是位飛行員，他在美國聯邦政府服務，他的工作是駕駛飛機載運美國聯邦政府公職人員到世界各角落，確保飛行過程與陸地交通食宿得到最便利與有效的安排，他經常雇用不同的飛行服務公司與地勤。 因為他的費用支出是由公庫山姆大叔支付的當然無所顧忌，他會去雇用老字號提供全方位飛行服務的公司，筆者是私人自費，實在下不了手去雇用老字號公司，因為他們的費用以私人業餘飛行者的角度來看令人驚嚇，要保住荷包不過分的失血就必須找出兩全其美的安排，Dan 建議在中東、亞洲、俄羅斯等地區最好是雇用全方位飛行服務公司，因為在這些區域的變數太多，所以需要重量級的飛行服務公司配合他們當地的直屬或特約的地勤提供全方位的服務，而在歐洲地區則可雇用平價的飛行服務公司，在北美則由自己負責所有飛行事務。 得到 Dan 的忠告後，筆者於是做出一套擇中的規劃：

在美加地區 筆者使用下列免費網站來自行規劃行程：

- www.fltplan.com 來制訂與提報北美區域內航程的飛行計劃。
- www.jetfuelX.com 來搜尋最價廉的 Jet-A 燃油的合約價，安排燃油釋放單（Contract Fuel Release）。
- www.airnav.com 取得機場跑道與 FBO 的資料，FBO 會安排旅館的接送，但也可用一般的旅遊網站來預訂旅館。
- 美國出入境申報使用美國海關與邊境保護署（Custom and Board Protection，CBP）的https://eapis.cbp.dhs.gov/ 網站來完成。
- 加拿大入境申報使用電話在入境前的 2 至 48 小時通報加拿大邊境服務署（Canada Board Service Agency，CBS），所需通報內容在 https://www.cbsa-asfc.gc.ca/prog/canpass/generalavi-eng.html有清楚的明細。

在歐洲則雇用平價飛行服務公司 Rocket Route, www.rocketroute.com 來規劃的航路、提出飛行計劃、安排 FBO 與地勤、協調地面交通工具、預定旅館、申報出入境、申請降落導航飛越等許可。 當然 Rocket Route 也可安排燃油事宜，但是為了確保有效控制燃油費用，筆者則是使用 Avfuel， www.avfuel.com 或 World Fue，https://kc.wfscorp.com/ 兩網站搜尋最價廉的 Jet-A 燃油的合約價，並預約燃油釋放單。 筆者將（CYYR）加拿大紐芬蘭省鵝灣到（LGIR）希臘克里特島伊拉克利翁間的 5 段航程是交由 Rocket Route，Rocket Route 每段航程收費是美金 150 元，總共取了美金 750 元的服務費，收費實在是價廉物美，性價比超高。 FBO 或地勤的服務費、地面交通、旅館則是由筆者直接支付。

在中東、亞洲、俄羅斯等地區則是雇用全方位飛行服務公司 Universal Weather and Aviation，顧名思義就是兩手一攤把自己全交給該公司了。 航程中所衍生的費用除旅館與飲食外全部由該公司統籌管理，各個帳單加上 10% 手續費後向筆者收取，而該公司提供支援飛行服務的收費方式與律師收費類似。 筆者將（LGIR）希臘克里特島伊拉克利翁到（PANC）美國阿拉斯加州安克拉治之間的 13 段航程交由該公司處理，而該公司總共取了美金 21,350 元的服務費，這金額並沒有包含航程中所衍生的 FBO、地勤、地面交通、旅館、餐飲、出入境申報、各類許可、燃油等費用，平均下來一段航程該公司收取美金 1,640 元的服務費，是平價飛行服務公司的 11 倍，難怪近幾年平價飛行服務公司如雨後春筍般的成立，因為一般私人飛行雇用全方位飛行服務公司是一種沉重的負擔。 但雇用全方位飛行服務公司是否也有其價值，筆者在飛行日誌中會說明。

環球飛行日誌

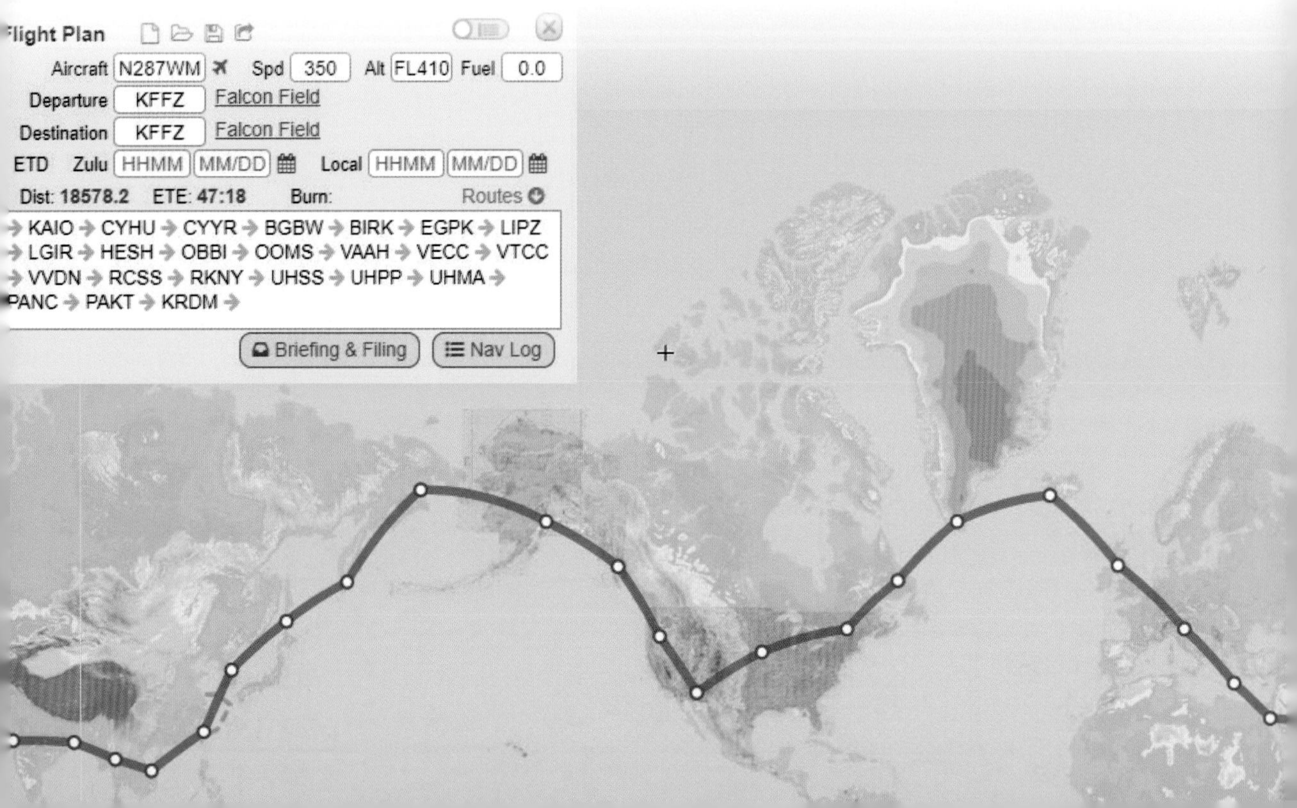

light Plan
Aircraft N287WM Spd 350 Alt FL410 Fuel 0.0
Departure KFFZ Falcon Field
Destination KFFZ Falcon Field
ETD Zulu HHMM MM/DD Local HHMM MM/DD
Dist: 18578.2 ETE: 47:18 Burn:
Routes
KAIO → CYHU → CYYR → BGBW → BIRK → EGPK → LIPZ → LGIR → HESH → OBBI → OOMS → VAAH → VECC → VTCC → VVDN → RCSS → RKNY → UHSS → UHPP → UHMA → ANC → PAKT → KRDM →
Briefing & Filing
Nav Log

這一次的環球飛行是於 2018 年 4 月 23 日由筆者的飛機駐在地，亞歷桑納州梅莎市獵鷹機場啟程的，該機場的 ICOA 代碼是 KFFZ。 順便提一下，每座機場都有兩種代碼，ICAO 碼 與 IATA 碼共存：

- ICAO，The International Civil Aviation Organizatio，國際民用航空組織。 該組織是聯合國的專屬機構，總部設在加拿大蒙特利爾市，該組織的職責是管理空中航行運輸和標準的規劃制定。 它是世界上唯一被聯合國賦予對基礎設施、導航技術、飛航檢查和國際航班跨境程序等標準的修訂與執行之國際組織。
- IATA，The International Air Transport Association，國際航空運輸協會。 該協會一個非政府的貿易協會，其總部也設在蒙特利爾市，它的主要任務是針對私營的航空公司和旅行社的營運標準的強制執行。通過該協會的標準審核可確保旅客的旅途安全和效能。 國際航空運輸協會有大約 120 個成員國和 290 多家航空公司，約占所有國際航空運輸量的 80%。

讀者的機票上的起迄機場代號是用 IATA 機場代碼，例如桃園機場 IATA 碼是 TPE，ICAO 碼則是 RCTP，凡私人、商業、民航、貨運、軍事等的飛行計劃與導航是一律使用 ICAO 碼，所以筆者環球飛行日誌也都是用 ICAO 碼。 如讀者想獲得更多機場資訊，可將日記中的 ICAO 碼輸入 https://skyvector.com/airports 這個網站，該網站可提供非常完整與詳細的機場資料。

2018 年 4 月 23 日 KFFZ – KAIO – CYHU – CYYR

KFFZ：Falcon Field Airport, Mesa, Arizona USA，美國 亞歷桑納州 梅莎獵鷹機場

KAIO：Atlantic Municipal Airport, Atlantic, Iowa, USA，美國 愛荷華州 亞特蘭提克機場

CYHU：Montreal - St Hubert, Quebec, Canada，加拿大 魁北克省 蒙特利爾市 聖休伯特機場

CYYR：Goose Bay, Labrador, Newfoundland, Canada，加拿大 紐芬蘭省 拉布拉多鵝灣機場

筆者是身兼數職的一人航空公司，機務、維修、航務、地勤、空勤、飛航等工作都要自己做，出發前一天，有多項工作需要先完成：

1. 將明天 3 段航程的儀器飛行計劃（IFR Flight Plan），使用 www.fltplan.com 網站登錄完畢，通常只要在起飛前 1 小時內提出申報飛行計劃到航管即可，提出的方法是用電腦或手機登錄該網站，點選要提出的飛行計劃後，

再點「file」 就完成了。

2. 聯絡三個機場的 FBO，有些 FBO 設有網站讓飛行員登錄機型、飛機尾號（Tail Number）、抵港人數、預計抵港的日期與時間、預計離港的日期與時間、添加燃油的種類（100L Gasoline 或 Jet-A）、需要 FBO 如地面電源供應器（Ground Power Unit GPU）、地面交通等項目。 沒有設立網站的 FBO 則都是以 email 聯絡，但如該 FBO 沒有刊登 email 那就需要用電話聯絡了。 當然也要將先前預定旅館再確認一次。 飛機尾號就是飛機的牌照號碼，而各國尾號頭碼；大陸台灣是「B」，加拿大是「C」，德國是「D」，英國是「G」，美國是「N」，讀者可參考 http://www.avcodes.co.uk/regprefixcur.asp 了解世界各國的機尾號碼。
3. 上 FAA NOTAM https://notams.aim.faa.gov/notamSearch/ 的網站查看各機場的飛行員須知（Notice to Airman，NOTAM）。NOTAM 提供給飛行員無法透過其他管道傳達到的重要資訊，如機場被關閉、機場設施的故障、跑道或滑行道被關閉、到站（STAR）進場（Approach）或離場（SID）程序的改變、機場燈光故障、燃油供給中斷與機場周邊暫時豎立如起重機的高障礙物。
4. 取得 FAA 網站 https://tfr.faa.gov/tfr_map_ims/html/ 獲得臨時飛行限制（Temporary Flight Restriction TFR）查看航路或機場是否有臨時飛行限制。
5. 到 NOAA 網站 https://aviationweather.gov 飛行氣象網站查看航程沿路的氣象現況與預測，該網站有非常完整的飛行氣象資料供大眾使用。
6. 預約航程中預定降落機場的燃油合約價釋放單。
7. 提出飛機與飛行員的美國出境通知書。
8. 用電話通報加拿大邊境服務署。

第 1 段航程 KFFZ － KAIO

今早在到機場前，再次複查 NOTAM、氣象現況、TFR，確認所規劃的航路與飛行計劃是可行的後，就將飛行計劃提報給航管系統。 同時將飛機與倆人的美國出境通知書提報給美國海關與邊境保護署。

▲ Bill 與筆者在啟程前於筆者機棚外合影

今早 5 點 30 分，Bill 與他的夫人 Anita 到梅莎獵鷹機場 KFFZ 內筆者的機棚集合，而筆者沒有家人來歡送，原因有二，其一為當時筆者還有一女一子在家，女兒是 10 年級（高一），兒子是 8 年級（國二），早上都要上課，所以還在睡覺。 而筆者的妻子當時熱衷於代購經銷名牌包，客群都是在台灣，她日夜顛倒，所以我的早飯也須自己處理，更別說送行了。 其二為筆者幹過不少一般人認為瘋狂的事，如遠征世界第一高峰珠穆朗瑪（聖母峰）與世界第二高峰喬戈里（K2），環球飛行對筆者的家人已經視同週末飛行一般，沒什麼可大驚小怪的，所以這次創舉環球飛行也就不需要敲鑼打鼓列隊歡送了。 為了方便上下行李，筆者在前一天就將機上 3 個乘客座椅卸下了，因為筆者身軀比 Bill 小，能較靈活的在機艙後的貨艙安置行李與物資，所以這次環球飛行筆者是機長也是行李搬運員。

行李安置固定好後，開始做起飛前的一系列準備工作；

- 請 FBO 派油罐車來將然油加滿填（top it off）。
- 飛行前的飛機外觀巡檢。
- 接上地面電源供應器（Ground Power Unit，GPU），進入駕駛艙打開電源，執行飛機性能測試。
- 設定無線電頻率到 118.25MHz 抄收機場自動機場資訊播報（Automatic Terminal Information Service，ATIS）。ATIS 的資訊是至少每小時更新一次，由該機場的航管錄音後放在機場的 ATIS 頻率循環撥放，播報內容有 時間、風向、風速、能見度、雲層型式與離地高度、溫度、露點、高度表汞柱值、使用的進場程序、使用跑道、機場周邊的高障礙物與使用的無線電頻率等。
- 將無線電頻設定到該機場的地面台（Ground）121.30MHz，聯繫地面台航管請求取得第一個航段由 KFFZ 至 KAIO 的儀器飛行許可（IFR Clearance），地面台航管佈達的飛行許可，筆者需要複誦飛行許可給地面台航管，地面台航管會確認複誦無誤（Read Back Correct）後，本航段的許可正式生效。
- 輸入飛機的重量與平衡（Weight and Balance），輸入機場溫度，將襟翼設定在起飛，取得拉起空速（VR），設定高度表汞柱值，及應答器認證碼（Transponder squawk code）。
- 依照儀器飛行許可將起點機場、迄點機場、起飛跑道、儀器離場程序（SID）、起飛後的第一階段巡航高度與航程中的各航點（Waypoint）輸入到航電的飛行管理系統中（Flight Management System，FMS）。
- 設定機場塔台（Tower）與區域航管出場台（TRACON Departure）的通話無線電（Com Radio）的頻率。
- 如航點中是用 VOR 來導航，則要將該 VOR 頻率設定到導航無線電（Nav Radio）中。

設定完畢後，將地面電源供應器解除，關機門，亮起機外警示燈，打開氧氣閥，發動引擎，確認引擎運轉正常後，開啟機艙內增壓開關，微增引擎推力讓飛機滑行後測試煞車來確認煞車與煞車防鎖（ABS）正常，複查滑行前檢查清單（Before taxis check list）後開始滑行，滑行到了地面滑行管制點前，用無線電向地面台航管申請滑行許可（Taxi clearance），獲得滑行到 4R 跑道的許可後滑行到跑道頭，在 4R Hold Short Line 前等候塔台給予起飛許可（Take Off Clearance），複查起飛前檢查清單（Before takeoff check list），於亞利桑那時間（Arizona Time，

AZT）早上 6 點 33 分獲得起飛許可後由 4R 跑道起飛，正式展開環球飛行。

離地後確認升降速儀顯示爬升後收起落架，飛到離地 400 英呎高度收襟翼，將起飛引擎推力拉回到 MCT（Max Continuous Thrust），超過離地 400 英呎高度時 400 Feet AGL（Above Ground Level）啟動自動駕駛（Auto pilot），飛機就依循 MESA 1 Departure 離場程序離場爬升，爬升到 2,500 英呎後 Falcon 塔台將導航移交給鳳凰出場台（Phoenix Departure），該航管台的全名為 Phoenix Terminal Radar Approach Control 或 Phoenix TRACON，鳳凰出場台接手前，先迅速的複查起飛後檢查清單（After takeoff check list），鳳凰出場台接手後就連續給了幾次航向與爬升高度指令，當飛機爬升到超過約 12,000 英呎後就將導航移交給 阿爾伯克基航管中心（Albuquerque ARTCC），ARTCC 的全名為 Air Route Traffic Control Center。今

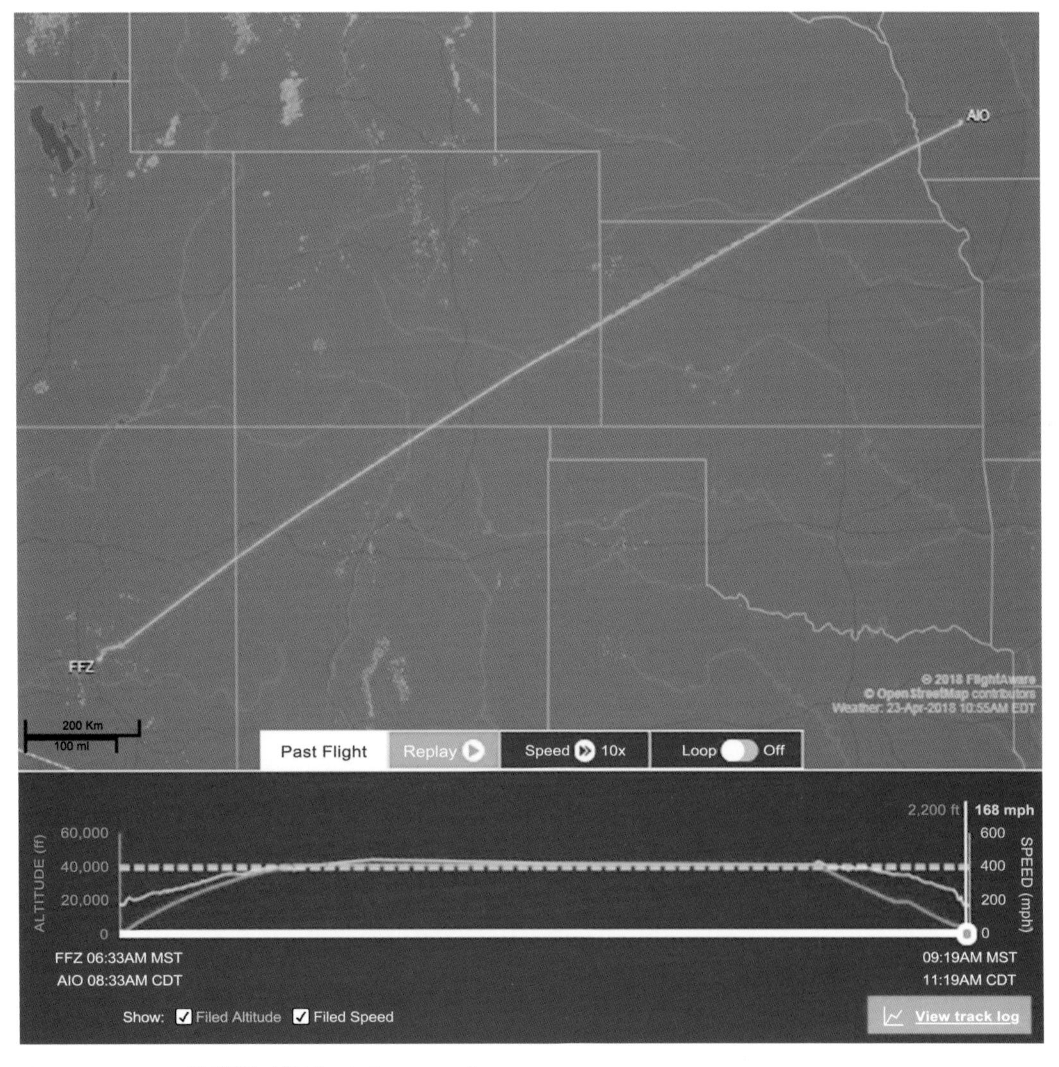

▲ 2_KFFZ-KAIO 航跡圖（取自 Flight Aware）

天筆者申請的飛行計劃是衛星導航直飛（GPS Direct），阿爾伯克基中心航管就下了直飛迄點（Direct to destination）的飛行許可，過程中也連續給了幾次爬升高度的指令，爬升超過高度計設定過渡高度（Transition altitute）的 18,000 英呎時，高度計會自動調整到 29.92 英吋的標準汞柱值，在爬升過程中要複查爬升檢查清單（Climb check list），飛機花了約 30 分鐘的時間爬升到空層 410（FL410）的巡航高度。 巡航到接近阿爾伯克基航管中心之疆界時，航管的任務就移交給丹佛航管中心（Denver ARTCC），在丹佛航管中心疆界內巡航約 450 海浬後，航管再移交給明尼阿波利斯航管中心（Minneapolis ARTCC）。 今天沿途天氣良好，沒有需要為避開積雲而繞道，也無擾流（Turbulent）。 飛機在距離迄點機場約 150 海浬時，明尼阿波利斯航管就連續給了幾次降低高度的指令，在下降低過程中複查下降進場檢查清單（Descend/approach check list）。 迄點是愛荷華州亞特蘭提克機場，該機場是無塔台，也無人管制，也無儀器到場程序（STAR）的機場，如該機場沒有位在 TRACON 區域之內，到場導航則是由 ARTCC 來負責，在到場高度降低的過程中，機組先要取得迄點機場的氣象報告，才能決定使用哪一條跑道降落以及採目視或儀器進場。 亞特蘭提克機場的氣象播報是使用 AWOS，無線電頻率為 127.825MHz，播報的語音是用電腦產生，抄收完的風向用來決定使用跑道，雲層高度用來決定以目視進場，雖決定以目視進場，但還是先將該跑道儀器進場程序（Instrument approach）輸入到 FMS 中作為備用選項。 當飛機降低於空層 180（FL180）時，就需要根據 AWOS 所報導的汞柱值調整高度表，飛機下降到離地高度約 3000 英呎時，航管會告知該機場在飛機的幾點鐘方向與距離幾海浬，並詢問是否能目視到機場，當我們回報看到機場（Airport in sight），航管會給予該跑道的進場許可（Clear for approach Runway XX），我們就要遵循該機場的起降航道（Traffic pattern）進場，當飛機低於離地面約 1,000 英呎高時通常 ARTCC 的航管雷達是照不到飛機的，這時航管就會告知「雷達將會照不到，本次飛行計劃可立即結案或在降落後打電話給航管中心結案」，為何需要用電話而不通過無線電結案呢？因為美國有許多機場太偏遠，飛機在低於某個離地高度時，航管中心的無線電也常聯絡不上的，亞特蘭提克機場平均一天也只有 20 架飛幾起降，又是晴空萬里，航管的導航與監控就不是這麼關鍵了，於是筆者通告航管「Cancel the flight plan on air - 要求在空中將本航段的飛行計劃結案」，航管馬上回應「Radar service terminated，squawk VFR，contact common traffic advisory frequency - 導航服務結束，應答器認證碼轉到 VFR，通話頻率轉到通用交通諮詢頻率 Common Traffic Advisory Frequency（CTAF）」，筆者將應答器認證碼轉到 1200，通訊無線頻率轉到該機場 CTAF 的 122.70 MHz，並通過該頻率間隔性的向這空域廣播 飛機的機型、尾號、與機場的相對位置、高度、飛行方向、到場程序與準備使用的跑道等訊息，打開降落大燈，放起落架，放襟翼，複查降落前檢查清單（Before landing check list），調整引擎推力後，關閉自動駕駛，目視飛進場降落。 飛機於美中日光時間（Central Daylight Time，CDT）上午 11 點 19 分著陸，完成了第一段航程，飛行時間是 2 小時 46 分鐘，飛行距離是 930 海浬，共飛越了亞利桑那、新墨西哥、科羅拉多、內布拉斯加、南達克塔、與愛荷華等 6 個州，美中日光時間與亞利桑那標準時間有 2 小時的時差。

無人管制機場可能是沒有塔台，或者是有塔台但航管沒有執勤。 在美國、加拿大或澳大利亞的無人管制機場，CTAF 是所有在這機場起降或飛越的飛機必須共同使用的通話頻率，飛行員要主動用 CTAF 做間隔性的廣播，好讓其他飛機的飛行員知道你的飛機的位置與企圖，如此可確保各飛機的安全間距，如兩機距離接近，兩機的飛行員可互相協調與禮讓。 無人管制機場為了節能其夜間跑道燈或滑行道燈都會定時關閉的，在無人管制下飛行員可通過 CTAF 來開啟跑道燈，快速按通話按鈕（mic）3 次，跑道燈呈低亮度，快速按 5 次呈中亮度，快速按 7 次得高亮度，點亮後定時自動熄滅。 這次環球飛行所起降 24 座機場其中 3 座是無塔台機場，而這 3 座機場都是在美國境內。

大略介紹一下亞特蘭提克鎮，這個鎮是在 1868 年 10 月建鎮。 自從 1929 年亞特蘭提克就以可口可樂工廠而聞名美國，該公司從這裏的工廠向愛荷華、明尼蘇達、威斯康辛、伊利諾和密蘇里等 5 個州發送可口可樂飲料。

亞特蘭提克鎮機場是一座鄉鎮機場，有 2 條跑道；長寬 5000 x 75 英呎的 2/20 號跑道與長寬 3125 x 75 英呎的 12/30 號跑道。 該機場沒有油罐車，飛機要加燃油是需要將飛機滑行並停靠在加油站旁，就如同汽車到加油站一般，但沒有遮雨棚，儲油槽也是設置在地面上，在美國大部分的機場都設置了信用卡支付的自助式加油站，好讓飛機在機場或 FOB 下班後也可加燃油了，汽車與飛機加油唯一不同之處是飛機加油前先要將靜電線接到機身上的金屬。 今天很幸運的是機場值班主動來加燃油，可能是過去很少有 Eclipse Jet 降落到這，機場值班對這飛機有興趣所致吧？ 在美國私人飛機的飛行員自己拿油槍加油是稀鬆平常的事。 因為有人幫忙加燃油，筆者就有時間複查下一段的航段的氣象，提報下一段的飛行計劃，並在機場前的紀念碑與 Bill 合照留，可惜筆者手機不爭氣照了一張模糊的相片，但畢竟是有紀念價值的照片。 Jet-A 燃油共添加了 166 加侖，這 FBO 燃油價是與 AvFuel 簽訂的，每加侖單價是美金 3.02 元，支付了方式如信用卡付款一般，以半月結算。 如果筆者沒有與燃油公司有合約，燃油就要以該 FBO 的公告牌價馬上用信用卡支付，其牌價會比合約價高至少 20%，有些 FBO 甚至會高 1 倍以上。

▲ KAIO 機場的自助加油站

▲ Bill 與筆者在 KAIO 機場招牌前合影

第 2 段航程 KAIO － CYHU

同一天第二段航程飛行前的外觀巡檢與飛機性能測試就簡化一些了，主要是檢查引擎的機油與確認燃油存量是否正確。

無人管制機場的離場程序也與有人管制機場試稍有不同的，有一些無人管制機場能在地面使用機上無線電聯絡到 TRACON 或 ARTCC 的航管，這樣就可在起飛前取得下一個航段的儀器飛行許可。 但如無法用無線電聯絡時，也可使用 TRACON 或 ARTCC 專線電話來取得許可。 如天氣允許可用目視飛行離場的話，最有效的方法是起飛後，在空中使用無線電向航管取得許可，但如該機場正處於 IFR 氣候，如低雲層，低能見度，那麼還是需要在起飛前取得儀器飛行許可，才能確保在起飛離場過程中有航管雷達監控導航。

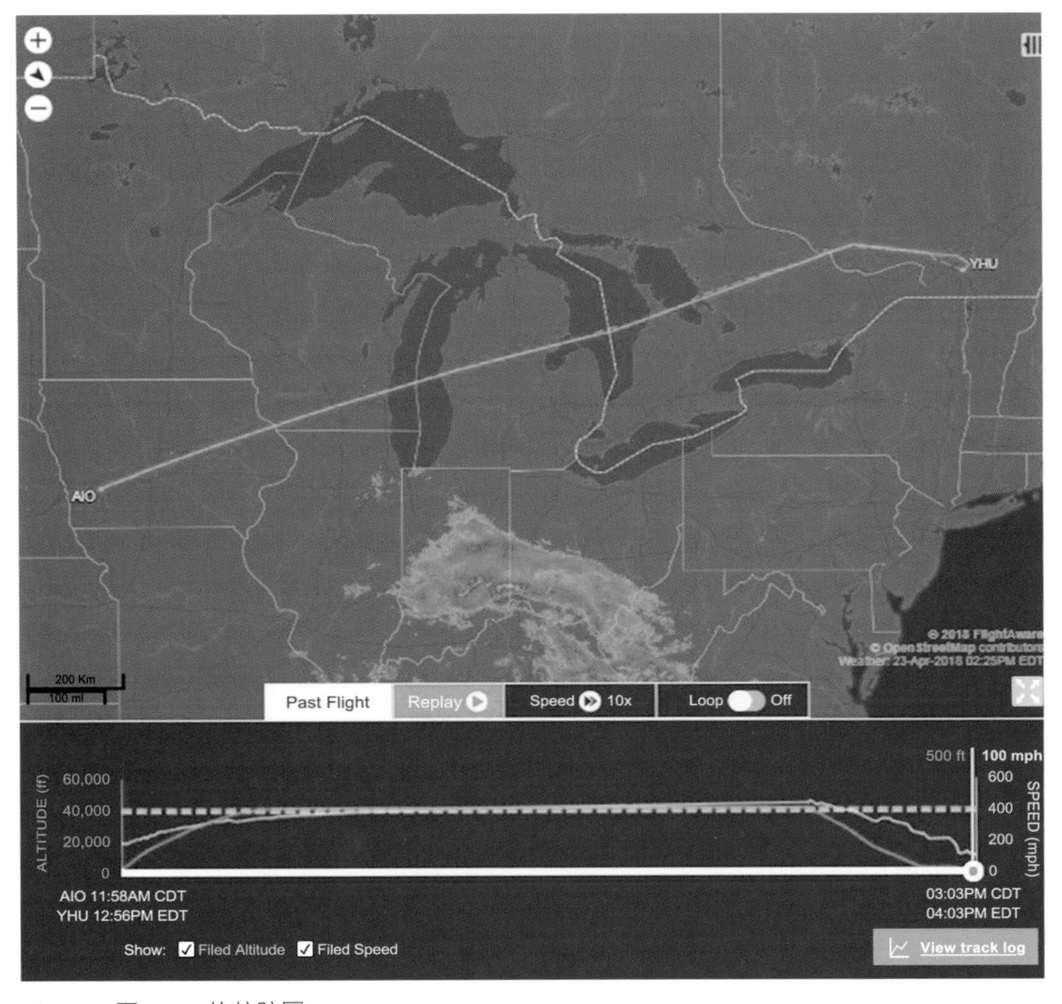

▲ KAOI 至 CYUH 的航跡圖

▲ Bill 與筆者在駕駛艙內合影

筆者執行起飛前的準備程序：從 AWOS 抄收機場的即時氣象資料，設定重量與平衡（Weight and Balance），輸入機場溫度，將襟翼放下到起飛位置，取得拉起空速（Rotate airspeed，VR），設定高度表汞柱值，設定答應器認證碼為 1200，依照儀器飛行計劃輸入起點機場、迄點機場、起飛跑道、起飛後的第一階段巡航高度、與航程中的各航點。 因為離場用目視飛行且晴空萬里，起飛後要向東飛行，所以設定第一階段巡航高度為 17,500 英呎，17,500 英呎是以目視飛行時羅盤 0 至 179 度間方向的最高允許巡航高度。 向西目視飛行時，羅盤 180 至 359 度間方向的最高允許的巡航高度為 16,500 英呎。

飛機於中區日光時間上午 11 點 56 分由亞特蘭提克機場起飛，飛機爬升到離地 400 英呎高度時，啟動自動駕駛，到了約在離地高度 1000 英呎時，將無線電頻率調到明尼阿波利斯中心在頻率119.6 MHz，通報航管：飛機機型、飛機尾號、現在位置、高度、預計爬升高度以及請求 KAIO 至 CYUH 的儀器飛行許可，航管立即給予應答器認證碼，筆者輸入認證碼後，航管立刻回報「Radar contact，XX miles from Atlantic Airport」，接著就是頒發儀器飛行許可，航向（Vector 或直飛的航點）與爬升高度，筆者抄收儀器飛行許可並複誦無誤後，將頒發的許可交叉檢查起飛前輸入到 FMS 的飛行計劃，如有差距就要依據所頒發許可作修改並確認無誤，設定航向和爬升高度後，自動駕駛就可開始做苦工了。

這一段航路要飛越愛荷華州、威斯康辛州、美國五大湖中的密西根湖（Lake Michigan）、密西根州、休倫湖（Lake Huron），在休倫湖中線飛進加拿大國境、安大略省與魁北克省，迄點機場是蒙特利爾爾市聖休伯特機場。 在美國境內飛越了明尼阿波利斯、芝加哥與克利夫蘭 ARTCC，在加拿大境內飛越了多倫多飛航情報區（Toronto FIR）與蒙特利爾飛航情報區（Montreal FIR）。 飛航情報區英文為 Flight Information Region，簡稱 FIR。

航程中照了兩張相片；一張是密西根湖上空照密西根州的西部湖岸線，另一張是在休倫湖與加拿大的喬治亞灣（Georgian Bay）之間安大略省的一個半島和馬尼圖林島（Manitoulin Island），讀者可以發現在這兩張高空的照片中的天際線有微微的弧度，在 41,000 英呎的高空就可以微微地看出地球的圓弧狀。

這是筆者第一次駕駛自己的飛機飛離美國國境並飛入外國國境，心中激動不已，回想了過去 22 年的飛行生涯中，用了 16 年逐步將飛機更換升級到更高規格與性能的機型，花了兩年時間規劃籌備環球飛行，終於在今天 2018 年 4 月 23 日，是筆者 63 歲又 7 個月的年紀飛出了美國國境。 接著又想到再過約 10 天，筆者會駕駛自己的飛機，飛回自己的出生地台灣，降落在台北松山機場，雖然還要飛越 15 個航段，23 個國家或地區，12,000 海浬才能飛到自己出生、就學、結婚、創業的地方，心中異常的興奮。 尤其筆者在 1986 至 1996 年間就住在民生東路 5 段民權國小附近的巷弄裡，距離松機不到 500 公尺，筆者的二個女兒上過民權國小，對松機倍覺親切。 筆者創業時租的第一個小辦公室就位在民權東路三段「亞洲企業中心」大樓的 15 樓，在 1990 年到 1996 年間，筆者每天沿著松機旁的民權東路走路上下班，來回走了 6 年，當時怎麼也不可能想到20 多年後，可以駕駛自己的飛機環繞三分之二的地球後降落在松機。 其實人的生命中能有這種獨特的境遇與機會是非常無價的，倒不是筆者有很多財富，台北市豪宅區裏頭隨便一戶人家的財富都會壓扁筆者，只是筆者能有效率的運用自己有限資產與時間，完成了這項人生的目標而已。

進入加拿大後的航路是直飛 YOW（Ottawa）VOR，因為聖休伯特機場並無儀器到場程序 STAR，飛越了 YOW VOR 後，蒙特利爾飛航情報區的航管給了直飛聖休伯特機場的導航指令，在離聖休伯特機場約 50 海浬時就收聽 ATIS 廣播，因天氣超好，吹西風，使用跑道為 24R，蒙特利爾飛航情報區將導航移交給蒙特利爾進場台，在確認可目視看到機場候機場後，航管就給予該 24R 跑道的進場許可「Clear to visual approach Runway 24R，Contact St Hubert Tower，118.4」，中文譯文為「准許 24R 跑道的目視進場，並聯絡聖休伯特塔台，頻率為 118.4 MHz」。

▲ 俯瞰密西根湖上空照密西根州的西部湖岸線

▲ 俯瞰休倫湖與加拿大的喬治亞灣

飛機於東區日光時間（Eastern Daylight Time，EDT）下午 4 點 03 分降落在加拿大魁北克省蒙特利爾市聖休伯特機場（St Hubert）的 24R 跑道，該跑道的長寬為 7,801 x 150 英呎，飛行時間是 3 小時 07 分鐘，飛行距離是 1003 海浬，東區日光時間與中區日光時間有 1 小時的時差。

為何筆者選擇在這個機場入境呢？ 聖休伯特機場被加拿大邊境服務局（CBS）設定為通用航空飛機的入境機場，從該機場入境的通用航空飛機所乘載的乘客人數不能超過 15 人。 這個機場是軍民共用，軍用區跑道為 06L/24R，而民用區跑道是 06R/24L。 蒙特利爾市還有另有 2 座國際機場，它們是：

- 皮埃爾埃利奧特特魯多國際機場（Pierre Elliott Trudeau International，CYUL），這座機場為魁北克省蒙特利爾市的主要國際航空客運機場。
- 米拉貝爾國際機場（Mirabel International，CYMX），該機場的主要用途是貨運，MedVac 空中救護服務中心與通用航空，並且是龐巴迪（Bombardier Aerospace）公司和加拿大空客公司（Airbus Canada）的製造基地，龐巴迪 CRJ700、CRJ900、CRJ1000fm與空客 A220 是在這裡組裝的。

▲ 在 CYHU 機場與加拿大移民官海關合影

筆者選用的 FBO 是 Services CYHU H-18 Inc，現在已更名為 HUB FBO，這家 FBO 沒有分別收取入境處理與停機費用，他們將費用放在燃油中。 這 FBO 有到機旁服務的油罐車，Jet-A 燃油添加了 176 加侖。 每一間 FBO 會與不同的航空燃油供應商簽有合約，在北美有 Avfuel、 World Fuel、Shell、Epic Fuel、Philips 66 等供應商，在同一家 FBO 內每家燃油供應商的合約價都是不同的，有時甚至會差距很大，而且有些機場容許多家 FBO 經營，每家 FBO 的牌價與合約價都不同，要省錢就要在行前做好家庭作業，找出每座機場最實惠的燃油單價，再到該燃油供應商網站上申請燃油釋放單。 例如在聖休伯特機場內有 4 家 FBO ；LUX、AV Jet、PASCAN與 H-18，當時筆者選擇了最實惠的燃油單價為 Avfuel 合約價，Jet-A 燃油添加了 175 加侖，每加侖單價是美金 4.54 元。 回到家後也收到由NAV Canada郵寄來加幣 381 元的帳單，這帳單是加拿大航管單位收取的導航費、降落費與機場使用費。

降落後發生了小插曲，飛機滑行到了 H-18 FBO 前的停機坪時，筆者認為加拿大的移民局與海關官員會在停機坪前或在 FBO 辦公室內等候我們，但是實際狀況是移民局與海關的官員並沒有駐點在聖休伯特機場，他們是機動式的在各出入境口岸（Port of Entry）巡迴執行公務，這回變成我們要等移民局與海關官員，等候期間是不准離開飛機的，這下慘了，飛完3個多鐘頭，已有內急，卻無法下飛機上廁所，也不知道還要等多久才能下飛機上洗手間！Eclipse Jet 機艙是沒有洗手間，只能憋尿吧！等候期間筆者有幾次請 FBO 聯絡移民局與海關辦公室詢問他們派出的官員何時會到達聖休伯特機場，但其回應是「快到了」！這種回應就是代表「請耐心等候」。 機艙內被下午的太陽越曬越熱，只得請 FBO 將 GPU 電源接到位在機尾的電源插座，啟動飛機上的空調，讓等候時間好過一些，但是等了一個鐘頭，再也憋不住尿了，於是將機艙門關來，窗戶的遮陽板拉下來，Bill 與筆者拿個空的礦泉水保特瓶，先後在後機艙做了解放。 前後等了約 1 小時 45 分鐘，一名女性移民官與一名男性海關才到了機場，他們來到機旁，Bill 與筆者下飛機接受檢查，他們知道我們等候了很久，所以先向我們道歉，説是塞車導致延誤到場的，接著是核對一下我們的護照，就完成檢查了，前前後後等了 100 多分鐘，入境檢查不到 1 分鐘。檢查完畢後，筆者告訴兩位官員，這裡是我們環球飛行進入的第一個國家，於是邀請兩官員合照留個紀錄。 之後上一次洗手間主要是為了將裝有黃色液體的寶特瓶丟棄，並送出下一段的儀器飛行計劃到航管系統後，簽收了燃油單，就馬上展開下一個行程。

第 3 段航程 CYHU － CYYR

原先的行程規劃是在聖休伯特機場的停留約 30 分鐘來加燃油、上個洗手間與巡檢飛機。 依照原先的行程規劃，起飛時間應該是美東日光時間下午 4 點 40 分前，預計在大西洋日光時間（Atlantic Daylight Time，ADT）下午 7 點抵達紐芬蘭省拉布拉多鵝灣機場（Goose Bay, Labrador, Newfoundland，CYYR）。 旅途上經常會有變化，也只能既來之則順之，筆者依照有塔台值勤時的滑行、起飛與離場程序離場，飛機於東區日光時間下午 6 點 02 分由聖休伯特機場起飛。 飛行計劃的航路為聖休伯特機場直飛到航點 ML，在依循 Jet way J555 到 YZV VOR，最後抵達鵝灣機

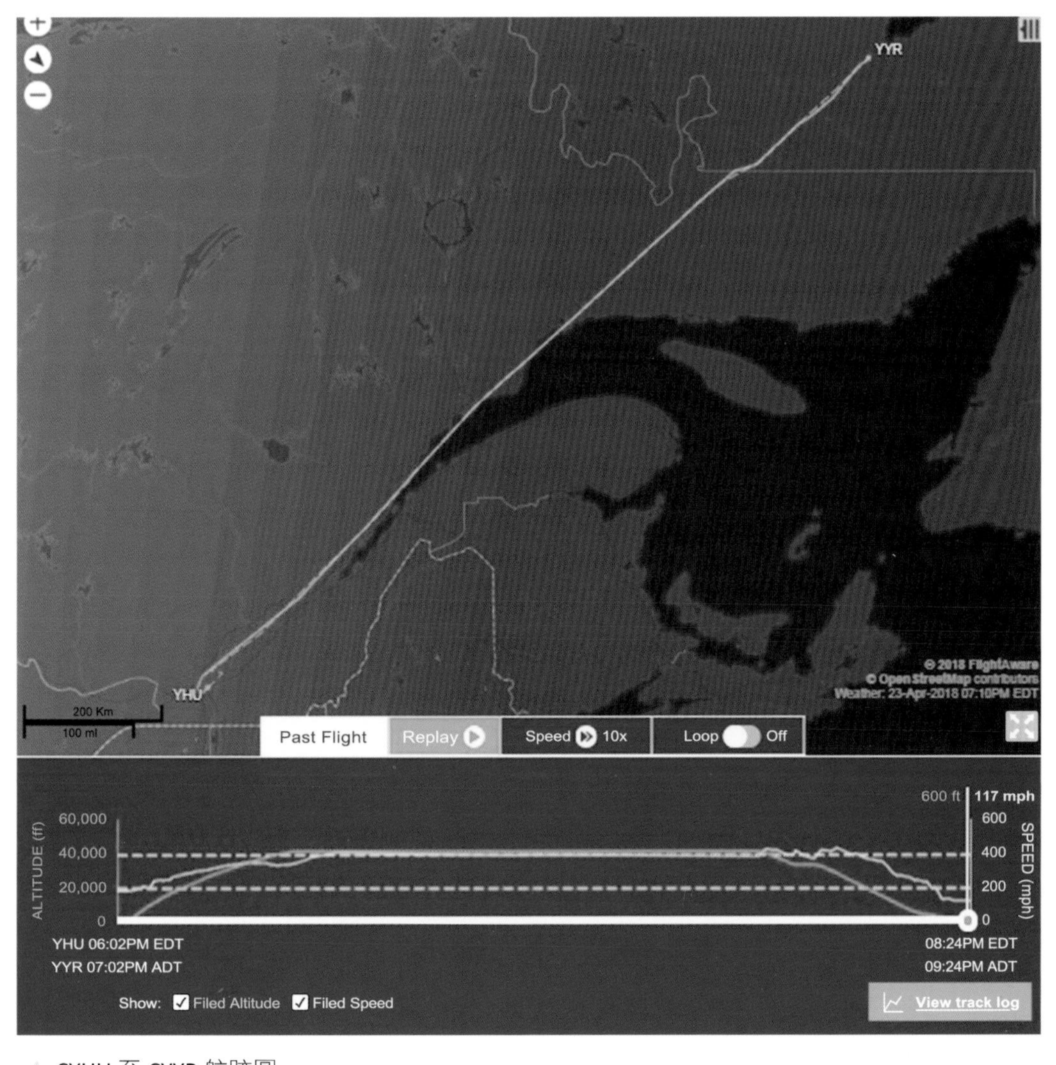

▲ CYHU 至 CYYR 航跡圖

場，航程飛越了魁北克省與紐芬蘭省，航程上導航是由為先由蒙特利爾飛航情報區負責，然後再移交給甘德（Gander）飛航情報區。

鵝灣機場的緯度是位在北緯 53 度 20 分，因為時區是大西洋日光時間，太陽在 8 點 17 就下山了，由聖休伯特機場起飛時已經是大西洋日光時間 7 點 02 分，所以一半的航程是先後在暮色與黑夜中飛行，尤其是起飛後約 120 海浬就越過了魁北克市（Quebec City）進入無人煙的地區，這裡沒有道路，沒有車燈，沒有村鎮的燈光，好像是黑洞一般。 即使在美國飛越洛磯山山脈（Rocky Mountain）的幾處人煙稀少的地區時，多多少少還是可以看到遠方有小村鎮發出來的燈光。 這情景讓筆者回憶到 1993 年遠征世界第一高峰，珠穆朗瑪（聖母峰），當時與山友吳炯俊（小洞）一起飛到尼泊爾加德滿都去購置高寒的攀登裝備，在飛機到場過程中，筆者想從窗子觀看加德滿都的燈光與夜景，但是地面上是一遍漆黑，幾乎沒有燈光，如黑洞一般，於是帶著疑惑地問坐在隔壁座位的小洞，小洞當時的職業是旅行社導遊，對尼泊爾非常孰悉，他說尼泊爾是低收入與低開發國家，加德滿都的周邊地區很多是沒有電力供應的，即使有電力供應也很不穩定，經常停電，路上也沒有路燈，百姓入夜後也不怎麼點燈就早早就寢了。 事實上加拿大 80% 的國土是不適合人類居住的（Uninhabitable），俄羅斯的西伯利亞也類似，夜裡飛在這些區域的上空時，地面是一片漆黑的。

飛機在鵝灣機場到場過程中是沿著邱吉爾河（Churchill River）下降，這時才再次看到由河旁工廠發出來的燈光。 進場方式是目視直進 8 號跑道（Visual straight in RWY 8），飛機是於大西洋日光時間晚上 9 點 24 分降落，跑道的長寬為 11,051 x 150 英呎，飛行時間是 2 小時 22 分鐘，飛行距離是 711 海浬，大西洋日光時間與東區日光時間有 1 小時的時差，今天飛了一共 8 小時 15 分鐘，總飛行距離是 2,644 海浬。

滑行到了該機場 FBO，Woodland Aviation 停機坪，關引擎與總電源，將行李取下，關上機艙後才想到今天一天還沒有吃飯，心中只想趕快請 FBO 派部車將我們先載去買一些食物再到旅館，但這麼偏遠的小鎮內，晚上 10 點以後餐廳都打烊了，幸好 FBO 的司機說 Subway 三明治還在營業，就先載我們去買三明治。 今晚下塌的旅館 Hotel North，入住手續辦妥後，匆匆到了房間囫圇吞棗將三明治下肚，洗澡、檢查 email，用最短的時間將公司事務處理後在大西洋日光時間午夜 12 點上床就寢，換算亞利桑那時間是晚上 8 點。

2018 年 4 月 24 日 CYYR – BGBW – BIRK

CYYR：Goose Bay, Labrador, Newfoundland, Canada，加拿大 紐芬蘭省拉布拉多鵝灣
BGBW：Narsarsuaq, Greenland，格陵蘭 納沙斯瓦哥
BIRK：Reykjavik, Iceland，冰島 雷克雅未克

鵝灣是位在北緯 56 度（北極圈的緯度是北緯 66.5 度），位置在加拿大最東北邊的拉布拉多是紐芬蘭省最大的地理區，拉布拉多土地面積是 294,330 平方公里，但人口僅有 27,000 多人。用數字來比較讓讀者感受一下這裡的空曠與人煙稀少程度，它的面積是台灣的 8 倍，而人口是台灣的千分之一。

鵝灣曾經是世界上最大的機場，在 1941 年夏天，加拿大軍方在邱吉爾河的河口附近選擇了一個大型沙質平原建設機場，到了 1941 年 11 月 16 日有 3 條 7,000 英呎長的跑道已被建設完畢，於 12 月 9 日第一架軍機降落在該機場。1942 年時約有 1,700 名軍職和 700 名非軍職人員在鵝灣機場服務，1943 年時該機場已成為當時世界上最大的機場，美國陸軍航空（美軍空軍的前身）隊和英國皇家空軍將鵝灣機場作為他們空軍基地，整個二戰期間，鵝灣機場是北美與英格蘭之間來往的軍機與少數民用飛機的主要加油與停靠機場，在 1945 年的一年之間，該機場起降次數超過 24,000 架次。

第二次世界大戰後美國空軍繼續留在鵝灣，1950 年時鵝灣機場成為美國東北空軍司令部的一個基地，1971 年 7 月美國空軍將該基地歸還給了加拿大空軍。今天這裡不單是加拿大空軍的基地也是英國皇家空軍、德國空軍、荷蘭皇家空軍和義大利航空兵的基地。在二戰期間誰能想到在 20 多年後英國皇家空軍會與兩個敵對國一德國與義大利的空軍共同駐紮在同一個基地呢？世事難料也！這區域空曠無人且冬天極為酷寒，是世界上酷寒氣候的飛行訓練以及飛機耐寒驗證測試的最佳場所之一。

▲Hotel North

鵝灣機場曾經擁有世界上最長的跑道之一，總長 11,046 英呎，因它夠長，可以讓 NASA 的太空梭（Space Shuttle）安全降落，所以被 NASA 指定為太空梭緊急降降落點，事實上承載了一架太空梭的特製波音 B747 飛機曾經於 1983 年在此降落加燃油，這是太空梭的歷史中唯一一次降落美國以外的機場。 在 911 日恐攻當天，鵝灣機場停滿了北大西洋航線的民航客機。 但是現在世界上最長跑道的機場是中國成都邦達機場，其跑道總長是 18,000 英呎。

本地的原住民族有因努（Innu）、因紐特（Inuit）、梅蒂斯（Metis）與在 16 世紀由歐洲飄洋過海到這定居地歐洲移民，這些原住民仍然過著傳統的拉布拉多生活，許多原住民家庭是依靠馴鹿、狩獵、釣魚和誘捕小型野味來補充養分。 在過去的十年中，拉布拉多的中部正在發展一個小型製造業群聚，同時也開展了一些小型的農業計劃。

第 4 段航程 CYYR － BGBW

今早 6 點就起床了，先上互聯網處理台北公司的業務，筆者經營的事業在台北與鳳凰城都有據點，平常出差時，白天需不時關心鳳凰城的業務，深夜與清晨則要處理台北的業務，經營事業真是需如同 7-11 般 24 小時無休。 早上室外氣溫是零下 4 度，地上還有殘雪，昨夜沒有機會打量這家名叫 Hotel North 旅館的內外，這家旅館的外牆是用浪形鐵皮所建構的，這裡非常偏遠，補給線超遠，由魁北克市經由公路到鵝灣鎮的距離是 1,600 公里，全程是無人居住的區域，用最省工與最容易運輸的建材是理所當然的選擇。 筆者的事業有一項業務是研製與銷售 LED 燈具，所以對旅館所裝置的燈具特別感到興趣，筆者原本先入為主的觀念是這麼偏遠城鎮的旅館其室內照明還應該是用白熾燈或省電燈泡吧？ 但是觀察後才發現都已經更換成 LED，這讓筆者感到驚訝！

早餐是在旅館旁的餐廳用餐的，昨晚向 FBO 預約好的接駁車在早上 8 點準時來到旅館，驅車至機場入口時看到了幾架舊型軍機在機場前廣場被陳列著，於是請司機暫停幫我們在機場標示牌前照一張合照留念，這輩子是第一次也極可能是最後一次來到鵝灣了，鵝灣非一般的觀光地點，是沒有觀光客會來到這裡，但鵝灣機場在航空史上具有它非凡的地位，筆者這一生能自己駕機在這機場起降也感到很榮幸。

因為昨天很晚才降落鵝灣機場，當時 FBO 辦公室職員已下班，筆者沒有機會交待添加燃油就驅車去旅館了，今早到了 FBO 就先請他們加燃油，隨後就到一間

▲在鵝灣機場前合影

Briefing Room 作行前準備，查氣象與 NOTAM，提出飛行計劃與出境文件等等。Jet-A 燃油添加了 145 加侖，Avfuel 合約價是每加侖美金 3.02 元，FOB 又分別收了加拿大幣 153 元的降落、手續與過夜停機費。

上機後與鵝灣地面台申請飛行許可時發生一件以前沒遇到過的事情，原本飛行計劃的巡航高度是 FL410，但地面台所頒發許可中的巡航高度是 FL290，Eclipse 500 的噴射引擎雖然是渦輪風扇型（Turbofan），但風扇扇葉的直徑較小，是一種低旁流引擎（Low bypass），所以在不同巡航高度時的耗燃油量會差異很大，例如巡航在 FL410 時的耗燃油量是每小時 350 磅，但巡航 FL290 時每小時耗燃油 520 磅，於是詢問地面台航管給予 FL290 的原因，航管解釋，因為格陵蘭的納沙斯瓦哥機場（Narsarsuaq, Greenland）沒有航管雷達，並且當飛機飛到這段行程的中點時，加拿大的航管雷達就照不到飛機了，而且北美與歐洲之間來往航空公司班機的航道經常會飛越格陵蘭，這些班機的巡航高度是 FL290 與 FL410 之間，如果航管給予我們 FL410 的巡航高度，飛機到場納沙斯瓦哥機場過程中則需要從 FL410 下降時會穿過來往班機的航道，由於該區域沒有管雷達覆蓋，不能確保飛機的安全間隔（Separation），所以無法給予我們 FL410 巡航高度。在了解原因後，為了節省燃油還是再向航管再請求高於 FL290 的巡航高度，因為飛機巡航在 FL290 時其耗燃油量會遽增使飛行距離極劇減短，這種狀況在美國境內時不是個問題，因為在美國相距 100 海浬間一定會有機場可降落加燃油，但在諾大 2.14 百萬平方公里的格陵蘭能夠讓 Eclipse 500 安全起降的機場只有 4 座，且距離納沙斯瓦哥機場最近的機場是北方的努克哥達卜（Nuuk Godthab，BGHH），直線距離是 257 海浬，由鵝灣機場到納沙斯瓦哥機場的直線距離是 677 海浬，如因故必須轉場到努克哥達卜，全程是 943 海浬，943 海浬已經遠遠超過巡航在 FL290 時的飛行距離，於是向航管解釋 FL290 巡航高度會使本機不具備 45 分鐘轉場燃油要求，航管最後給了 FL310 巡航高度。自駕噴射機的重點是燃油管理，飛行員需要自己規劃、計算、掌握與管理有限的燃油存量，在航空公司添加多少油料是航務部門負責計算的。

在這順便提一下渦輪風扇引擎，大客機的渦輪風扇引擎的扇葉直徑是超大，例如波音 777 裝備的超高旁流引擎（Ultrahigh bypass）其引擎的扇葉直徑幾乎等於波音 737 客艙內部的直徑，而由扇葉所產生的推力占整個引擎推力的 9 成，所以

777 在不同巡航高度的耗燃油量差異是很小的，渦輪風扇引擎運轉在空速約 500 至 1,000 公里/小時（270 至 540 海浬/小時）間的效率是最高的，該個空速正好也是民航機的巡航速度。

這一段航路的飛行計劃是 CYYR DCT ENNSO – 5630N/05500W DCT 5800N/05200W DCT 5900N/05000W DCT 6000N/04800W DCT SI DCT NA DCT BGBW。 其航路的白話解釋為：由鵝灣機場（CYYR）起飛後，直飛 ENNSO 航點，再飛往北緯 56 度 30 分 / 西經 55 度的位置，再飛往北緯 58 度 0 分 / 西經 52 度 0 分的位置，再飛往北緯 59 度 0 分 / 西經 48 度 0 分 的位置，再飛往 SI 航點，再飛往 NA 航點，最後直飛納沙斯瓦哥機場（BGBW）。 今天航程中降落在納沙斯瓦哥機場是屬於技術降落（Technical Landing），所謂技術降落係指為非營收的降落行為，例如加燃油或維修等。

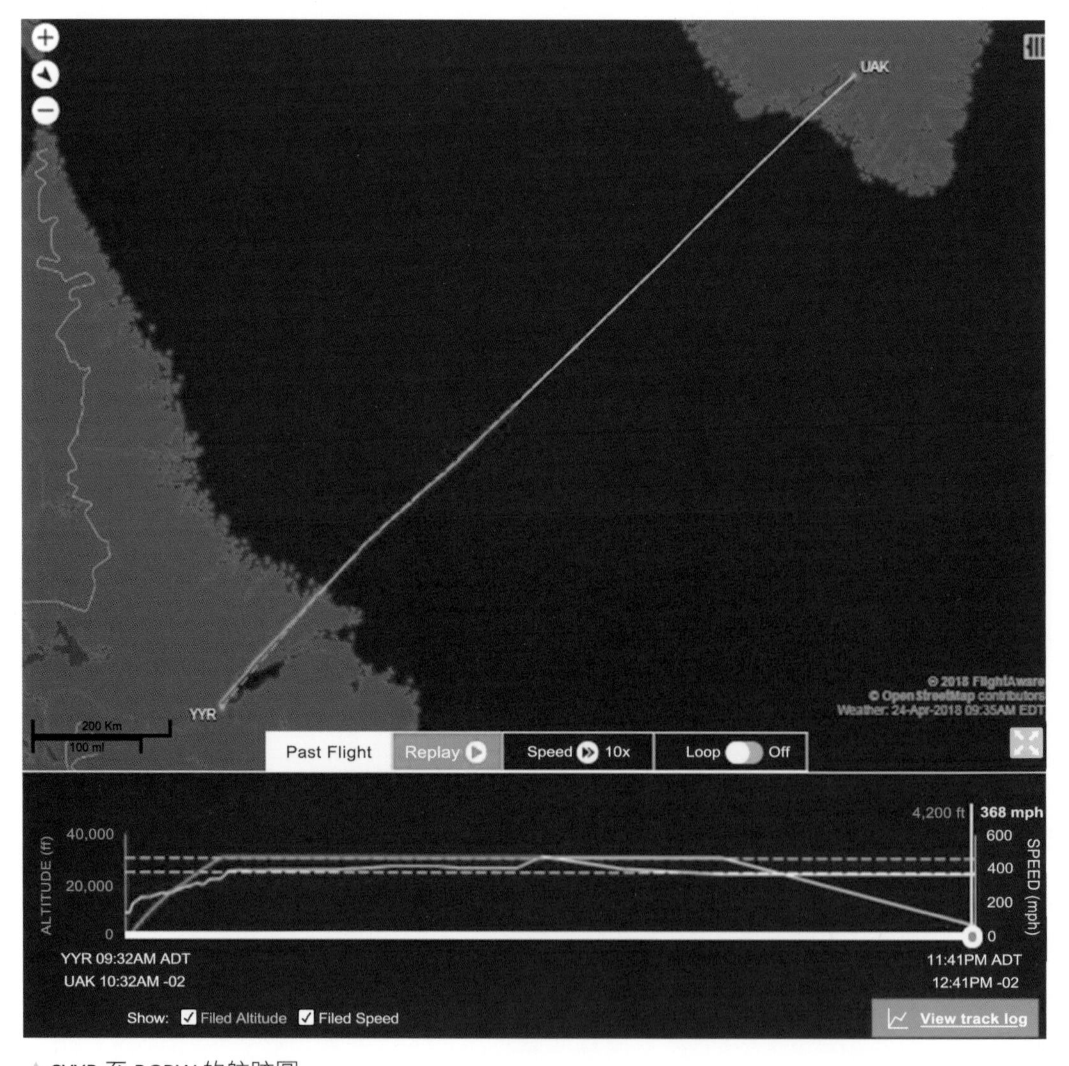

▲CYYR 至 BGBW 的航跡圖

飛這種的航路也是筆者平生的第一次，因為大洋中是沒有表訂航點（Published Waypoint），而都是以經緯座標為航點，其實飛機上具備 GPS 導航，並不需使用經緯座標為航點，使用經緯座標航點是為了在向海洋飛航情報區 Oceanic FIR 用 VHF 或 HF 定時作「海洋巡航通報」，該通報內容包含了；當時的巡航位置座標、時間、高度與下一個巡航到達位置座標、預計到達時間與再下一個巡航到達位置座標，如此的作業下，海洋航管中心在沒有雷達監控下也能掌握在情報區內所有飛機的飛行動態，如果有兩機接近的趨勢，也可用無線電通知兩機作轉向或迴避。 這就是為何飛越所有地球上的大洋時飛行員與飛機必須具備「海洋與偏遠陸地使用多種遠程導航系統的適航作業規範（M-LRNS）」 的適航許可，而欲飛越北大西洋的飛行員與飛機必須具備「北大西洋基本導航性能（NAT/MNPS）」 的適航許可。

讀者可以由 Flight Aware 的飛行軌跡追圖上看到，綠色軌跡是有雷達追蹤或有地面站能收到飛機的 ADS-B out 或 Mode S 應答器的訊號，白色軌跡是飛行計劃提出的航路但無雷達覆蓋或無 ADS-B 地面站能接收到飛機發出訊號。 2018 年時 N287WM 還沒有裝 ADS-B out，如果飛機上只有裝 Mode S 應答器，要被追蹤這架飛機就需要有至少 3 座地面站以多點定位（Multilateration，MLAT）的方式來追蹤。如飛行的週邊區域無 3 個地面站就無法做定位追蹤，即使有民用或軍用雷達能照射到飛機，但飛機離地面站台太遠，因無法接收到該飛機 發出 Mode S 應答器代碼，就無法偵測出該飛機的身分了。 ADS-B out 廣播的訊號包含了 飛機位置的經緯度、高度、地面速度和其他數據，所以只需要一個地面站就可準確的定位與追蹤該飛機。

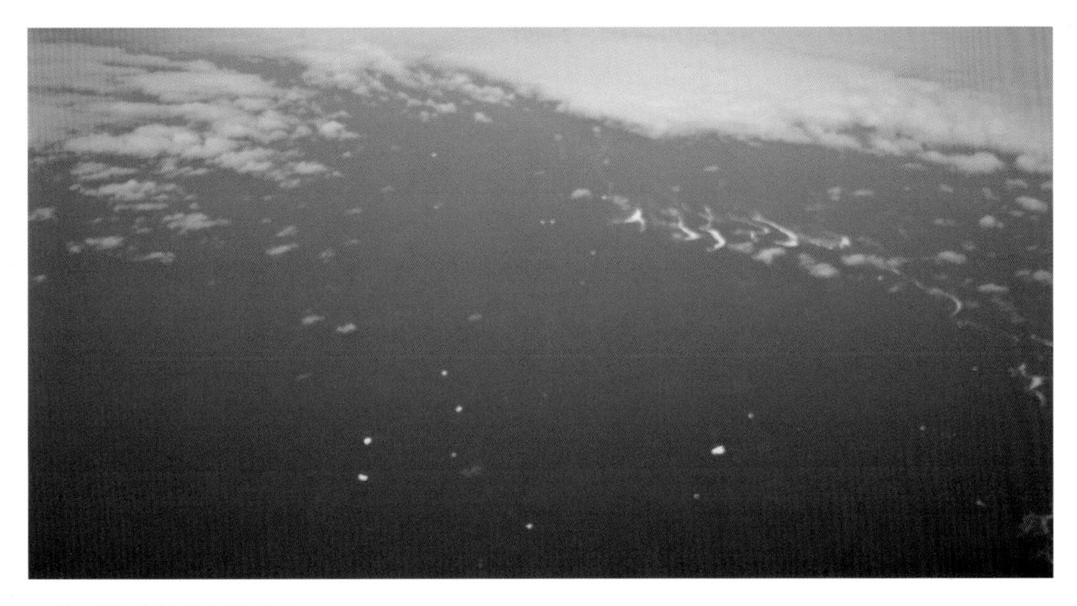

▲俯瞰格陵蘭外海的冰山

▲依循 BGBW 機場進場程序進場（Approach）

飛機於大西洋日光時間的早上 9 點 32 分從鵝灣機場起飛離場後，鵝灣塔台將導航轉給甘德國內飛航情報區（Gander Domestic FIR），甘德國內接手後就直接給了爬升與維持 FL310（Climb and Maintain FL310）的導航指令。 飛了約 180 海浬後到了 ENNSO 航點時，甘德國內中心將導航移交給了甘德海洋飛航情報區（Gander Oceanic FIR），從此以後我們就要作巡航報告了，飛機上沒有配備 HF 的高頻無線電，使用 VHF 超高頻無線電在 FL310 的通訊接收品質雖然不清晰但是勉強可以溝通，飛機飛到了 5900N/05000W 航點時，甘德海洋中心將導航移交給了努克飛航情報區（Nuuk FIR），這一個航點距離納沙斯瓦哥機場只有 157 海浬，也是要開始由 FL310 下降的起點，因無雷達導航所以高度降低速率是由飛行員自行裁定的。 當時天氣良好可以看到海洋上漂浮的冰山，這是筆者平生第一次在高空觀看海洋上漂浮的冰山。 這時遠望納沙斯瓦哥機場方向是低雲層，筆者立即將進場程序 RNAV（GPS）Y Rwy 6 輸入 FMS，6 號跑道正前 15 海浬有 4,200 英呎高的山峰，這裡沒有塔台也沒有航管雷達監控，這個進場程序也不是 WAAS，雖然水平（Lateral）飛行航路是由飛機自動駕駛來控制，但進場高度要完全由飛行員來掌控，當飛機降低到約 8,000 英呎後就進入了雲層，這時在進場程序中每一個航點的高度就必須被準確控制，如在穿過航點時的飛行高度過低，就可能在雲層中撞山，如在穿過航點時的飛行高度過高，就可能出雲層後看到跑道時飛機高度太高無法降落而需要重飛（Go around），在冰山峽谷中無塔台或航管導航下重飛是很危險的，所幸飛機降

▲添加燃油

▲BGBW 機場航站

低到約 1,000 英呎就出了雲層看到跑道。 進場方式是目視直進 6 號跑道，跑道的長寬為 6,000 x 150 英呎，跑道表面是混凝土，飛機在格陵蘭時間的下午 12 點 41 分降落在納沙斯瓦哥機場，飛行時間是 2 時 09 分鐘，飛行距離是 681 海浬。 格陵蘭時間與大西洋日光時間有 1 小時的時差。

這輩子是第一次也極可能是最後一次來到這機場了，心中的感受是覺得自己很幸運這一生有這個機會飛到這麼偏遠的格陵蘭，這區域的雲層低，但還是照了一張機場的 360 度全景留念。

納沙斯瓦哥是格陵蘭南部的庫雅勒克（Kujalleq）自治區的一個部落，納沙斯瓦哥機場是格陵蘭南部唯一的國際機場，它所服務的部落都很小，機場是格陵蘭航空直升機公司接駁 Qaqortoq 和 Nanortalik 兩部落居民的樞紐。 納沙斯瓦哥機場最初是由美國戰爭部（國防部的前身）為陸軍航空兵軍（空軍的前身）於 1941 年 7 月所建造的，第一架飛機是在 1942 年 1 月降落。 第二次世界大戰期間，以這機場為基地的軍機，負責保護由美國運送物資到英國的盟軍船隊，並執行跟踪和摧毀德國潛艇的任務。 納沙斯瓦哥機場與位在北方的 Kangerlussuaq 機場（BGSF）是格陵蘭境內兩座能起降大型客機的機場。

納沙斯瓦哥機場的航站很袖珍，但五臟俱全，有一座小塔台用來指管直升機的起降，這兒的直升機起降是相當頻繁。 筆者與 Bill 進入航站後上到二樓的辦公司，先交代添加燃油，再休息吃一點食物。 一位機場女性辦事員問筆者有沒有飛往冰島雷克雅未克（Reykjavik, Iceland, BIRK）的飛行計劃，筆者於是告訴她 Rocket Route

應該已經將飛行計劃提交了，但是她說航管系統中並沒有查到此計劃，必須再提出，筆者當時無法確認原因，這是環球飛行中唯一發生飛行計劃沒有被事先提出的狀況，也許是格陵蘭航管系統沒有與全球航管系統連線吧？ 因為筆者回到家後查到，由納沙斯瓦哥機場飛到冰島雷克雅未克機場的航程並沒有被 Flight Aware 與 Radar 24 等網站追蹤，這也許代表著納沙斯瓦哥機場提出的飛行計劃並沒有被輸入到全球航管系統中。

Jet-A 燃油添加了 146.4 加侖，Avfuel 合約價是每加侖美金 6.28 元，納沙斯瓦哥機場也分別收取了 1,012 丹麥克朗（Danish Krone）的手續費，為何格陵蘭使用丹麥的貨幣呢？ 因為格陵蘭是丹麥王國的一個自治領土。 儘管地理上格陵蘭應該屬於北美的一部分，但從公元 986 年起格陵蘭島的政治和文化一直是與挪威和丹麥聯繫在一起，北歐人於 10 世紀從冰島開始遷移到無人居住的格陵蘭南部定居，同時期維京人萊夫埃里克森（Leif Erikson）也從格陵蘭航行到北美大陸，這是比哥倫布航行到達加勒比群島還早了 500 年，格陵蘭是直到 1261 年才正式成為挪威的屬地。格陵蘭的大多數住民是因紐特人（Inuit），他們的祖先從阿拉斯加遷移到加拿大北部，到了 13 世紀再逐漸地遷移到格陵蘭定居，15 世紀後期挪威遭受黑死病襲擊並進入嚴重衰退後，挪威因此無法持續殖民格陵蘭，葡萄牙人在 1499 年曾短暫地探索並聲稱擁有該島，並將其命名為 Terra do Lavrador，後來這名字被用在命名了加拿大的拉布拉多。 17 世紀初丹麥探險家來到格陵蘭島，為了強化主權，丹麥和挪威都宣稱擁有對格陵蘭，但當時挪威的國力低落，1814 年時挪威失去了對格陵蘭的主權，格陵蘭就從此成為丹麥的屬地，丹麥的憲法在 1953 年修訂將格陵蘭納入丹麥的領土，格陵蘭人民成為丹麥公民。

第 5 段航程 BGBW – BIRK

▲ BGBW 至 BIRK 航跡圖（Sky Vector）

由納沙斯瓦哥機場到雷克雅未克機場的直線飛行距離是 670 海浬，納沙斯瓦哥機場職員為我們提出的巡航高度是 FL290，這一個巡航高度是整個環球飛行中最低的巡航高度。 飛機是於格陵蘭時間的下午 1 點 45 分從 6 號跑道起飛離場，爬升中聯絡努克飛航情報區，航管馬上頒發了 FL290 的巡航高度，起飛後不久就穿出了雲層，15 分鐘後就爬升到了 FL290。 在 FL290 由駕駛艙望出，地面全覆蓋的冰雪，在航路以北的冰原（Icefield）厚達 1,500 至 2,000 公尺，格陵蘭的英文意思是「綠色大地」（Greenland），其實應該稱為「白色大地」（Whiteland）或「冰大地」（Iceland），不過 Iceland已經被冰島這國家先使用了。 事實上它的名字來自一位被放逐到該島的一位冰島罪犯「紅色的埃里克（Erik The Red）」 所命名的，他宣稱格陵蘭為「綠色大地」 就是希望這個名字能吸引更多移民。 地質科學家指出格陵蘭在 250 萬年曾經是名符其實的綠色大地，在一項鑽勘研究中曾發現有遠古的殘留物在約 3,000 公尺深的冰層底下被冷凍了數百萬年。

▲ 俯瞰格陵蘭冰源

▲ 離海岸線較近的格陵蘭冰源其山峰岩石已露出

筆者照了兩張格陵蘭冰凍大地的照片，第一張照片中是距離海岸線較遠的區域，第二張照篇是接近海岸線的區域。 離海岸線較遠的山峰全部被冰層將掩埋著，離海岸線較近的山峰其岩石已少許露出，格陵蘭的冰原是南極外最大的冰原，冰原的冰層就像冰河一般會由高處向低處擠壓流動，冰河的冰是沿著山谷由高向低流動，冰原的冰是由冰層最厚的中央區域向著四周擠壓流動，愈靠近冰原的邊緣，冰層就越來越薄，當然山峰與陡度大的山岩就會被暴露出。

▲ BIRK 機場的 FBO

飛離格陵蘭的海岸線後約 70 海浬後，導航工作由努克飛航情報區移交到甘德海洋飛航情報區，這時我們又須定時向航管作海洋巡航通報。 飛到了離冰島約 200 海浬遠，雷克雅未克飛航情報區（Reykjavik FIR）的航管雷達就能照到飛機後就回復到航管一個口飛行員令一個動作的飛行模式了。

飛機於格林威治標準時間（Greenwich Mean Time，GMT）時間下午 5 點 57 分以目視進場降落在雷克雅未克的 1 號跑道，該跑道是 5,140 x 150 英呎，飛行時間是 2 小時 12 分鐘，飛行距離是 680 海浬，今天飛了一共 4 小時 21 分鐘，總飛行距離是 1,361 海浬，冰島時間與格陵蘭日光時間有 2 小時的時差。

脫離跑道後，地面台航管要我們等待前導車（Follow me car），前導車要帶領我們飛機滑行到 Ace FOB，在美國機場是通常沒有前導車到跑道端的滑行道等候帶領飛機滑行到停機坪，最多是自行滑行到了 FBO 附近的滑行道時，再由 FBO 的前導車去帶領飛機到滑行到停機坪。 當然在國外前導車是要使用者付費的。

在滑行的途中筆者與 Bill 就滴咕著說「不知道要等候移民局與海關的官員多久」，滑行到了 FBO 的停機坪後，前導車的駕駛就下車在飛機前方指揮飛機正確停好，筆者打開機艙門與 FBO 地勤打了招呼，地勤馬上就告知要我們先到 FBO 的辦

▲ 冰島的移民官與海關

公室辦理入境手續，因為冰島的移民局與海關的官員已在辦公室內等候我們入境，有了先前在加拿大等候官員長達快 2 個鐘頭的經驗，我倆倍感受寵若驚，在冰島居然是官員在等候我們。 入境與海關的程序是很簡單，看核對一下護照蓋個章就大功告成，當然也要依照慣例請兩位官員一起合照。

雷克雅未克市有 2 個機場，一個位在市區內的雷克雅未克市機場（Reykjavik Airport，BIRK），一個位在市郊的 凱夫拉維克國際機場（Keflavik International Airport，BIKF），就如同松山機場與桃園國際機場，雷克雅未克市機場是用來接受商務與私人飛機的出入境，而凱夫拉維克國際機場是國際航空公司的專用機場。

昨天晚上睡不到 5 小時，我倆只想趕快驅車到雷克雅未克市區內的旅館，稍作休息後到市區去逛一逛，並好好享受一下冰島的晚餐。 FBO 幫我們叫了計程車，但可能在雷克雅未克市的計程車並不普遍，30 分鐘後才姍姍來遲。 今晚的旅館是100 Iceland Hotel，離機場約 2 公里距離，雷克雅未克市區內的道路都很窄，路旁的建築物的樓層都不高，北歐感十足。 因明早就要飛往蘇格蘭普雷斯特威奇（Prestwich，Scotland），所以 Bill 與筆者 check in 旅館後，稍作整理就開始向市中心（Downtown）走去。雷克雅未克市位在北緯 64 度，與北極圈只距離 2 個緯度，4 月底時太陽到下午約 10 點才下山，但暮光（Twilight）是持續著直到隔天的日出，一天中並沒真正天黑的時段。 但到了冬至，太陽一天只升起 4 小時，所以雷克雅未克市民到了晚上 10 點都還是在市中心逛街、吃晚餐、喝酒作樂，就是要充分的運用晚春到早秋的下班後的時間在戶外享受日光，但不幸的今天是陰天，我們這兩位遠方來的訪客無法享受到冰島下午 9 點的太陽。

▲雷克雅未克市的 100 Iceland Hotel

▲雷克雅未克市街景

▲雷克雅未克市的 Hard Rock Cafe

▲Jaekjarbrekka 餐廳

我倆走到了市中心的主要街道 Jaekjargata 時居然看到 Hard Rock Cafe，這家連鎖店真是無孔不入。 在 Jaekjargata 與 Bankastraeti 兩條街的十字路口筆者發現了一家很別緻的餐廳，餐廳的名字就叫 Jaekjarbrekka，提供傳統的冰島美食，這餐廳是在一棟很別緻的粉紅屋頂的木屋內，這木屋有兩層樓，街面這一層是餐廳，餐廳下面一層是 The Icelandic Punk Museum。 於是筆者就邀請 Bill 共進晚餐，兩人大快朵頤冰島海鮮餐，喝冰島當地釀造的啤酒，品嚐冰島麵包，狠狠地補償一下這兩天沒有好好用餐的缺憾。 這裡離雷克雅未克市的海港碼頭不到 300 公尺，也是停靠觀光客郵輪的碼頭，但是用完餐後已經是晚上 10 點多，雖然 4 月底天空不會全黑但今天是陰天光線不足，就決定回旅館休息，這裡距離旅館只有 1 公里遠。

▲遠眺 Hallgrimskikja 教堂

回程路上走到一條斜岔路口時，看到遠方一座高聳的教堂，這是一座路德教會的教堂，它是由冰島國家建築師Guojon Samuelsson 負責設計，建築摹擬了冰島岩石、山脈和冰河，並以冰島詩人和牧師 Hallgrimur Petursson（1614–1674）命名。Hallgrimskikja教堂它是冰島最大的教堂，也是冰島最高的建築，高聳塔尖有 75 公尺高，於 1937 年啟用，位於雷克雅未克市中心附近的山丘上，是冰島最著名的地標之一，從城市各角落都可以看到這個教堂。 Hallgrimskikja 教堂與 1940 年建成的丹麥哥本哈根的 Grundvig 教堂建築風格類似。 但筆者感覺塔尖很有維京式的建築感，於是用手機照了一張遠距離的相片，這張照片在晚上 10 點的陰天裏照的，可見冰島在 4 月底時的暮色時段有多長。 筆者希望將來再到冰島時可參訪這座教堂的內部。

▼ Hallgrimskikja 教堂

2018 年 4 月 25 日 BIRK – EGPK（第 6 段航程）

BIRK：Reykjavik, Iceland，冰島 雷克雅未克

EGPK：Prestwick, Scotland, United Kingdom，英國 蘇格蘭 普雷斯特威奇

第 6 段航程 BIRK － EGPK

今天航程只有一段，因此不需一大清早就起床趕集，也能悠閒地吃早餐與處理公司商務，早餐就在旅館內的餐廳使用的。 FBO 預約的計程車在早上 9 點 30 分來旅館接我們，但是發生了一件插曲，這旅館的大門很不明顯，旅館門前的街道很窄又是一條單行道，旅館對面的建築物正在施工，導致計程車司機找不到 100 Iceland Hotel 的大門，筆者與 Bill 不得已只能走到旅館的另一邊大馬路上等計程車，但還是等了一陣子計程車才到，計程車在雷克雅未克市算是稀有的交通工具。

我們在早上 10 點到達 Ace FBO，他們昨晚已將飛機燃油加滿了，Jet-A 燃油添加了187加侖，UVair合約價是每加侖美金 2.73 元，FOB 收取了 258 歐元的手續費與移民海關費，而雷克雅未克機場收了 7,604 冰島克朗（Icelandic króna）的降落、過夜停機與導航等費用。 一個地方收 2 種貨幣讓筆者感到疑惑，於是就詢問 FBO 的職員，他説這家 FBO 主要是服務由歐洲來的旅客，以歐元來計價與收費較為便民。歐元在冰島雖不是官方貨幣，但是可被使用的。

今天的航段要飛越北大西洋，由雷克雅未克機場起飛後直飛航點 RATSU後轉向航點 BILLY，過了 BILLY 就轉向直飛蘇格蘭的普雷斯特威奇機場（Prestwick，Scotland，United Kingdom，EGPK），飛機於格林威治標準時間上午 10 點 35 分由 19 號跑道起飛。 今天航程中遇到不同於在北美飛行狀況：

- 高度計改成用公制（QNH），單位是 Hectopascal 或 hPa，1 hPa = 1.0197 公分的水柱，1 大氣壓氣是 1,033.23 公分的水柱 或 1013.25 hPa。 北美則是用英制，1 大氣壓的是 29.92 英吋的汞柱。
- 歐洲國家的過渡高度 Transition Altitute 是不一致的，在美國過渡高度是統一設訂在 18,000 英呎。
- 超高頻無線電 VHF 的頻率間隔縮小到 8.33 KHz，北美 VHF 的頻率間隔是 25KHz。

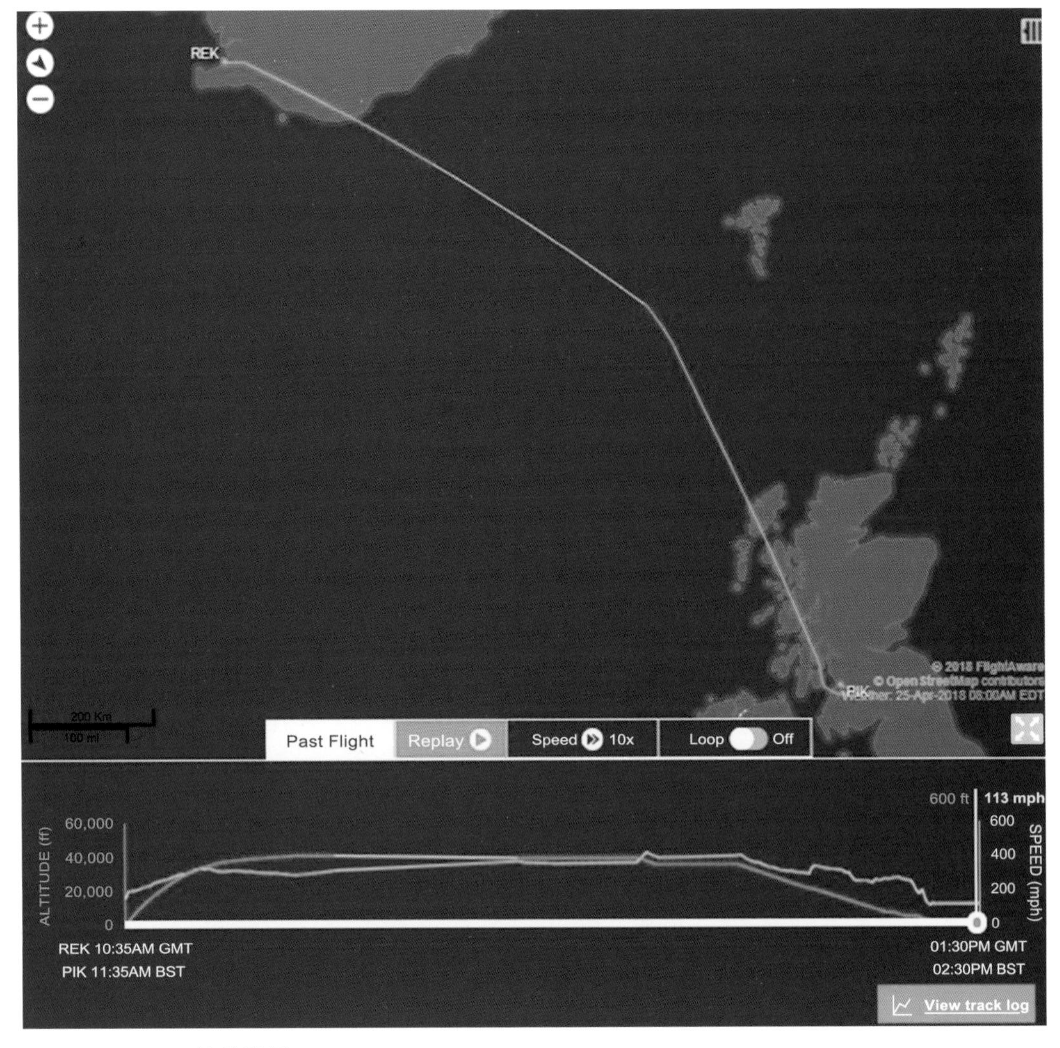

▲ BIRK 至 EGPK 的航跡圖

- 歐洲機場有事先許可（Prior Permission Required，PPR）與航路席位（Slot）的要求。 當飛往歐洲機場時，繁忙的主要機場都要行前申請與獲得有航路席位和許可，而其申請程序是複雜的。 此外私人與商務的航班會影響到繁忙機場的調度，席位會受到限制，最後一分鐘提出申請或變更基本不可行的，最好是雇用了解各機場的法規、限制和要求的飛行服務公司來代為處理 PPR 與 Slot。

公制的高度計設定與 VHF 的頻率間隔縮小到 8.33 KHz 都可在飛機航電的 MFD（Multi-Functions Display）做變更。 使用 8.33KHz 頻率間隔可取得比 25KHz 頻率間隔多 3 倍的通訊頻道，對歐洲腹地小但航班多，更多的通訊頻道對航管工作的幫助是很大的。

一個歐洲國家內的不同地區的過渡高度也會有不同，今天飛到的英國有些地區的過渡高度是 6,000 英呎，但是有些地區是 5,000 英呎，飛行員需要行前審閱儀器到場、進場與離場程序上面所標註的過渡高度。 低於過渡高度時高度計就需要設定到該區域的 QNH 值，高於過渡高度時就設定 1,013 hPa。 歐洲的航管通常會告知飛行員機場的 QNH 值也會同時提醒過渡高度。 北美的過渡高度因為統一設定在 18,000 英呎，航管在告知飛行員當地的汞柱值後是不會提醒過渡高度的，低於 18,000 英呎時就設定到該區域的汞柱值，高於過渡高度時則設定 29.92 英吋。

當飛機接近 RATSU 航點前，雷克雅未克飛航情報區將導航移交給蘇格蘭飛航情報區（Scottish FIR），過了這個 RATSU 後約飛了 115 海浬後就到蘇格蘭劉易斯和哈里斯島（Lewis and Harris）的上空，這代表經過 15 小時的飛行，4,575 海浬的飛航距離，我們終於飛進歐洲了。 普雷斯特威機場的雲層很低，進場使用儀器進場程序 ILS Rwy 31，飛機於英國標夏季時間（British Summer Time，BST）下午 2 點 30 分降落 31 號跑道，跑道的長寬為 9,797 x 150 英呎，飛行時間是 2 小時 12 分鐘，飛行距離是 797 海浬。

普雷斯特威機場的 FBO 名稱是 Prestwick Aviation Services，飛機離開跑道後，FBO 前導車帶領了我們飛機滑行到 FBO 附近的一個停機坪，天正在下雨，前導車領我們到停機坪後就隨便指個位置要我們停飛機，工作人員也沒有到飛機前指揮筆者將飛機正確停妥就開走了，筆者是丈二和尚摸不著腦，於是將飛機照自己的意思停妥。 而停機坪附近的建築物都沒有招牌，打開了機門後也不知道 FBO 的辦公室在哪，筆者看到 100 公尺外有一列矮小的木屋，走向該木屋時遇到一位空客（Airbus）A400M 型軍用運輸機的飛行員，他說 FBO 就在小木屋內，好訝異！ 空客 A400M 型軍用運輸機似於美國的洛克希德（Lockheed）C130 型的軍用運輸機。 當筆者走進了 FBO，發現燈光很暗，內部的擺設有點像一般民宅，筆者問 FBO 職員在哪作入境海關檢查，回答是不需要，因為 Rocket Route 已事先將入境文件提報，這讓筆者感受到各個國家對私人與商務飛機入境的管理差異實在很大。

▼ 克萊德海邊的全景

普雷斯蒂克機場位於北美和中東之間航路上，是由北美飛到歐洲時的第一個大機場，該機場不需要 PPR 和 Slot 許可，是來往北美和中東之間的私人或商務飛機最佳添加燃油的機場。且該 FBO 收費非常合理，Avfuel 合約價是每加侖美金 2.80 元，燃油添加了 165 加侖，而 FOB 只收取了 130 歐元的 降落、手續、導航與來往機場的計程車費用，這 FBO 沒有富麗堂皇的建築與裝潢，所以能提供私人或商務航班這麼低廉的收費。當初筆者將這機場作為飛入歐洲的第一站就是考量以上因素。

普雷斯蒂克機場離今晚要夜宿的艾爾（Ayr）鎮的 Horizon Hotel 的車程約是 6 公里，當地計程車也是稀少，光等車就等了 3 刻鐘，上車後是走蘇格蘭小鎮的道路，蘇格蘭小鎮的建鎮已經有幾百年的歷史，道路都不寬，沿路人車都不多，十字路口也沒有紅綠燈的，必須走走停停，花了 20 多分鐘的車程才到旅館。

艾爾鎮是位於蘇格蘭西南的克萊德海灣（The Firth of Clyde）岸邊的一個小鎮，它是南艾爾郡議會所在地，是歷史悠久的艾爾郡、艾爾縣與艾爾鎮的行政中心。艾爾鎮人口約為 46,000 人，是艾爾郡第二大鎮，也是蘇格蘭第十四大城鎮。艾爾鎮與北部的 Prestwick 鎮相連。艾爾鎮是在 1205 年建立，當時是一座皇家城鎮。在整個中世紀時期艾爾（Ayrshire）都是中央市集和港口，自從 1840 年鐵路在英格蘭被鋪設成網後，艾爾鎮一直是一個非常受歡迎的旅遊勝地。

▲ 艾爾鎮的 Horizon Hotel

The Firth of Clyde 克萊德海灣位於蘇格蘭的西海岸，形成了不列顛群島沿海最深的水域，它被 Kintyre 半島從大西洋所庇護著，奇妙的是該海灣的氣候得益於來自墨西哥灣的灣流，源起墨西哥灣的北大西洋漂流（North Atlantic Drift）會有部分流入克萊德海灣而使這一區域的氣溫較其他蘇格蘭地區要溫暖些。

Horizon Hotel 位在艾爾河（River Ayr）的南邊約 400 公尺的海邊，是艾爾鎮內唯一的海邊旅館，也是艾爾鎮歷史最悠久的家庭旅館之一。

我們約在下午 4 點半到達旅館時，天氣是陰雨，海風極強，溫度在攝氏 5 度上下，感覺上如同台灣 1 月冬天當強烈寒流來襲時陰雨連綿的東北角海岸，又濕又冷，到客房check in 後先躺下來午休、打個盹、偷個閒，前兩天的航段實在太緊湊了。

▲ 克萊德海邊的沙灘

▲ 克萊德海岸邊造型新穎現代的公寓

用完了晚餐後約 7 點半，太陽與藍天露出了臉，筆者就先溜達去看克萊德海，沙灘上沒有一片垃圾或廢棄物，岸邊的建築造型新穎現代，這只是 4 萬多人居住的古鎮，筆者感慨大英帝國雖在沒落中，但他的人民素質仍很高。 台灣的 GDP 很高，但看看自己的海岸，應該感到很羞愧吧？

離開了克萊德海後開始向市中心走去，走個 5 分鐘即到達艾爾鎮的中心。Horizon Hotel 後方緊接的是住宅區，這區域的屋齡有的都已百年以上，但外觀都維護得很好，街上的建築都能保持一致性，這一條街都是石砌外牆，下一條街都是上漆的水泥外牆，完全沒有凌亂感，視覺感受是很舒服的。

▲ 艾爾鎮的石牆屋

▲ 艾爾鎮的街景

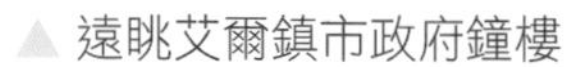

▲ 遠眺艾爾鎮市政府鐘樓

▲ Saint John's Tower

▲ LED 路燈

往市中心的路程中看到一個孤立的鐘樓，它是 Saint John's Tower，是英格蘭中世紀時浸信會聖約翰教堂存留下來的唯一建築物，艾爾鎮是在 1205 年建鎮的，英格蘭中世紀的期間是由公元 476 年至 1492 年之間。 在 Saint John's Tower 這位置可以遠望到市中心有個哥德式高聳的尖塔，想必這尖塔應該是艾爾鎮內最主要的教堂吧？ 在歐洲，教堂就如同台灣的廟宇普遍在每個市鎮上，教堂是市鎮的地理中心同時也是居民的活動與信仰中心，但這回筆者是猜錯了，這尖塔下面的建築物實際是艾爾鎮的市政廳（Town Hall）。

向市政廳前去的路途中，筆者的專業本質又上身了，走到一個人行道路燈下抬頭向上查看該路燈光源，結果居然是 LED，而 Horizon Hotel 內的燈具已都改用 LED，這可證明歐洲的節能減碳工作是做得很徹底的。

走到了艾爾鎮的主要街道新橋街（New Bridge Street）就看到了市政廳的全貌了，市政廳尖塔上的大圓鐘指著是下午 7 點 40 分，這裡是位在北緯 55 度，4 月底太陽要到 8 點半才會落下地平線，所以還有約 45 分鐘可以逛艾爾鎮。

▼艾爾鎮市政府鐘樓

▲ 艾爾河舊橋

▲ 艾爾河新橋

走過市政廳後繼續向艾爾河走去，沒幾步路就走到艾爾新橋，艾爾舊橋是建於18 世紀，但在 19 世紀時艾爾河發大洪水將艾爾舊橋沖走，艾爾新橋則是建於 1878 年，橋墩是用岩石為基礎，而橋身是使用磚塊構建的。 新橋街與愛爾新橋是屬於蘇格蘭 A719 公路，上下班時交通較繁忙，但是穿過市中心的新橋街也只有2個紅綠燈，主要幹道沒有裝太多的紅綠燈有兩個原因，一是交通量不高，二是用路人都能

克倫威爾城堡曾使用的火砲

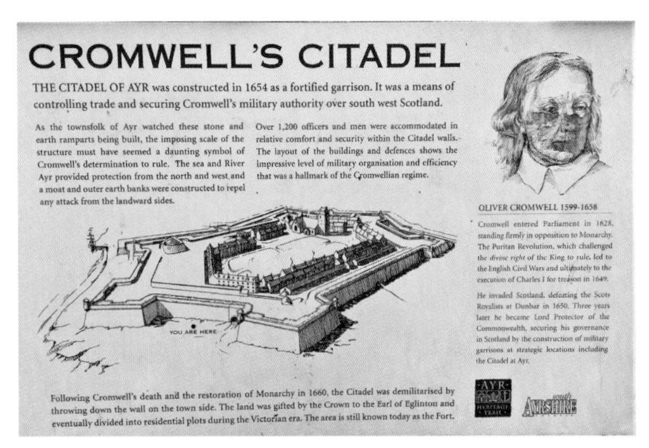

▲ 克倫威爾城堡介紹

遵守交通規則，禮讓且不超速，歸根究柢是「人民素質」。 走上了艾爾新橋後看到河的上游還有一座石橋，於是決定走去探探該橋，這座橋現在只供行人穿越，想來它應該是與艾爾舊橋同樣古老吧？

探訪完後沿著艾爾河的南岸的街道向海口前去，在街道的左側座落著由奧利弗克倫威爾（Oliver Cromwell）在 17 世紀中葉建造的一座城堡（Citadel）的城牆，克倫威爾是 17 世紀的一位英格蘭將軍和政治家，在英格蘭內戰時他領導議會軍隊對國王查理一世作戰，內戰後從 1653 年開始他統治不列顛諸島，直至 1658 年去世，他同時也擔任新共和聯邦的國家元首和政府首腦。 在古城牆面向著海邊有個瞭望塔，遙想在 17 世紀寒冬正隆之際士兵在瞭望塔上站衛兵，只能有一個感覺「凍」！

▲ 克倫威爾城堡的瞭望台

▲ 旅館房間內的電熱毛巾架

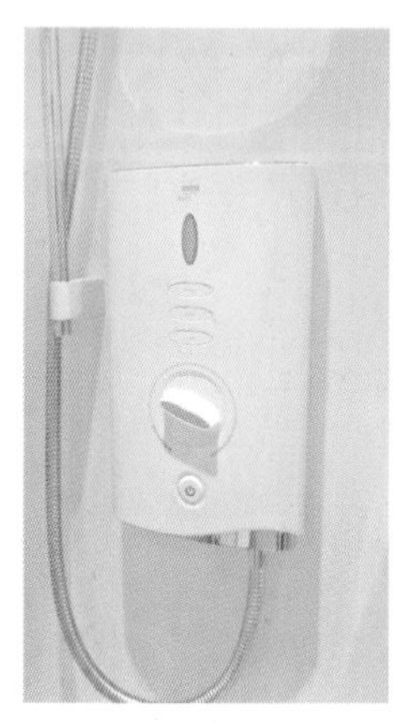

▲ 旅館房間內的熱水器

回到旅館房間後，進到浴室淋浴時發現幾個讓房客感到溫暖的器件與節能設備，讓房客感到溫暖的是浴巾溫暖架，這裡面向大海，在冬天濕冷的日子，淋浴完後能用暖活活的浴巾擦乾身體，那種感覺是很溫馨的。 另外是淋浴用電熱水器，一般旅館的熱水都是由中央鍋爐供應的，中央供熱水是需要 24 小時不停的燒與循環熱水，如熱水管線的保溫不良，那會非常的浪費能源，這家旅館則採用每間客房的浴室都有獨立的電熱水器，需要熱水時才用電加熱，除節能外也不會造成在台灣冬天常見因室內瓦斯燒熱水導致一氧化碳中毒的悲劇。

淋浴完後準備處理公事，拿出筆電時才發現充電器不見了，這回糟糕了，沒有充電器就不能處理公司商務與飛行前準備工作，一定是今早筆者在冰島旅館收行李時沒有將充電器裝到旅行箱內，在艾爾鎮是買不到華碩筆電充電器的。 於是就立即做出危機處理，首先電話馬上連絡筆者經營的台北公司，請他們去光華商場買一個充電器，再用 UPS 以隔夜運送方法寄到筆者今明兩晚在義大利威尼斯的住宿旅館，其次是要節約剩下的蓄電能，需要撐個 2 天。

2018 年 4 月 26 日 EGPK – LIPZ（第 7 段航程）

EGPK：Prestwich, Scotland, United Kingdom，英國 蘇格蘭 普雷斯特威奇

LIPZ：Venice, Italy，義大利 威尼斯

第 7 段航程 EGPK – LIPZ

今天航程的風景可能會是環球飛行中最秀麗的一段，也會是飛越最多國家與地區的一段航程；蘇格蘭、英格蘭、英吉利海峽最窄處、法國、德國、瑞士、阿爾卑斯山脈與義大利。

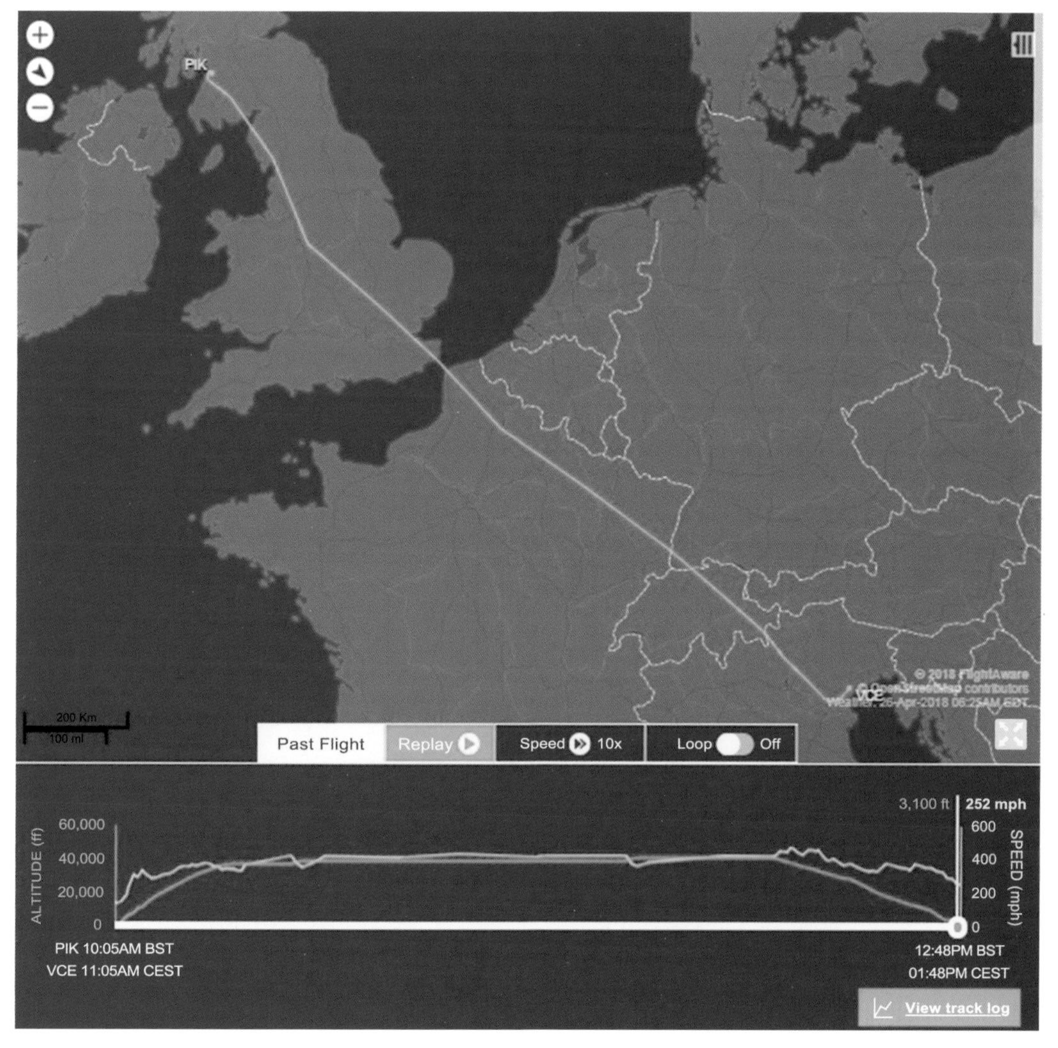

▲ EGPK 至 LIPZ 航跡圖

今天因為只需要飛一段航程，所以將起飛時間設定在早上 10 點，昨天與 FBO 先行預約了計程車在今早 9 點來旅館接我們。 每天一早睜開眼睛後的工作已經開始變成了例行公事；處理公司商務、作飛行前的準備、打包行李、吃早飯、旅館結帳、等車、搭車到機場、FBO 結帳、上機執行起飛前工作、滑行、起飛、離場、爬升、巡航、降低、到場、進場、降落、滑行、入境海關檢查、與 FBO 協調到站與離站事務、等車、搭車到旅館、Check in 客房、出門觀光、晚餐、處理公司商務、淋浴、與上床睡覺。

飛機於英格蘭夏季時間的上午 10 點 05 分從 31 號跑道起飛，起飛時是晴天但前晚有大雨跑道表面還是溼的，起飛後左轉離場，在爬升時飛機的左側下方就是艾爾鎮，可以清楚的看到 Horizon Hotel、艾爾河、市政廳與艾爾港等的地標，又要跟一個城鎮在空中説再見了，希望此生還在有機會再造訪艾爾鎮。

由 EGPK 機場起飛後鳥瞰艾爾鎮南區

▲ 飛機轉向東南時烏勘艾爾鎮全景紅圈位置就是 Horizon Hotel

起飛約 10 分鐘後蘇格蘭飛航情報區把導航移交給了倫敦飛航情報區（London FIR），向巡航高度 FL410 爬升時發現今天的外氣溫度比國際標準大氣溫度（International Standard Atmosphere，ISA）高出甚多，以致噴射引擎的推力因為空氣密度低而變小，飛機爬升 FL370 時已沒有多餘推力爬升了，所以請求航管暫時在 FL370 巡航，待燃油消耗掉一些飛機重量減輕後，或者是外氣溫度降低，再請求較高的巡航高度。 巡航了約 250 海浬後飛機的右前方就是倫敦了，希望以後有機會能在倫敦的機場降落，這一次就過門不入吧。 燃油消耗掉約 300 磅後電告航管請求 FL390 的巡航高度，航管給 FL390 的許可後卻用了 3 分鐘才由 FL370 爬升到 FL390，可見引擎是的推力明顯的不足，FL390 的 ISA 溫度是零下 56.5 度，現在外氣溫度是攝氏零下 48 度，筆者很少遇到過機外氣溫度比 ISA 溫度高 8 度的狀況，人生中什麼事都有第一次，看來之後的段航程可能都要在 FL390 巡航高度中度過了。飛過倫敦後就能隱約看到英吉利海（English Channel）最窄之處一多佛海峽（Strait of Dover），多佛海峽寬度只有 18 海浬（33公里），海峽在英格蘭這一側的城市是多佛（Dover），在法國這一側的城市是加萊（Calais）。 多佛海峽非常繁忙，每天大約有 400 艘商船經過這個海峽，是世界上最繁忙的水域之一，而著名的英法海底隧道（Channel Tunnel）則連接多佛與加萊，無數的汽車、火車和公共汽車可沿著這條海底隧道在歐洲大陸與不列顛島之間穿梭來往著，有效的將歐洲與英國連結在一起。

當時飛機的巡航速度為每小時 380 海浬，所以飛越多佛海峽只需不到3分鐘，但在第二次世界大戰時，這短短的 18 海浬卻是當時最難跨越的距離。 二戰時德國軍方的最高統帥部對巴頓將軍（Patton）的重視比對所有其他盟軍將領都高得多，並且一致認定巴頓會率領盟軍登陸法國。 但在 1943 年時的西西里戰役中，巴頓在尼科西亞的一家野戰醫院看望受傷的士兵時，口頭霸凌一位得到「戰役疲勞」 的二兵查爾斯庫爾，隨後巴頓又打了另一位得到「戰役疲勞」 的二兵保羅本內特的耳光，巴頓命令兩名士兵回到前線，同時命令他麾下的指揮官要對任何得到「戰役疲勞」 的士兵給予紀律處分。 這事件引起了美國全國性的爭議，消息傳到盟軍總司令艾森豪將軍（Eisenhower）後，艾森豪私下譴責了巴頓，並命令巴頓要公開的向這兩為二兵道歉，巴頓遵從艾森豪命令，公開的向兩位二兵以及目擊事件的醫生護士們道歉後再向他麾下的所有士兵道歉。 雖然艾森豪壓制了媒體對這一事件的報導，但到了該年在 11 月，記者德魯皮爾森（Drew Pearson）在他的廣播節目中談到了這一事件，引起美國國內對巴頓嚴厲的批評指責，其中還包括國會議員和退役將軍。 巴頓被艾森豪冷凍了 11 個月，但基於德國軍方最高統帥部對巴頓的重視，因此在 1944 年上半年，艾森豪交給巴頓一個任務，即是在盟軍登陸歐洲的大戰略中去扮演一次欺敵行動的最關鍵角色，這欺敵行動的代碼名稱為堅韌行動（Operation Fortitude），當時盟軍登陸歐洲大陸的地點是選在與英格蘭島距離 87 海浬遠的法國諾曼第（Normandy），這欺敵行動是盟軍透過英國的雙面間諜，不斷向德國情報部門提供假情報，說巴頓被任命為美國第1集團軍司令，巴頓將率領第 1 集團軍在加萊登陸，事實上第 1 集團軍是一支誘餌，以多佛為基地布置了眾多的假武器與假裝備，同時發出假無線電通訊來誤導德國偵察，使希特勒（Hitler）堅信有一支龐大的部隊正在多佛集結，準備登陸加萊，這欺敵戰略是為了掩蓋登陸法國的真實地點。 由於堅韌行動成功的欺敵，使希特勒命令德國最強的第 15 軍留在加萊，以抵禦巴頓率領的第 1 集團軍。 甚至盟軍在 1944 年 6 月 6 日成功登陸諾曼第後，希特勒還是認為諾曼第登陸只是一件欺敵行動，真正的登陸地點還是加萊，所以命令德國最強的第 15 軍繼續按兵不動，這樣子才造成敵對兩方 3 比 1 的兵力懸殊，盟軍有 156,000 的兵力登陸諾曼第，而德軍只有 50,000 的兵力防守諾曼第。 如盟軍當年無法在諾曼第成功登陸，現在的歐洲大陸可能都在說德語了。 筆者只用了不到 3 分鐘的時間就飛越在二戰時極端敵對、兵以詐立與整個海岸線都建了堅強防禦工事的多佛海峽。

英吉利海最窄之處－多佛海峽

▲ 飛進法國海岸線

今天雲層低所以在飛近法國海岸線上空時才能看到了加萊，此時倫敦飛航情報區將導航移交給巴黎飛航情報區（Paris FIR），這就是等於正式飛進了法國，環球途中又增添一個國家。 從這裡開始各國航管的英文口音就變重了，我們兩人都需要去適應各國家航管的英文口音，Bill 雖然具有 3 萬多小時的飛行時數，但他的整個飛行生涯都是在北美，所以他與 1 千多小時飛行時數的筆者在適應各國家航管的英文口音的這一點上是平等的。 法國航管的英文口音還不是很重，沒有聽不懂的問題。 飛越法國的飛行距離是 285 海浬，約 45 分鐘就離開法國邊境進入德國，在德國境內的航路只是短暫地斜切德國西南角約 38 海浬的距離，導航是短暫的由巴黎飛航情報區移交給德國的朗根飛航情報區（Langen FIR）後，沒有 6 分鐘後又移交給瑞士飛航情報區（Switzerland FIR）。 在朗根飛航情報區接手後，就電告航管請求 FL410 的巡航高度。 今天實在很幸運，因為瑞士上空雲層沒覆蓋到阿爾卑斯山脈（Alps），在駕駛艙內可遠眺 2 點鐘方向的整個阿爾卑斯山山脈，其中最明顯的山峰就是如金字塔的馬特洪（Matterhorn）了，阿爾卑斯山山脈橫跨瑞士和義大利之間，是這兩個國家的疆界，也是歐洲大陸南北的分水嶺。 馬特洪海拔高度是 4,478 公尺（14,692 英呎），雖然它是阿爾卑斯山脈的第 2 高峰，但是它的四面陡峭像埃及金字塔般的突出，是阿爾卑斯山脈象徵性的代表。 筆者是一位山癡，在駕駛艙遠望馬特洪時，心中是很激動的，回憶上次看到馬特洪是1999 年時帶著大女兒與二女兒，用 21 天時間租車自駕遊德國、奧地利、瑞士、義大利、法國、再回到德國。 當時沒有 GPS，需要看著地圖來駕車導航，地圖是 Atlas 出版的英文地圖，但在歐洲的道路指標基本上只有當地的文字，所以看不懂路標的，但是在 21 天的行程筆者沒有迷路，這要感謝家父家母給我一個很有方向感的腦袋瓜。 雲遊到瑞士時，特別安排到馬特洪的北方的策馬特（Zermatt）待了 2 天。 該鎮海拔約 1,600 公尺，當時筆者拖著兩個丫頭登上約 2,500 公尺高的馬特洪山腳的一個山屋就下撤回策馬特。

▼ 阿爾卑斯山脈，紅圈位置是馬特洪山（Matterhorn）

▲ 金字塔山形的 馬特洪山

在瑞士的航程約為 104 海浬，飛行了 16 分鐘就進入義大利，導航由瑞士飛航情報區移交給義大利的米蘭飛航情報區（Milan FIR），在美國一個類似飛航情報區的 ARTCC 的涵蓋區域可能有 600 海浬寬，但在歐洲其飛航情報區的涵蓋區域都不大，歐洲境內的空中交通繁忙，各國飛航情報區之間的航管交接真是很關鍵的。

飛機過了阿爾卑斯山脈就要急速下降到海平面高度的義大利威尼斯馬可波羅機場（Venice Marco Polo Airport，Italy，LIPZ），由瑞士與義大利的邊界到威尼斯機場的直線距離只有 99 海浬，但高度要下降 41,000 英呎，即代表垂直下降的速度高達每分鐘 2,500 英呎，當天米蘭飛航情報區的航管英文口非常重，有好幾回聽到航管指令後，Bill 與筆者要相互確認後才回應，也有一兩次實在聽不懂航管指令，而請航管再說一次（Say again），從米蘭飛航情報區接手導航後到交給特雷維索進場台（Treviso Approach）再交給威尼斯機場塔台的時間的間隔不超過 15 分鐘，這期間要下降 41,000 英呎，在下降到 20,000 英呎時航管才給了到場程序（STAR）與進場程序（Approach）的指令，加上好幾次的與航管通話時需要再確認或再說一次而耗時，這 15 分鐘駕駛艙內的所有的飛行工作（Aviate，Navigate，Communicate）變的極端緊湊，到現在筆者對當時的狀況還記憶猶新。

飛機於在中歐夏季時間（Central European Summer Time，CEST）下午 1 點 48 分降落在威尼斯機場的 4R 號跑道，跑道的長寬為 10,872 x 150 英呎，飛行時間是 2 小時 43 分鐘，飛行距離是 934 海浬。 離開了跑道，FBO 前導車帶領我們滑行到 4L 跑道那一端的停機坪。 FBO 的名稱是 Gruppo Save。 飛機停妥後，FBO 的兩位職員在機艙門外鋪紅毯來迎接我們，其中一位男職員可用英文與我們交談，他是 Aviazione Generale 先生，而另一位女職員是燃油公司的代表，她負責燃油添加的溝通工作，但她的英文不太靈光，有時需要透過那位男職員來確認我們對燃油添加的要求。 FBO 同時派了一輛廂型車來接我們到通用航空航站（General Aviation Terminal），通用航空航站與民航航站是分開的，通用航空航站內也設有移民與海關的關口，但實際上的入境與海關檢驗程序是由 Aviazione Generale 先生拿了我們的護照去代辦，我們連官員都不需要見面，入境手續辦完後 Aviazione Generale 先生問我們要去哪，他要幫我倆安排地面交通，筆者告訴他旅館名稱後，他就叫了頗具有威尼斯特色的快艇。

▲ 在 LIPZ 機場添加燃油

▲ LIPZ 機場 FBO 廂型車來接我們到通用航空航站

威尼斯機場並不位在威尼斯島上，而是位於特塞拉市的（Tessera）北部，它承接了來自世界各國的航班，該機場在 2019 年的吞吐量接近 1 千 2 百萬名旅客，是義大利第 4 繁忙的機場。 機場來往威尼斯島的交通工具有公路、鐵路與水路，但還是以水路最方便，因為汽車或火車只到威尼斯島上的公路或鐵路總站，總站去旅館有幾種選擇；1）如旅館位在總站附近就拖著行李走去，2）如旅館離總站遠就要拖著行李到公交船碼頭搭公交船到離旅館近的碼頭下船，再拖著行李走去旅館，3）可搭快艇直接駛到旅館前的碼頭。 但在狹小崎嶇巷道中且常需要過橋的威尼斯拖著行李走不是輕鬆的事，當然如不想拖行囊走路那就可用錢解決請當地挑夫。

讀者如看過《觀光客（Tourist）》，這部由 Johnny Depp 與 Angelina Jolie 主演的電影，就可以看到 Johnny Depp 與 Angelina Jolie 乘坐快艇前往威尼斯機場的片段。 機場與威尼斯之間運行的公交船或快艇所停靠的碼頭也分成民航航站與通用航空航站兩個區域，兩位 FBO 職員與一位推我們行李的工作人員護送我倆到通用航空站專屬的碼頭等待預約好的快艇，當天民航航站碼頭是人潮洶湧，但我們這一邊只有 3 位 FBO 工作人員陪同 2 位顧客以 VIP 方式等船，當然這種服務是錢堆起來的，明天結帳時就會知道其代價了。

▲ LIPZ 機場通用航空航站的專用碼頭

▲ 水上出租艇駛離碼頭

▲ N287WM 是唯一停在通用航空停機坪的飛機

▲ 水上出租艇的內部

▲ 到威尼斯航路旁的一小島 － Isola di Tessera

這艘快艇的內部裝潢還蠻華麗，它可搭 10 位乘客，機場到威尼斯島的船程約 20～25 分鐘，當時一趟索取 120 歐元。 當快艇離開碼頭後筆者向右後方的機場方向看去，看到 N287WM 是唯一一架飛機停在通用航空航站的停機坪！

來往機場與威尼斯各島嶼之間的船艇並不能隨便行駛的，這裡有固定的航道，在航道的兩邊每隔一段距離就豎有木樁，這兩列木樁就是航道的邊界，來往雙行船艇就要侷限在木樁之間。 快艇進入威尼斯島後就沿著島內的運河左彎右拐地於下午 3 點半將我們送抵 Hotel Olympia 門前的碼頭，這種威尼斯的交通安排實在很便利，120 歐元雖然貴但還是有它的價值的。 在旅館前檯 Check in 時交代前台職員請他們留意明天會有一個用 UPS 由台灣運來的重要包裹，請他們務必留意。

▲ Hotel Olympia　　▲ 水上出租艇將我們送抵 Hotel Olympia 門前的碼頭

來到這麼知名浪漫又具歷史的威尼斯當然不能只待在旅館內，何況這一生不知道在多少電影、書籍、雜誌上看到聽過威尼斯，Bill 想要先午休所以我們就先約好下午 6 點在旅館前廳碰面一起去吃晚餐。 現在是下午 4 點，筆者還有 2 個小時可以去發掘威尼斯，於是向旅館前台要一張威尼斯地圖後就馬上展開探訪旅程，心中給自己的探訪目標是聖馬可廣場（Piazza San Marco）。 威尼斯島的中間有一條彎曲的大運河（Grant Cannel）將威尼斯分割成東北與西南兩個區，公路總站是位在西南區的最西邊，而鐵路總站是位在東北區的最西邊，兩個總站中間隔著大運河。Hotel Olympia 距離鐵路或公路總站約 400 公尺，Hotel Olympia 距離聖馬可廣場 1.5 公里遠，整條大運河上只有 4 座橋樑聯結東北與西南區，由 Hotel Olympia 去聖馬可廣場可搭公交船，但用 11 公交車（兩隻腳）的話，就先要走狹小崎嶇的巷弄去到著名的 Rialto 橋（Ponte de Rialto），Rialto 橋是橫跨大運河的四座橋樑中最古老的一座，橋的東邊是聖馬可（San Marco）區，橋的西邊是聖波羅（San Polo）區，於 1173 年首建浮橋，9 百多年間進行了多次改建，現在已成為世界級的景點。

▼ Hotel Olympia 對面隔著運河的建築

▲ Rialto 橋（Ponte de Rialto）

▲ 赴聖馬可廣場途中的跳蚤市場

沿路的教堂、房舍、橋樑全都是骨董級，百年的老建築在威尼斯只能算個新生兒，雖然老但外觀卻保持良好且色彩鮮豔，這個世界級的觀光景點，並非僅供著讓人膜拜，當地居民的日常就在古蹟裡活生生的展演著。 在威尼斯島上自己導覽一定要看著地圖走，也可用手機的 GPS，否則在彎彎曲曲地巷弄裏保證會迷路，不過迷路也沒有關係，就跟觀光人群走，因為觀光團有導遊，向導遊路問路也是方法之一。 這世界級景點的居民不一定會說英文，觀光客長年困擾他們的日常生活，他們迴避觀光客還來不及，所以不一定會熱心的幫你指點方向，如果太熱心幫忙一天中就不要做其他事了。 義大利人的內心裡都有著古羅馬帝國的驕傲，羅馬帝國曾經擴張並管轄歐洲大地域，羅馬帝國的日常語言是拉丁文，現在的義大利文也是由拉丁文演變來的，而歐洲語系的語文也是以拉丁文為基礎所發展出來，這種驕傲表達出當地區民不願意說英語，當然服務觀光客的義大利人絕大部份是會說也樂意與你用英文溝通的。 筆者只有 2 小時探訪威尼斯，又給自己設定了探訪目標，因此沒有迷路與找路的空間。

在彎彎曲曲地巷弄行走會有許多不經意的驚奇，到達威尼斯前筆者沒有對這的著名景點做過任何功課，但當經過一座教堂、一個廣場、一條橋樑、一棟建築物、或一條水道時就會感覺到好像在哪部電影、書籍、明信片、報章或雜誌看過它們，可見威尼斯真是名不虛傳的世界級觀光景點。 走走停停看看約 45 分鐘後來到了 Rialto 橋與大運河，橋上人山人海都是觀光客，大運河上有很多艘吊船（Gondola），上面也乘坐著觀光客，Gondola 是一種傳統平底威尼斯划艇，非常適合在威尼斯島內運河航行，它通常由站在 Gondola 後端船夫用划槳來推進與掌舵，Gondola 的獨特之處是船體左右不對稱，用單槳單邊划進時也不會偏向。

筆者通過 Rialto 橋時用了一番功夫，因為在橋上有太多的觀光客，且橋上也有商家，觀光客在商店中血拚，或靠在橋邊圍欄上拍照，使人流阻塞。 橋兩端的巷弄中的商店都是世界知名品牌的精品店，巷弄裏也是人潮洶湧，筆者對血拚與精品沒有興趣，就快速的脫離戰場往聖馬可廣場前去，筆者不時查看地圖，但實際上由 Rialto 橋到聖馬可廣場是觀光客最主要路徑，有導遊帶領旅遊團偕同自由行的散客形成一條人龍，巷弄再曲折也不會走丟。 約 20 分鐘的左彎、右拐、過小橋、鑽有頂巷弄後，前面視野突然打開，聖馬可廣場到了，這一個在電影、書籍、明信片、報章或雜誌上出現過無數次的地標終於出在筆者的眼前。 今天的天空湛藍，連一片白雲都沒有，下午 5 點半的陽光照亮了聖馬可廣場上的聖馬克大教堂（The Basilica of Saint Mark）與聖馬克鐘樓（Saint Mark's Campanile），筆者終於到這了，趕快照相留念吧！

▼ 聖馬可廣場上的聖馬克鐘樓（Saint Mark's Campanile）

聖馬克大教堂是羅馬天主教的大主教管區在威尼斯島上的大教堂，它位於聖馬可廣場的東端，與總督宮（Doge's Palace）相鄰並相連著，最初它是總督專用的教堂，直到 1807 年它才成為威尼斯民眾的大教堂。 聖馬克鐘樓是聖馬克大教堂的鐘樓，現在的鐘樓是在 1912 年完成重建的，因為它的前身在 1902 年時倒塌了，現在鐘樓的高度為 98.6 公尺（323 英呎），為威尼斯最高的建築，也是世界最知名的標誌。 鐘樓位於大運河的入口處，最初是一座觀察與監管駛近威尼斯船隻與保護威尼斯的瞭望塔，水手能用這個地標來引導船舶安全入港，該建築始於10世紀初，隨著時光高度逐漸被加高，建造工作是持續地進行著，鐘樓傳散的鐘聲是古時威尼斯居民日常和宗教生活的依歸。

▲ 聖馬可廣場上的 聖馬克大教堂（The Basilica of Saint Mark）

▲ 小水道上的 Gondola

照完像後已是下午 5 點 20 分距離與 Bill 碰面只剩下了 40 分鐘，回旅館的路途還是左彎右拐地約 2 公里的距離，筆者只得連走帶跑。 途中路過一座小橋，橋邊是 Gondola 小碼頭，這條小水道兩旁的建築物都高過 4 層樓，Gondola 船夫唱著那不勒斯情歌 「我的陽光」（O Sole Mio），他的嘹亮歌聲在兩列建築物間迴旋，真是浪漫，一對戀人乘坐在 Gondola 上聽著「O Solo Mio」 時，不墜入愛河也難吧？ 世人的眼中的「威尼斯」 等於「愛情」 是不可置疑的。

▲ 聖斯特凡諾廣場（Campo Santo Stefano）

再繼續走就經過一個廣場，廣場名稱是聖斯特凡諾（Campo Santo Stefano），廣場附近是住宅區，廣場的周邊有 Santo Stefano 與 San Vidal 兩座知名的教堂，聖斯特凡諾廣場位於威尼斯島上最繁忙的十字路口。 過了廣場就來到學院橋（Accademia Bridge 或 Ponte dell' Accademia），遺憾的是橋正在整修中，全用木板圍起來只留左右人行通道，可惜這次無緣看到它的全貌。 學院橋是橫跨大運河僅有的四座橋樑其中之一，它跨越運河的南端，是以威尼斯藝術學院的名字來命名，建於 1488 年，這座橋樑的金屬圍欄上曾經被戀人掛上無數的鎖（愛鎖），但威尼斯政府為維護橋的壽命已成功地制止掛鎖的行為。 過了學院橋後就得加快腳程，所幸只迷路一次，下午 6 點準時走回旅館，回房梳洗後就下到旅館的前廳與 Bill 會合。 今天早上 9 點筆者還身在蘇格蘭，但到了下午 6 點已經將威尼斯著名的景點大致走馬看花的逛過一圈。

下午往聖馬可廣場的途中曾看到了一家很別緻的庭院（Court Yard）餐廳，餐廳名字叫「Trattoria De Sara」，當然這餐廳主要客群肯定是觀光客，會擔心餐點是否可口與價格是否公道，但不試就不知，結果是食物與服務都尚可，價格還算公道，結帳時支付了 44 歐元，能在威尼斯的一家庭院餐廳享受威尼斯當地釀造的啤酒，這倒是無價的。

▲ Trattoria De Sara 庭院式餐廳

▲ 在庭院餐廳享受威尼斯當地釀造的啤酒

用完晚餐後回旅館的途中，在 Rio Dei Tolentuni 運河橋上看到夕陽映在河面，斜照著運河旁老建築鮮豔的外牆與遠方教堂鐘樓，景色鮮彩卻內斂沉靜，很難用言語來形容當下的感受，威尼斯人不一定比台灣人有錢，但為何台灣的街景沒有這樣的內涵？值得大家深思的。

▲ 夕陽下 Rio Dei Tolentuni 運河旁的建築

▲ Hotel Olympia 內的 LED 燈具

回到旅館筆者的專業本質又上身了，回房間時就沿路觀察燈具是用哪種光源，結果都是 LED。

今晚用筆電處理公事時就將蓄電池的電能快用盡了，盼明早由台北運來的充電器能準時運到。 後天就要啟程飛到希臘的克里特島上的伊拉克利翁鎮了。

2018 年 4 月 27 日 威尼斯

今早處理公務時用盡筆電電池的電後，只得收工，所幸今天還待在威尼斯，祈禱台北運來的充電器能及時運到，今早上 UPS 網站查包裹的 Tracking，應該今天會運到旅館，希望不要發生意外，不然往後的日子就難搞了。

昨天 Check in 時，旅館前台給了穆拉諾島（Murano）的 Vetreria Bisanzio 玻璃工廠的免費參觀券，該玻璃工廠會派遣快艇來載運住宿在不同旅館的遊客到該工廠，參觀券上寫「邀請遊客去觀賞義大利的吹玻璃工藝」。 從 10 世紀開始威尼斯就有吹玻璃的工藝，在 13 世紀時，因為擔心吹玻璃工廠會發生火災而燒毀威尼斯島上並連在一起的木造房舍，所以在公元 1291 年時，威尼斯政府就命令所有玻璃製造商將他們的玻璃熔爐移至穆拉諾島上（Murano），穆拉諾島是威尼斯潟湖中一個島嶼，它位於威尼斯以北約 1.5 公里（0.9 英哩）處，島全長約 1.5 公里（0.9 英哩），現在以吹玻璃工藝而聞名，玻璃工藝品也是享譽國際的。 Vetreria Bisanzio 這加工廠成立於 1816 年，是一家家族企業，Vetreria 收集了各知名玻璃大師的藝術作品；如 Walter Furlan 和他的兒子 Mario Furlan、Leone Panisson、Sobotta、Lindstron、Bianconi、Marzi 等大師，也收集了其他知名度不高的玻璃藝術家的作品。 百年來穆拉諾的玻璃工廠都是一直壟斷著高品質的玻璃製造，開發和完善了許多玻璃製造技術，其中包括光學透明玻璃、搪瓷玻璃、金線玻璃、彩色玻璃、乳白玻璃和玻璃製成的人造寶石。 如今穆拉諾的工匠仍採用這些具有數百年歷史的技術，來製作當代藝術玻璃、玻璃珠寶、玻璃吊燈和酒瓶等工藝品或實用品。

可想而知這是一個血拚的行程，羊毛出在羊身上天下沒有白吃的午餐，差遣快艇來載客是工藝品店有效的攬客方法。 筆者是口袋很緊的人，自己或與家人旅遊時基本上是不會去逛當地的工藝品店，參加旅行團也多選擇較高團費的無血拚團，但是有時還是會不小心或沒有經驗上了鉤，記得筆者剛由美國回台創業時，假期中開車帶妻子與 2 個丫頭到日月潭一遊，那是 1987 年的時候，開到日月潭的入口下車照相時有一位原住民女士來請我幫忙，她說住在水社，當時沒有車到那裏是否請我載她到回家，筆者單純的同情心升起就答應她了，在答應她的同時妻子就很小聲地告訴筆者這可能是招攬顧客的手法，但筆者還不相信妻子所說的，結果到了水社才發覺她是帶我們到一家賣茶的茶莊，筆者的社會大學成績是「0」分被退學的。

▲ 威尼斯潟湖上連結特塞拉市與威尼斯的公路與鐵路

▲ Vetreria Bisanzio 玻璃工廠與工藝品店

▲ 玻璃工廠的吹玻璃工藝演示

接了我倆人的快艇沿大運河駛出到潟湖後就向右轉穿過了特塞拉市與威尼斯島間的公路與鐵路的涵洞，快艇過了涵洞就加足馬力往穆拉諾島前去，大約 15 分鐘快艇就抵達了 Vetreria Bisanzio 玻璃工廠。 工廠的大門前有碼頭，碼頭邊的多艘快艇載運來遊客。 工廠接待員先將遊客帶到玻璃工廠觀賞吹玻璃工藝，但演示是馬虎應付了事，只是作個樣子而已，壓軸好戲是在短又草率的吹玻璃工藝示範後將遊客引導到如迷宮式的展示房間看玻璃工藝品，每個房間是連貫著，想要離開這家玻璃工藝品展示間就必須全程走完所有的展示間，每組遊客都有工藝品店的職員緊迫盯人式的跟班，逛完後如沒有購買工藝品的話，就要自己由另一個門出去搭公交船回威尼斯，筆者這回又上鉤了，沒有辦法只有一間間的逛吧！逛的過程中，筆者發現一對非常有東方味的玻璃作品，這一對作品使筆者眼睛一亮，當然跟班職員馬上靠近，這一對作品的標價是 6,000 歐元，這下子工藝品店的經理立刻前來，開始你來我往的來回議價，當然他說這對藝術品是某某玻璃藝術家的作品，該店也會負責將工藝品直接運到筆者家中，最後經理的出價是 3,000 歐元，而筆者回價 2,000 歐元，但還是沒能成交，只有摸著鼻子由後門出去，穿過小巷弄來到了 Navagero 公交船碼頭等公交船了。不一活兒，工藝品店的經理和跟班職員衝到 Navagero 公交船站找到筆者後說 2,000 歐元可成交，但筆者的購買熱度已經退去，且想到定價 6,000 歐元的工藝品可以議價到 1/3，還真不知道底價會多低？忍住不要買吧！人生過程中有許多的非必需品（Non-necessity）或個人生活品味（Life style）的採購是需要一頭熱才下得了手，如當下沒有付款購買的話其購買慾就會冷卻下來。人生中購買非必需品時冷卻一下是好的對策，以防止荷包失血。

▲ 一對非常有東方氣味的玻璃作品

▲ 威尼斯公交船船駛入 Cannaregio 運河

▲ 筆者搭乘威尼斯公交船

威尼斯的公交船是基本是榮譽制度，遊客可以買張單程票、雙程票、1 日票、多日票與 1 週票，小公交船碼頭是沒有售票亭與收票員，上下船也沒有查票。登上了 3 號公交船後，船就開出穆拉諾進入潟湖就沿著木樁航道往威尼斯島航行去，到了威尼斯島是先駛入 Cannaregio 運河，沿途瀏覽威尼斯運河兩旁的建築物、船艇與遊人是別有情調的。公交船航行到了大運河後就右轉駛到 P.le Roma G 公交船碼頭，我們就在這下船走回到旅館。

下午與 Bill 約好一起走去聖馬可廣場，計劃花一點時間參觀沿路的博物館與聖馬可廣場建築群。 去程沿著一條小運河，走時看到對岸有一排房舍的外表都漆成紅磚色，在藍天襯托下格外的鮮豔，威尼斯人的用色都很大膽與活潑。 沿路上有一處是威尼斯的水上菜市場，蔬菜水果與生活日用品在一艘船上，船頂上有遮陽頂蓬，頂篷下有掛一列的小照明燈，這是當地居民日常生活的真實寫照，也是世界上各個水鄉城鎮都可見到的景緻。

▲ 威尼斯的水上菜市場

▲ 威尼斯建築用色鮮豔

沿路有許多博物館，一天是看不完的，也只能走馬看花式的參觀了。 路過威尼斯的 Sestier 區時看到一座名為坎波聖巴納巴（Chiesa di San Barnaba）的博物館，館內專門展示達文西（Leonardo da Vinci）的發明，館的前身是一座小型新古典主義風格（Neoclassical）的教堂，教堂建於 9 世紀，但在 1105 年被大火燒毀，又在 1350 年重建，1989 年印第安納瓊斯十字軍東征（Indiana Jones and The Last Crusade）的電影中的一幕就是在坎波聖巴納巴博物館前的拍攝的。 今天在館外有一群課外教學的小學生準備進入博物館參觀，老師正在叮嚀學生，筆者聽不懂義大利語，但可以想像老師是在告誡學生進館後的需要遵守注意的事項吧？

▲ 坎波聖巴納巴博物館（Chiesa di San Barnaba）印第安納瓊斯和最後十字軍東征電影用此為一段外景

▲ 課外教學的小學生集合準備進入坎波聖巴納巴博物館

▲ Museo de Música de Venecia 音樂博物館

▲ Museo de Música de Venecia 音樂博物館所展出的各式小提琴

▲ 巴洛克建築風格的 Chiesa di SanMoise 教堂

我們繼續向東走，走過學院橋與聖斯特凡諾廣場後到了音樂博物館（Museo de Música de Venecia），它是威尼斯為數不多的免費博物館的其中一個，博物館位在教堂的老城區 Campo Santo Stefano 廣場的東邊約 100 公尺處，博物館展示了從 16 到 19 世紀間約 150 多種樂器，小提琴有 40 把，最老的一把小提琴是 1670 年的 Antinio Mariani。 該博物館的前身是一座是建於 1806 年的聖毛里齊奧（San Maurizio）教堂，其建築是新古典主義風格。

離開了音樂博物館後，穿過小巷弄與 4 條小水道上的橋樑來到了一座教堂 Chiesa di San Moise，它是一座羅馬天主教堂，其建築風格與先前所經過的教堂或博物館都不同，教堂的建築風格是巴洛克（Baroque），它的外牆石刻非常精緻，教堂始建於八世紀，是獻給摩西的，威尼斯人像拜占庭人（Byzantines）一樣，是把舊約聖經裏面的先知視為聖賢。

▲ 聖馬可廣場正在舉行當地學院的畢業典禮

過了Chiesa di SanMoise 教堂後離聖馬可廣場的直線距離只剩 400 公尺了，接近聖馬可廣場時就聽到由廣場傳來的類似集會聲音，走進了聖馬可廣場才發現廣場中上人山人海，是一家學院正在舉行畢業典禮，人群擁擠到筆者根本都無法擠進去觀看義大利學院的畢業典禮是怎麼舉行的，廣場中傳出的聲音充滿歡樂，真實地反映義大利人的熱情與奔放。 威尼斯當地居民不包含外來工作的人口在 2020 年時已降至約 5 萬人， 2019 年來到威尼斯的遊客是約 3 千 6 百萬，儘管威尼斯已被蜂擁而至的遊客占據，但威尼斯人仍延續著日常，有當地人生活的觀光景點才是一個活生生有溫度且值得懷念的地方。

畢業典禮完畢後聖馬可廣場的人潮就逐漸散去，廣場又開始回到遊客與小販的手中了。 今天要好好瀏覽廣場週邊的總督宮、聖馬克大教堂與 聖馬克鐘樓。站在總督宮前的海岸邊向對岸看過去是威尼斯另一個著名的地標；聖喬治馬焦雷教堂（San Giorgio Maggiore），它是一座本篤會（Benedictin）教堂，位於同名島（Island of the Same Name）上，教堂是在 1566 年至 1610 年之間建造的。 由聖馬可廣場這一邊遠眺聖喬治馬焦雷教堂時，聖喬治馬焦雷教堂影子印在潟湖的水面上閃閃發光，可惜時間已晚，不能乘公交船過海去一遊。

聖馬克鐘樓旁有一間餐廳，在餐廳門外的廣場上擺有桌椅，門外有樂隊與歌手唱著義大利歌曲，坐在那點一杯義式咖啡，輕鬆的看著來往的遊人也是非常愜意的。

▲ Trattoria De Sara 庭院式餐廳

▲ 總督宮對岸的聖喬治馬焦雷教堂（San Giorgio Maggiore）

▼ 聖馬克大教堂（The Basilica of Saint Mark）

▲ 聖馬可廣場週邊的建築物，總督宮、聖馬克大教堂、與聖馬克鐘樓

▲ 畢業典禮完畢後畢業生與家長親朋好友們邊走邊唱著勝利歌，歌聲一路蔓延著

順便談到全球暖化與威尼斯淹水，自 5 世紀以來，威尼斯人一直不斷與上升的水位作鬥爭，但是到 21 世紀，水似乎贏了。 自然和人為的多種因素導致威尼斯每年發生約 100 多次的淹水、通常是發生在 10 月到冬末之間，這種現象稱為 acqua alta。 2020年 6 月 4 日星期四晚上，當人們走進聖馬克廣場時會發現廣場水深比膝蓋還高的 80 公分水位，事實上威尼斯下沉的速度比海水上升的速度要來的少，可見 21 世紀威尼斯頻繁淹水可歸咎於全球暖化了。

我們回旅館的路程是與參加畢業典禮的畢業生與家長親朋好友們同行的，他們應該是要前往公路或鐵路總站去搭車回義大利本島。 這一群人龍邊走邊唱著勝利歌，歌聲一路迴盪著，義大利人就是熱情，畢業生的頭上都戴者桂冠葉所編織的頭冠，但是沒有穿畢業禮服，筆者在 Chiesa di San Moise 教堂就前照了一張這條人龍的照片，但很可惜沒有錄下他們唱的勝利歌。

回到旅館後第一件事就是詢問櫃台 UPS 包裹是否送到，櫃台的回答是令人振奮的，趕快回房將充電器接上筆電充電，一切又恢復正常了。 在等待充電時筆者打開的房間窗戶看看這旅館後面的庭院，旅館建築可能有百年歷史，年歲雖老但完全沒有舊與亂的感覺，小小的庭院很是溫馨。

▲ 總督宮（Doge's Palace）

晚餐就在旅館後面的巷子中一家餐廳用餐，餐廳在門外的巷道上擺有桌椅，這樣子用餐是很享受的。 這條巷道中央設置了一座古董味的飲水台，其實在威尼斯的各個角落都設置了這種飲水台，在炎夏時提供遠方來的遊客清涼與解渴。

威尼斯雖然是座古城，有些擁擠，卻難掩深厚的藝術與文化帶來的美，優閒卻不髒亂，這就是文化與人民素養的真實表現吧？ 威尼斯的公務人員和當地居民在就學時考試不一定是一百分，不一定有一流大學的學歷，台灣的政府高層與公務員基本上都是高分高學歷的人占據，分數與學歷不代表他們有能力建構深厚文化與提升人民素養。

▲ 在巷道上的室外餐廳

▲ 古董的飲水台

▲ Hotel Olympia 的小庭院

2018 年 4 月 28 日 LIPZ – LGIR（第 8 段航程）

LIPZ：Venice, Italy，義大利 威尼斯

LGIR：Iraklion, Crete Island, Greece，希臘 克里特島 伊拉克利翁

第 8 段航程 LIPZ － LGIR

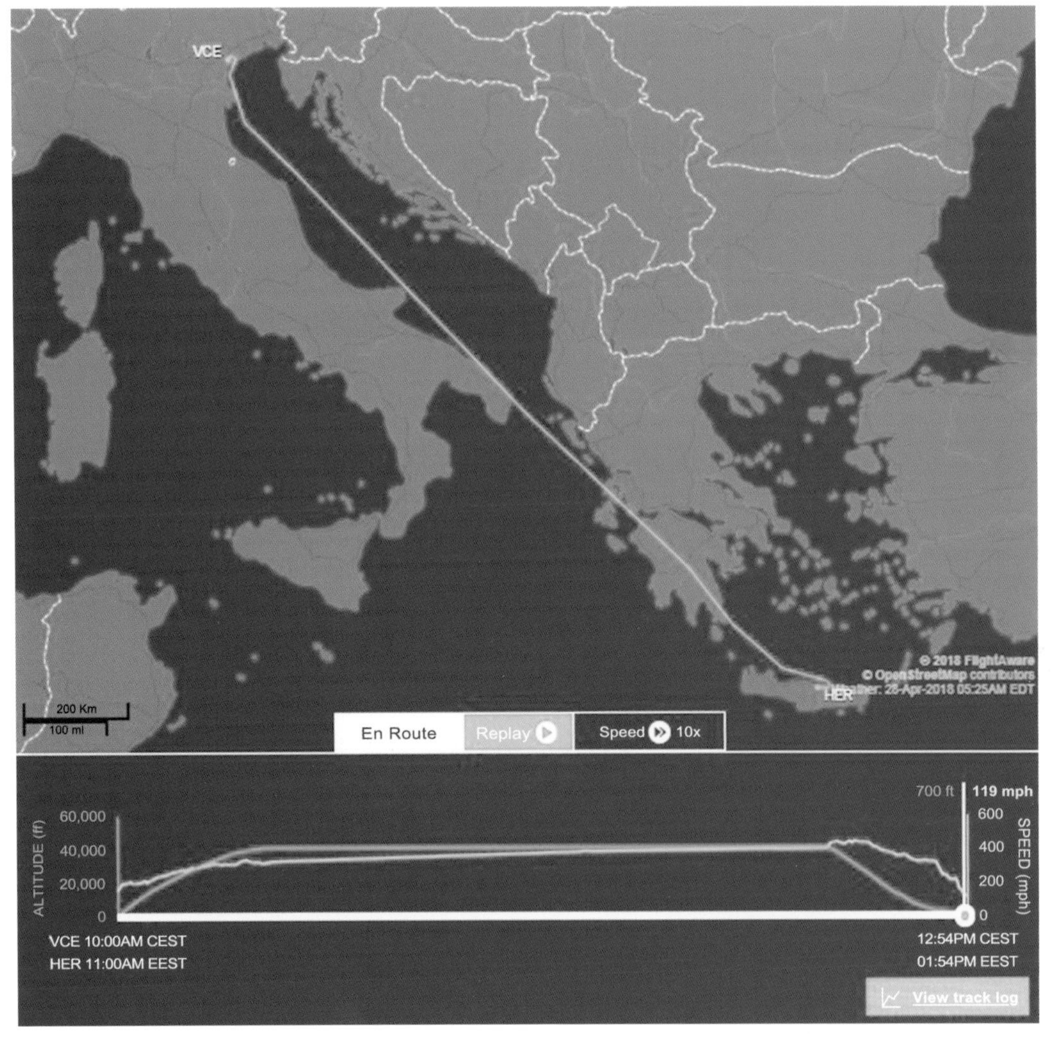

▲ LIPZ 至 LGIR 航跡圖

今早起床後先做收心操，因為今天又要飛行了。

行程是飛往希臘雅典（Athens）南方約 300 公里（165 海浬）的克里特島（Crete Island）。 克里特島是希臘最大且人口最多的島嶼，也是地中海第 5 大島，其他 4 個島嶼是撒丁島（Sardinia）、西西里島（Sicily）、塞浦路斯（Cyprus）、和科西嘉島（Corsica）。 克里特島位置在愛琴海（Aegean Sea）的南部與地中海交界處，面積為 8336 平方公里。

用完早餐後，先前 Gruppo Save FBO 預約好的快艇在早上 8 點 30 分準時來接我們。 今早的天氣也超級棒，快艇由大運河駛出潟湖後快艇向北轉穿過公鐵路下的涵洞後就往北開去，約 20 分鐘後快艇就駛近的飛機場旁的水道時，這時一眼望去，通用航空停機坪上停滿了中大型的私人噴射飛機，N287WM 就像小侍女一般的在旁伺候著大爺們，想必是在週五時，歐洲與中東有錢的大老爺們飛來威尼斯渡週末吧。

抵達通用航空航站後先在大門前先與Bill合照記錄曾到此一遊。 進入航站時 FBO 職員拿了幾張帳單請筆者支付，其中有機場起降費、停機坪費、手續費、快艇費、飛機後推費等共 530 歐元。 世界著名觀光景點的機場而言這種收費是合理了，往後行程的機場費用會節節升高的。 Jet-A燃油共添加了 165 加侖， Avfuel 合約價是每加侖美金 5.40 元。

▲ 威尼斯機場通用航空航站大門前

飛機於中歐夏季時間早上 10 點整由 4R 跑道起飛，起飛後右轉爬升，飛機的右下方可以鳥瞰威尼斯群島與周圍的潟湖，再見了威尼斯！約 30 分鐘後飛機爬升到今天的巡航高度 FL410，導航工作由米蘭飛航情報區移交給了義大利的布林迪西飛航情報區（Brindisi FIR）。 飛機持續航行了 300 多海浬後布林迪西飛航情報區將導航移交給了希臘的雅典飛航情報區（Athens FIR），這時在飛機的左下方是希臘的科孚島（Island of Corfu），這就代表飛機已飛進了希臘的領空，環球行程中又多了一國家入袋了，筆者好像在集郵般的收集國家。

▲ 由 LIPZ 機場起飛後俯瞰威尼斯群島與周圍的潟湖

▲ 俯瞰希臘的科孚島（Island of Corfu）

在希臘神話中，科孚島與希臘的歷史是緊密相連著，它是充斥了戰爭和征服，從中世紀到 17 世紀，希臘在幾次的被圍困中成功擊退了奧斯曼帝國，科孚島被公認為歐洲抵禦奧斯曼帝國的橋頭堡，威尼斯人利用科孚島的防禦工事來防止奧斯曼帝國入侵亞得里亞海（Adriatic Sea），拿破崙戰敗後，科孚島被英國統治，英國於 1864 年根據倫敦條約將科孚島與它所屬的愛奧尼亞群島（Ionian Islands）歸還給希臘。

飛越科孚島後就飛到希臘的伯羅奔尼撒（Peloponnesos）地區的上空，該地區是希臘南部的一個半島，它與希臘的中土是以科林斯陸橋（Corinth land bridge）連接著。 黎波里（Tripoli）是伯羅奔尼撒最大的城市，它是伯羅奔尼撒地區與阿卡迪亞（Arcadia）地區的首都。 飛機恰巧在黎波里的正上方飛越，黎波里距離克里特島的伊拉克利翁（Iraklion 或 Heraklion）的 Nikos Kazantzakis 機場只剩下 185 海浬了。 伊拉克利翁機場的使用進場程序是 ILS 27，27 號跑道尺寸為 8900 x 150 英呎，飛機於東歐夏季時間（Eastern European Summer Time，EEST）下午 1 點 48 分降落，飛行時間是 2 小時 54 分鐘，飛行距離是 845 海浬。

▲ LGIR 機場派大型接駁車載我們到航站

降落後前導車帶領飛機滑行到一個相當偏遠的通用空停機坪，該停機坪的位置在 30 號跑道的盡頭。 停妥飛機後，Pandair 公司派了兩位地勤到機艙門外來迎接我們，其中一位是 Kostas Papagiannakis 先生，他是 Pandair 的站長（Station Manager）。 寒暄後，機場派遣一輛可裝載 50 位旅客的機場接駁車（Ramp Bus）而不是 9 人座廂型車來接我倆到國際航站辦理通關，原因是這座機場沒有專屬的通用航空航站，每一站都會有意想不到的驚奇與差異，於是請地勤幫我倆在機場接駁車前拍一張合照。 入關檢查時因為有地勤帶領所以就如同航空公司的機組人員一般走專屬的入關閘口一路地走出入關大廳，出航站後地勤幫我們叫了一輛計程車載我們去位在伊拉克利翁市中心的 El Greco Hotel 旅館。 伊拉克利翁市中心位在機場的西方約 3.5 公里，去旅館的路程是走一般的街道，筆者很難對沿路的市容與街景做描述，想找觀光客常去的一個西方城市做比較，但卻想不出一個城市具有類似的街景，筆者只能回憶在 2019 年時飛到墨西哥下加利福尼亞州（Baja California）最南端的卡波聖盧卡斯（Cabo San Lucas）時，其街景與市容與伊拉克利翁有點相似，但卡波聖盧卡斯非東方觀光客會去的地方所以很難在這給讀者一個具體的意會。

▲ LGIR 機場航站前合影

伊拉克利翁是一個港口城市，也是希臘克里特島的首府，克里特島在 13 萬年前的舊石器時代就有人類居住。 克里特島在公元前 2700 至公元前 1420 年間發展了歐洲最早先進的米諾斯文明（Minoans），米諾斯文明後來被希臘大陸的邁錫尼文明（Mycenaean）所淹沒，羅馬帝國統治過克里特島，隨後又陸續被拜占庭（Byzantine）帝國，安達盧西亞阿拉伯（Andalusian Arabs），威尼斯共和國（Venetian Republic）與奧斯曼帝國（Ottoman Empire）所統治，公元 1898 年克里特島脫離奧斯曼帝國開始自治，克里特島於 1913 年 12 月被納入希臘領土。

台灣島的命運也是類似的，陸續被西班牙、荷蘭、明鄭成功、清朝、日本與中華民國所統治。 克里特島多山，東西向橫貫高山懷特山脈（Lefka Ori），最高峰是海拔 2,456 公尺的愛達山（Mount Ida），島上有 30 座山峰超過海拔 2000 公尺。台灣人民看到克里特島被統治的歷史，多山的地形地貌，再將島轉 90 度後的地形地貌與台灣相似，是否會感觸良多呢？

伊拉克利翁的舊港入口有一座庫勒斯古堡壘（Koules Fortress），它是威尼斯共和國於公元 1540 年建造的，在 1630 年時在堡壘底層裝了 18 門大砲，並在通往城堡頂層的通道上裝了 25 門大砲，該堡壘現在對公眾開放，經常用來舉行藝術展覽和文化活動。 我們今晚夜宿的旅館前面的 8 月 25 街（August 25）就是直接通到該堡壘。 旅館 Check in 完畢就到對面的外幣兌換店兌換了歐元後走去庫勒斯古堡壘觀光了。

▲ 伊拉克利翁市政廳的威尼斯涼廊式建築（Venetian Loggia）

▲ 威尼斯涼廊式建築的木製樓板

▲ 伊拉克利翁市政廳的威尼斯涼廊式建築獲 Europa Nostra 獎

沿著 8 月 25 街向港口方向前去，沿途有幾棟建築引起筆者的注意，第 1 座建築物是威尼斯涼廊（Venetian Loggia），它是在 1620 年建造的一棟矩形的威尼斯式建築，1 樓是一個依照多立克風格（Doric）所建構的開放式平房，2 樓則是採用了愛奧尼亞風格（Ionian）。

威尼斯涼廊曾是貴族聚會討論當地經濟和社會問題的場所，用現代的語言來敘述它是「貴族俱樂部」。 土耳其人征服了克里特島後，曾經使用威尼斯涼廊為行政中心，當克里特島於 1898 年開始自治時，該建築正處於面臨崩塌的最糟狀態，翻新工程始於 1915 年，在 1940 年因第二次世界大戰而中斷。 現在威尼斯涼廊已被全面裝修後作為伊拉克利翁市政廳，它被公認是克里特島上最優雅的威尼斯建築，在 1987 年時，它獲得了 Europa Nostra 獎，成為希臘的最佳被翻修古蹟。Europa Nostra 是義大利文的「我們的歐洲」，Europa Nostra 是泛歐洲文化遺產聯合會，致力於維護歐洲文化和自然遺產的一個公民組織。

在威尼斯涼廊隔壁是另一座特殊建築；阿吉奧斯提托斯教堂（Agios Titos Church），它是東正教教堂，也是克里特島最重要的古蹟之一。 阿吉奧斯提托斯教堂的前身可能是由拜占庭皇帝 Nicephorus Phokas 在公元 961 年所建造的，克里特島被 Nicephorus Phokas 皇帝從阿拉伯人手中奪回來後正式成為拜占庭帝國的屬地，為了增強島民的信仰，皇帝建造了這座東正教教堂，並將它獻給了信奉使徒保羅的信徒們。 到了土耳其占領期間，阿吉奧斯提托斯教堂就被改成了一座名為 Vezir 清真寺。 人民的宗教信仰或者是教堂的屬性都是統治者說的算，這就是拳頭大的真理。 筆者是在國共內戰後蔣介石退守台灣後出生的，直到出國念研究所前都是被「主義、領袖、國家、責任、榮譽」的教條所洗腦，到了美國才領悟到這是愚忠的教條，真理是一位領導者能持有並貫徹責任與榮譽（Duty and Honor），他或她所領導的國家就會興盛而不衰，「主義、領袖、國家」的教條是多餘的，因為主義會應時代而改變，領袖會老死或下台，國家會隨著時光建立或滅亡，單看看中國歷史有多少朝代起落，唯有「責任與榮譽」是不會隨著時光而變動的真理。

▲ 伊拉克利翁市的阿吉奧斯提托斯東正教教堂（Agios Titos Church）

教堂的窗戶與梁柱有清真寺的風格，而吊燈、宗教裝潢、桌椅則是東正教風格，克里特島距離非洲埃及亞歷山德里亞（Alexandria）只有 600 公里（325 海浬），在歷史上被信仰伊斯蘭的民族占領與統治過，兩種宗教與文化在這島上混合也是必然的。 明早就要飛往埃及，沒有機會與當地人交朋友，可能克里特島人民與台灣人民都背負了「外來政權」的歷史創傷吧？

▲ 阿吉奧斯提托斯東正教教堂內部

▲ 阿吉奧斯提托斯東正教教堂吊燈

由阿吉奧斯提托斯教堂繼續往港口走去，沿路的商家與餐廳都是服務觀光客，伊拉克利翁是個歐洲人的旅遊勝地，接近港口時就可以看到幾艘中型觀光郵輪停靠在伊拉克利翁港的碼頭，在街旁有幾間海鮮熱炒攤販。 凡歐洲有觀光郵輪停靠的海港城市，基本上都會有類似的海鮮熱炒的攤販，筆者回憶 2017 年到挪威旅遊時到了卑爾根（Bergen），它是大型觀光郵輪會停靠的海港城市，海港邊各種攤販聚集在一起形成市集，海港旁的街道也有許多海鮮餐廳在馬路對面的空曠地搭起棚子擺上桌椅作觀光客的生意。 一般人對挪威的印象是認為在北歐應該不會有這類的市集，但一個偏遠的海港城市如果同時有多艘大型觀光郵輪停靠，一下子放出幾千名遊客，正式的餐廳根本無法容納這麼多同時上岸的遊客，所以空曠場所搭起棚子擺上桌椅作遊客生意是最佳的安排，如此就不需要為了容納下突然湧進的大批觀光客建造大型的餐廳，挪威的郵輪觀光季節只有晚春到早秋，觀光季節以外的月分這些專作觀光客生意的店鋪、餐廳、藝品店與攤販只能收攤冬眠了。

伊拉克利翁舊港入口座落著庫勒斯古堡壘，建築堡壘的地基是以延伸出海的露岩上用岩石填海造陸堆積出的，建造堡壘的平台所需面積多達 3600 平方公尺，在沒有大型建築機械的協助下，古人用非常有創意的方法來進行填海造陸的工程，他們用船從距離伊拉克利翁舊港 12 公里（6.5 海浬）遠的迪亞島（Island of Dia）裝載岩石投入露岩的北側，先填海將防波堤造出，再將建造堡壘用的平台填出來。 古堡壘的外牆最厚之處達 9 公尺，而內牆最厚之處達 3 公尺。 每次看到古城牆、古城堡、萬里長城、金字塔、吳哥窟就會很疑惑，古代在沒有大型機械協助下，古人是如何將岩石切割、搬運、向高處堆積的呢？ 而建設過程中會發生無數次的奴工受傷後就被統治者放任受苦直到死亡暴屍野外的人間慘劇。 統治者的個人意志發動戰爭，百姓則受苦受難，這種慘劇在人類歷史中不斷的循環。 今天庫勒斯古堡壘自豪地凝視著克里特海，印證了當時威尼斯人的榮耀時，但不要忘記榮耀的背面有一群戰俘或囚犯在潮濕黑暗的牢房裡遭受酷刑的折磨、痛苦、無助與無望。

▲ 伊拉克利翁舊港入口的庫勒斯古堡壘

▲ 伊拉克利翁港內停泊的觀光郵輪

▲ 庫勒斯古堡壘

庫勒斯古堡壘有西、北和西南三個城門，正門是位在西側。 城門上的外牆刻有浮雕式的匾額、銘文和徽章，每個入口上各有一個浮雕，描繪著威尼斯最寧靜共和國「有翼的聖馬克獅子」（Winged Lion of Saint Mark, Symbal of Most Serene Republic of Venice）的象徵，其中兩個仍被保存著，但它們暴露在海風中 550 餘年已經被嚴重風化了。

▲ 庫勒斯古堡壘正門上方的浮雕

▲ 庫勒斯古堡壘的城牆

▲ 庫勒斯古堡壘旁海邊的清澈海水

在遊覽古堡壘時筆者沿路觀察夜間照亮古堡壘的燈具是使用哪種光源？ 結果是 LED，筆者不得不佩服歐洲在綠色節能領域上做得徹底。

參觀完古堡壘後沿著海岸道路向西前走去，映在眼前的是清可見底的海水，伊拉克利翁人民怎麼做到的？伊拉克利翁市有 21 萬居民，2018 年伊拉克利翁市接待了 4 百萬的觀光客，他們是怎麼將都市海港旁的海岸保持到沒有一件廢棄物，沒有油漬，海水如此地清澈的呢？ 台灣官員與百姓都應該汗顏，我們的媒體在前幾年還在恥笑希臘是「歐豬」國家。

再向西走約 200 公尺，在道路與海邊之間是阿吉亞阿卡特里尼修道院（Agia Aikaterini）的遺址，修道院建於公元 10 年左右，今天倖存的建築物只剩下修道院的教堂了，這座教堂建於 16 世紀，該世紀是威尼斯建築風格影響島上建築的時代。 在 16 至 17 世紀間，阿吉亞阿卡特里尼修道院的收入能養活許多僧侶，也同時辦了一所大學，校名是西奈聖凱瑟琳學院（Saint Catherine of the Sinai），在大學內傳授僧侶與學生們寫作古希臘、哲學、神學、修辭學和繪畫等學理與知識。1669 年奧斯曼帝國占領克里特島後，修道院教堂被改成 Zulfiakar Ali 清真寺來紀念易卜拉欣蘇丹（Sultan Ibrahim），於1922 年時最後一批穆斯林應希臘和土耳其間人口交換條約而離開了伊拉克利翁。 修道院的遺址中可以看出當時修道院的格局，其中最明顯的是幾座神職人的墳墓。 前面文章所提到倖存下來的教堂現在已成為伊拉克利翁的聖彼得和聖保羅教堂，希臘文的名稱是 Agios Petros and Agios Pavlos，這是一座是單走道教堂，它是同類建築中最古老的古蹟之一，教堂在 18 世紀時遭受地震嚴重的破壞，近幾十年來教堂和修道院都被陸續地修復，而周圍地區也被列為考古遺址。

▲ 阿吉亞阿卡特里尼修道院（Agia Aikaterini）遺址

▲ 阿吉亞阿卡特里尼修道院內的墳墓遺址

▲ 阿吉亞阿卡特里尼修道院遺址旁的的聖彼得和保羅教堂

晚餐就在古堡壘與修道院遺址之間的一列室外餐廳用餐，餐廳結構是永久式，兩側則是玻璃牆與玻璃拉門，可坐在餐廳內時一邊欣賞著大海美景，一邊看著來往的車輛與行人，沒有視野的阻隔，餐廳的廚房則是位在道路的另一邊，並不在餐廳內，所以餐廳內是沒有油煙的，只是侍者必須在點菜後過馬路去送菜單給廚房，顧客所點的飲料與餐點都要由侍者端者托盤由廚房那一邊過馬路走到餐廳這一邊，只是在過馬路時要閃來往的車輛，這類的點餐與送餐的景致還真別有一番風味。

回飯店的路上走到一家賣水菸用具的商店，進入了南歐、中東與南亞等地區，就可時常看到人們在抽水菸，看到水菸也就等於快離開歐洲進入伊斯蘭國度了。

▲ 賣水菸用具的商店

2018 年 4 月 29 日 LGIR – HESH（第 9 段航程）

LGIR：Iraklion, Crete Island, Greece，希臘 克里特島 伊拉克利翁
HESH：Sharm-El Sheish, Sinai Peninsula, Egypt，埃及 西奈半島 沙姆沙伊赫

第 9 段航程 LGIR － HESH

今天的行程是飛往埃及西奈半島沙姆沙伊赫（Sharm-El Sheish，Sinai Peninsula，Egypt）。沙姆沙伊赫是位於西奈半島的最南端稍微偏東邊亞喀巴海（Gulf of Aqaba）出口與紅海（Red Sea）會合處的海邊度假城市。

地勤先預約好的計程車在早上 8 點 30 分來接我們，到了機場後的例行事務為核對地勤費用，該地勤公司收費非常合理，只收取了 225.98 歐元的降落、手續、導航與來往機場的計程車費用。 從這裡開始到美國阿拉斯加州安克拉治之間的 13 段航程是交由 Univeral Weather and Aviation（UWA）飛行服務公司全權處理，凡這 13 段航程所產生的費用是由 UWA 先行支付，事後費用會加上 10% 手續費後再逐筆向筆者請款，這機場的燃油價格很高，Avfuel 合約價是每加侖美金 6.20 元，燃油單價中可能是包含 FBO 的回扣吧？ 燃油共添加了 175 加侖。

▲ 位置偏遠的 LGIR 通用航空停機坪

筆者回到家後收到由 Eurocontrol 郵寄來的 640 歐元帳單，這帳單是收取英國、法國、德國、瑞士、義大利與希臘的導航費。 也支付了 RocketRoute 飛行服務公司由鵝灣（CYYR）到伊拉克利翁（LGIR）的 5 段航程的服務費，每航段收美金 150 元，總計是美金 750 元。 而 UV Air 事後收取由伊拉克利翁（LGIR）到沙姆沙伊赫（HESH）的服務費美金 75 元。

今天在出境過程中時發生了一件事使筆者領悟到飛行員制服在美國與西歐以外地區的重要性。 當初在規劃行程時，有幾位飛國際線的私人飛機飛行員和飛行服務公司都建議在美國與西歐以外的地區要穿著有機長肩階的制服並配戴識別證，這樣子在機場內外會暢通無阻沒有官員會攔阻你。 今天在機場出境時證實了這個建議的真實性，行李過安檢 X 光機後，希臘海關就讓 Bill 拿走行李，但卻要檢查筆者的行李，當時 Bill 穿制服，而筆者穿 Polo 衫牛仔褲，地勤告訴海關筆者是機長，但海關話已說出拉不下臉，還是堅持檢查，事後 Bill 瞪著筆者說「為何不穿機長制服」，好吧！ 從明天開始穿制服直到回美為止。

承載我倆去通用航空飛機停機坪還是一輛大型機場旅客接駁車。 筆者在環檢時發生以前沒有遇到過的問題，這個機場的阻輪三角椿都是適用在較大型飛機，所以三角椿的高度較高，昨天飛機停妥時燃油已消耗掉 1,200 磅，飛機重量輕所以大型三角椿可放進起落架艙門之下，但今早加滿燃油後飛機下沉，落架艙門就卡到了三角椿，筆者無法將三角椿取出，三角椿阻住輪子飛機就無法滑行了，唯一的解決方法是招集所有現場的人員一起來抬起機翼，讓筆者將三角椿取出。

前面提過在北美洲以外飛行時基本是拿不到 GPS Direct 航路的，所以飛行計劃的航路都是依循公告的航路（Airway）來規劃的。 今天提出的航路是 LGIR DCT IRA UJ65 SIT UL612 BLT A16 CVO UL677 MENLI L677 KAPIT DCT HESH，巡航高度為 FL410。 其白話解釋為 拉克利翁機場（LGIR）起飛後，雷達導航（Radar vector）飛往 IRA VOR（VHF Omnidirectional Range），接 UJ65 號航路飛後 SIT VOR，接 UL612 號航路飛往 BLT VOR，接 A16 號航路飛往 CVO VOR，接 UL677 號航路飛往 MENLI 航點（Waypoint），接 L677 號航路飛往 KAPIT 航點，再直飛沙姆沙伊赫機場（HESH）。

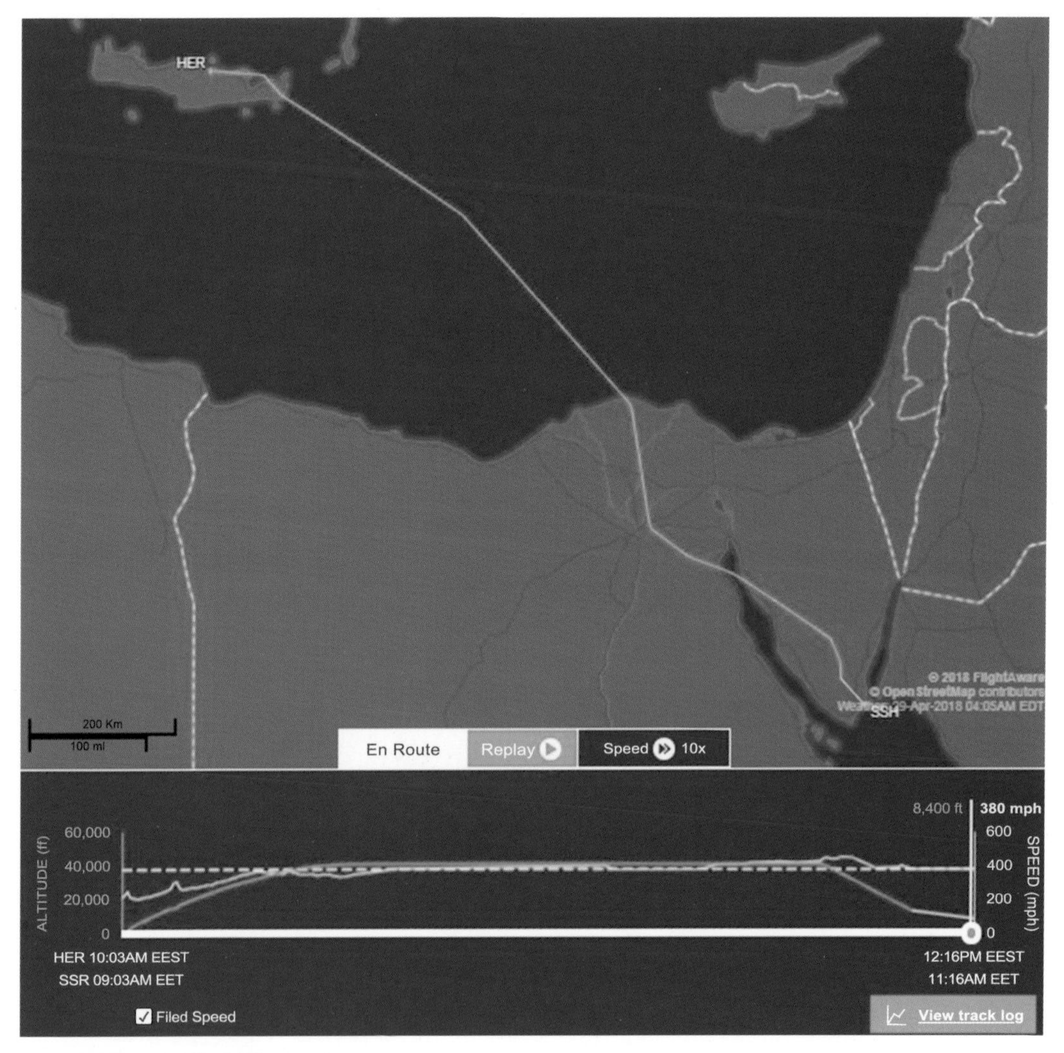

▲ LGIR 至 HESH 航跡圖

飛機於東歐夏季時間上午 10 點 03 分由伊拉克利翁機場的 9 號跑道起飛，航程是飛越地中海再進入非洲，這也是筆者這一生第一次飛進非洲。 起飛後飛行了約 305 海浬，接近了 UL162 航路的 KUMBI 航點時，雅典飛航情報區將導航交給了埃及開羅飛航情報區（Cairo FIR）。 KUMBI 航點是兩個飛航情報區的交換點。

BLT VOR 的位置是在埃及巴爾蒂姆市（Baltim）的東郊，巴爾蒂姆市則是位在尼羅河三角洲的最北端，巴爾蒂姆西南方有淺水天然氣田，飛到 BLT VOR 的意義就代表著飛機將已飛入非洲大陸與埃及了。 過 BLT VOR 後飛機就沿著 A16 航路飛往 CVO VOR，CVO VOR 位在開羅國際機場 5C 號跑道端，也意味著飛機是在開羅的上空飛越，可惜當時巡航高度是 FL410，只能隱約的看到在 2 點鐘方向的三座大金字塔，飛過 CVO VOR 後就轉向東南方向，到了 MENLI 航點就可以清楚看到在飛機

10 點鐘方向的蘇伊士海（Gulf of Suez）與蘇伊士運河（Suez Cannel），今天終於在空中飛越這些經常可以聽到地理名詞。 飛越了蘇伊士灣就到了西奈半島（Sinai Peninsula）。

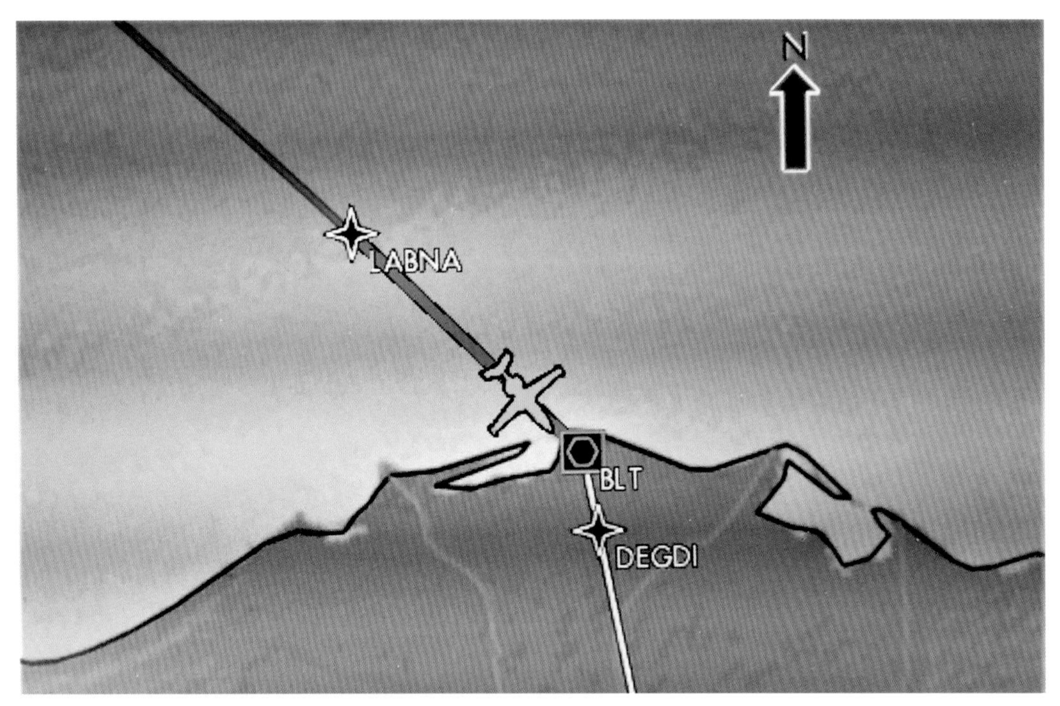

▲ MFD 顯示飛機飛進埃及巴爾蒂姆－正式飛入非洲

▲ 俯瞰埃及巴爾蒂姆海岸

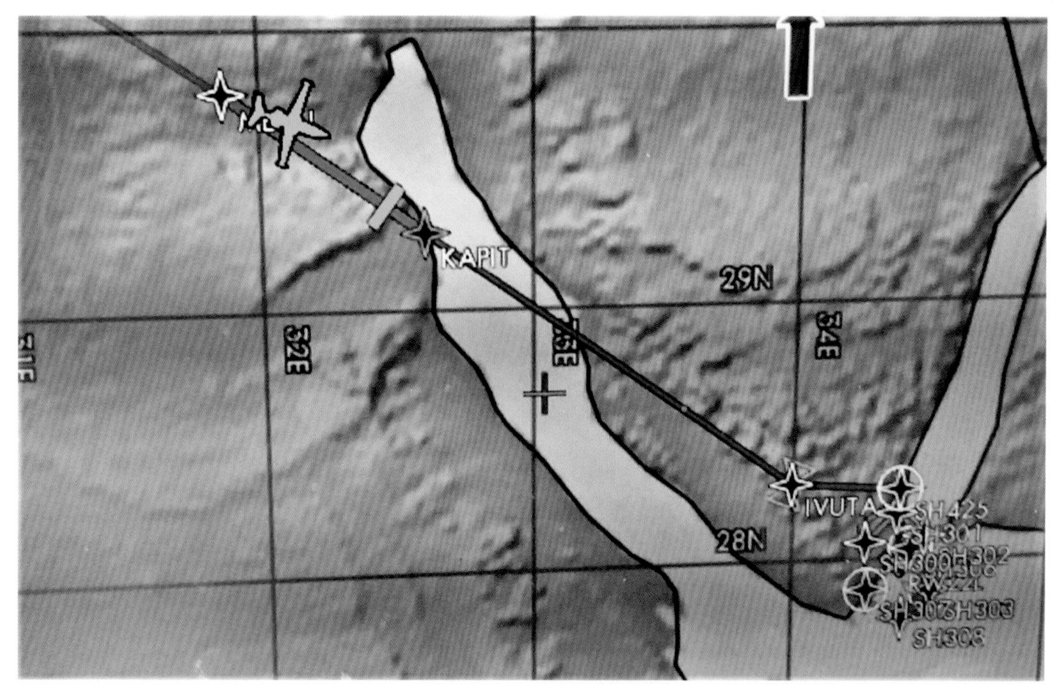

▲ MFD 顯示飛機接近紅海與蘇伊士運河南端入口

▲ 紅海與蘇伊士運河入口

▲ 遠眺沙姆沙伊赫

西奈半島是埃及東邊的三角形半島，面積約為 60,000 平方公里，它是屬於亞洲，西奈半島也是非洲和亞洲兩大洲之間的陸橋，大約有 50 萬人居民。 1967 年的以埃六日戰爭後，以色列入侵並管轄了西奈半島，1979 年以埃和平條約簽訂之後，以色列撤離西奈半島後，西奈半島就因為自然環境、珊瑚礁、宗教歷史慢慢的演變成為一個旅遊勝地，其中著名的西奈山（Mount Sinai）是舊約聖經的聖地。沙姆沙伊赫是南西奈省的行政中心，也是一個度假勝地，許多國際會議和外交會議都在這舉行。

接近 KAPIT 航點時就可遠望亞喀巴海中一個海灣旁邊的沙姆沙伊赫，飛機是在東歐時間（Eastern European Time，EET）上午 11 點 16 分降落在沙姆沙伊赫機場的 4L 號跑道，該跑道尺寸為 10,108 x 150 英呎，飛行時間是 2 小時 13 分鐘，飛行距離是 645 海浬。

▲ HESH 機場前導車

N287WM 的降落應該是 Eclipse 500 機型第一次降落在沙姆沙伊赫機場。

依慣例由機場前導車帶領飛機滑行到通用航空的停機坪，打開機艙門先與來迎接我們的地勤打招呼，這家地勤公司是 UWA 特約的 Z Aviation Services。 走下飛機後就是等於正式踏上中東、又是亞洲、同時是埃及的土地上，當然一定要與 Bill 在飛機前面合影留念。 值得一提的是照片的後方有一架尾翼印有阿曼（Oman）國徽的飛機，它是阿曼蘇丹卡布斯本賽義德（Sultan Qaboos bin Said Al Said）的專機，地勤說這位蘇丹在沙姆沙伊赫有一座城堡，但他已有 7 年沒有來到這個城堡過，即使蘇丹沒有來，看守這座城堡的衛士與工作人員還是需要 3 個月輪調一次，這架飛機就是用來接送輪調的衛士與工作人員的。 中東的蘇丹就是「牛」！ 後天我們飛到阿曼首都馬斯喀特（Muscat），筆者就親眼見到這位阿曼蘇丹更多「牛」的事跡。

▲ HESH 機場合影－左後方的飛機是阿曼蘇丹卡布斯本賽義德（Sultan Qaboos bin Said Al Said）的專機

通用航空停機坪和通用航空航站是一南一北地座落著，中間隔著沙姆沙伊赫機場的民航國際航站，地勤派了一輛大型可裝載 50 位旅客的機場接駁車來載送我倆到通用航空航站，這裡的天氣很熱，沒有春秋冬的季節，下飛機後就是滿頭大汗，直到走進有冷氣的通用航空航站內才得消暑。 這小小的航空站內設有入境與海關，連金屬探測門與 X 光機都有，也有移民與海關官員值勤，但一天中沒有多少通用航空的機組與乘客會在這出入境，這就是私人飛機旅行的特殊待遇吧？ 當然羊毛出在羊身上，天下沒有白吃的午餐，等收到 Univeral 的帳單後就知道代價了。 Bill 的行李中有裝一支無線電對講機，在過 X 光機時被海關看到，Bill 被告知不能攜帶入境，我們有點疑惑，因為手機與衛星電話都可帶入境，唯獨無線電對講機不准，待讀者看完以下所述的慘事就會懂為何沙姆沙伊赫機場有這種規定了。

2015 年 10 月 31 日，一架俄羅斯的 Metrojet 9268 空客 A321 機型的包機，由沙姆沙伊赫機場起飛前往俄羅斯聖彼得的堡普爾科沃機場，起飛後不久在西奈半島中部的上空被炸彈炸毀，機上 224 名乘客和機組全部罹難，機上乘客的國籍為 212 名俄羅斯人、4 名烏克蘭人和 1 名白俄羅斯人，他們才在沙姆沙伊赫度假完畢要返國的。 這空難是俄羅斯民航與埃及領土內有史以來最致命的一次，也是空客 A321 機型最嚴重空難，同時是 2015 年全世界最致命的空難， 墜機事件發生後，黎凡特伊斯蘭國（ Levant ISIL ）的西奈分支聲稱對該事件負責。 因為無線電對講機不容易被定位的，為防止恐佈分子運用無線電對講機從事恐怖攻擊行為，所以禁止無線電對講機帶入境。

入境後地勤約了一輛賓士轎車送我們去今晚的希爾頓度假旅館（ Hilton Resort ），這個度假旅館是位在機場東邊在亞喀巴海岸旁建立的度假村內，當時這個度假村內已經有 Hilton、Concorde、Island View、Savey、Sierra 等 8 家度假旅館密集的靠在一起。 通用航空航站大門到旅館路途上與度假村出入口都有實彈荷槍士兵駐守的崗哨。 通用航空航站到旅館的直線距離只有 2.5 公里，但要繞路與受檢使路程花了 20 多分鐘，每個旅館的門口都有保全值勤檢查出入人流，旅館大廳入口也設置了金屬探測門。 進到了旅館後才發現所有的旅客都是俄羅斯或東歐人，這整個度假村是被俄羅斯人所包辦了，筆者這時才晃然大悟為何安檢與保安是這麼嚴密，因為俄羅斯曾在 1999 至 2009 年間對車臣（Chechen）發動第 2 次戰爭，Chechen 是伊斯蘭國家，從此俄羅斯繼美國之後成為伊斯蘭恐佈分子的攻擊目標。2002 年 10 月 23 日發生了莫斯科劇院的人質危機，擁擠的杜布羅夫卡劇院被約 50 名武裝的車臣人所占領， 攻擊者宣稱他們是效忠於車臣伊斯蘭分離主義運動，他們劫持人質是為脅迫俄羅斯將軍隊從車臣撤出並結束第 2 次車臣戰爭， 俄羅斯的聯邦安全局的特戰部隊在展開救援行動將化學毒氣灌入建築物的通風系統後，才開始強攻，最後有 40 名車臣恐怖分子被殺，但不幸有多達 204 名人質也同時被殺害，其中有 9 名外國人，當然許多人質極可能是被毒氣或特戰部隊的槍彈所殺的，由此可了解到車臣人對俄羅斯的仇恨有多深多強。

▼ 亞喀巴海岸渡度假村

8 家度假旅館的其中靠海的 4 家有自己專用的海灘，因為旅館的佔地是狹長形，導致各度假旅館的自屬海灘的寬度也非常窄，例如希爾頓度假旅館的海灘只有 80 公尺寬，這種建設格局在西方的度假旅館是非常很少見的。

沙姆沙伊赫是沒有什麼娛樂，出了度假村就沒有娛樂場所，所以在度假村內有一個 SOHO 夜市，提供度假村內上千位遊客的夜間休閒娛樂，這個夜市中有居然還有 Ice Bar，真納悶俄羅斯人還嫌他們的冬天還不夠長嗎？ 這裡是中東當然也有露天的水菸吧，也有噴水水舞池。 總的來説，這個度假村的食宿娛樂品質只能算是三星級或中等程度。

最獨特的是整個希爾頓度假旅館的房客只有筆者是唯一的黃皮膚亞洲人。

▲ 亞喀巴海岸度假村旁的 SOHO 夜市

▲ 希爾頓度假飯店專屬海灘

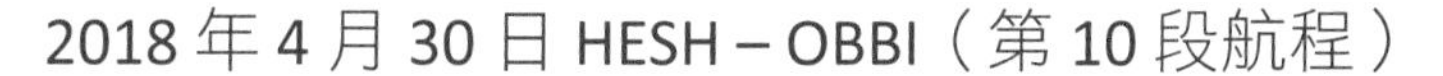
2018 年 4 月 30 日 HESH – OBBI（第 10 段航程）

HESH：Sharm-El Sheish, Sinai Peninsula, Egypt，埃及 西奈半島 沙姆沙伊赫
OBBI：Muharrag, Bahrain，巴林 穆哈拉格

第 10 段航程 HESH － OBBI

▲ 筆者著機長制服

筆者今天穿起了機長制服了！帥否？

今天要飛往巴林國際機場（Bahrai International Airport，OBBI），該機場是位於巴林穆哈拉格島（Muharraq Island），穆哈拉格島是巴林第二大島，位於巴林島的東北方 4 公里，巴林島上的麥納麥（Manama）是巴林的首都也是巴林最大的城市。 巴林是一的島國，有 51 個自然島和 33 個人工島，780 平方公里國土面積是僅次於馬爾代夫（Maldives）和新加坡（Singapore）的亞洲第 3 小國家，正式的國名是巴林王國（Kingdom of Bahrain），它位在波斯海（Persian Gulf）也是阿拉伯海（Arabian Gulf）中，東邊是卡達爾（Qatar），西邊是沙烏地阿拉伯（Saudi Arabia），巴林島與沙烏地阿拉伯的多曼（Damman）有一條 25 公里長的橋梁連接著，該橋的名字是法赫德國王堤道（The King Fahd Causeway）。巴林在 2020 年

人口約一百七十萬人，人口中有一半是非本國人。 19 世紀後期，巴林酋長與英國簽訂條約讓巴林成為英國的保護國，直到 1971 年它才宣布獨立，2002 年時宣布為伊斯蘭君主立憲制國，隨後巴林成功轉型成為不依靠石油來實現經濟與財富成長的第一個波斯灣後石油經濟體，數十年來巴林專注在銀行業和旅遊業投資，世界上許多超大的金融機構都在麥納麥設有據點。 巴林的人類發展指數（Human Development Index）非常高，並被世界銀行確認定的高收入經濟體。 為何要先對巴林作介紹呢？ 因為筆者住進麥納麥旅館後，出門去法赫德國王公路（The King Fahd Highway）的周圍遊覽時，被景觀震撼的目瞪口呆。

今天只飛一段航程，就預約包車在早上 9 點 30 分來接我倆，到了機場後簽收了 FBO 的服務清單，回到美國後收到 2 張 UWA 帳單，一張是 Z Aviation 的服務費美金 2,259 元，以及 UWA 的 UK 分公司服務 LGIR 至 HESH 的飛行計劃的美金 75 元。燃油是我們到了停機坪油罐車才來到機旁，共添加了 135 加侖，UV Air 的合約價是每加侖美金 3.18 元。 出境手續辦完後，海關將代為保管的無線電對講機歸還給 Bill。

將起飛前的準備工作都完成後就請求塔台准許滑行。 這裡氣溫高，即使發動了引擎開啟機上空調，但飛機從早上 5 點太陽升起後已經被曝曬了 6 個小時，這種小飛機的空調只能稱的上有輔助冷卻功能，在沙姆沙伊赫正午太陽直射下基本是沒有降低機艙溫度的能力，雖然該機場一天中也沒有幾架飛機起降，更不用說有飛機在滑行道滑行，但地面台航管就是要我們等待前導車，機艙門雖然是開著，空調也是在運轉，但我倆還是被搞得是滿身大汗。 前導車在 15 分鐘後姍姍來遲，引導我們滑行到 4L 號跑道，前導車還沒有到 4L 號跑道的起點就開走了，全是形式主義做個樣子。 這種為等候前導車而熱到全身冒汗制服濕透的慘況在往後幾個南亞的機場都發生過。

飛行計劃的申請的航路是 HESH DCT SHM DCT PASAM L677 WEJ UL604 KFA M691 LADNA DCT OBBI，巡航高度為 FL410。 其白話解釋為沙姆沙伊赫機場（HESH）起飛，直飛 SHM VOR，轉飛 PASAM 航點，接 L677號航路飛往 WEJ VOR，接 UL604 號航路飛往 KFA VOR，接 M691 號航路飛往 LADMA 航點，再直飛巴林國際機場（OBBI）。 飛到 LADMA 前航管就應該告知今天的到場（STAR）與進場（Approach）的程序了，但 LADMA 航點是 LADMA 1 到場程序的起點，在沒有意外下今天的到場程序應該是 LADMA 1 了，在巡航時就可先詳讀該到場程序了。

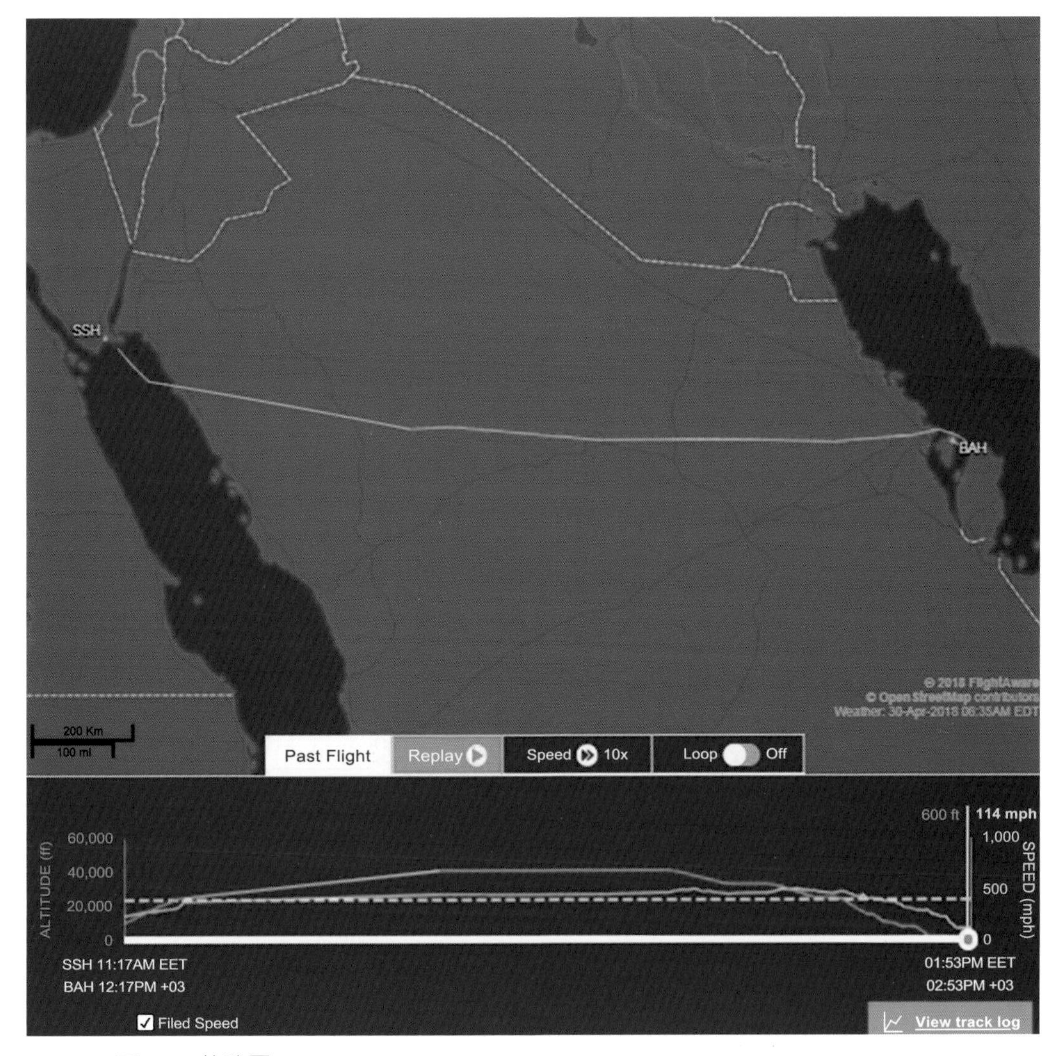

▲ HESH 至 OBBI 航跡圖

飛機於東歐時間（Eastern European Time，EET）上午 11 點 17 分由沙姆沙伊赫機場的4L跑道起飛，起飛後就可以在飛機的左下方看到亞喀巴海與紅海會合口，這一處也是亞喀巴海最狹窄處，可航行的水道不足 4 公里寬，而沙姆沙伊赫就在位於此地點的西邊，可控制出入亞喀巴海的船隻。亞喀巴海最北端有 2 個城市，以色列的Eilat與 約旦的 Aqaba，兩個國家都沒有在海岸城市建立軍港，因為只要埃及在沙姆沙伊赫設立個要塞，就可掐住以色列與約旦的咽喉了。

▲ 俯瞰亞喀巴海與紅海會合口

▲ 順風飛行是飛機的地面速度達 400 KTS

起飛後約 10 分鐘飛機就接近 PASAM 航點，開羅飛航情報區移交導航給吉達飛航情報區（Jeddah FIR），PASAM 航點是兩個飛航情報區的交換點。飛進入沙烏地阿拉伯的第一個感受是一片沒有城鎮與人煙的不毛之地。航程是飛越沙烏地阿拉伯不會降落，原因是沙國的簽證取得困難，沙國不希望西方世界的外教徒汙染該國吧？

今天沙烏地阿拉伯的領空是強順風，風速每小時 72 海浬（每小時132公里），順風推著飛機使地面速度超過每小時 400 海浬（每小時 740 公里）。就拿波音 B777 做一個速度比較吧，B777 在無風時的巡航空速可達每小時 520 海浬（每小時 956 公里），但波音 B777 引擎的最大推力高達 11 萬磅，而 Eclipse 500 引擎的最大推力只有 950 磅，今天能有每小時 400 海浬的地面速度，筆者興奮像個小孩子。

在沙國飛了約 460 海浬（750公里）的距離後，直到 L604 的 GAS VOR 才看到許多圓形的農田，這些農田位在 Buraidah 西邊的，Buraidah 是 Al-Qassim 地區的首府，Al-Qassim 地區則是沙國的小麥最大產地。

▲ 鳥瞰沙國大地上圓形的麥田

▲ 沙國的紅色不毛大地－但地底是大儲油槽

▲ 俯瞰沙烏地阿拉伯貧瘠的大地

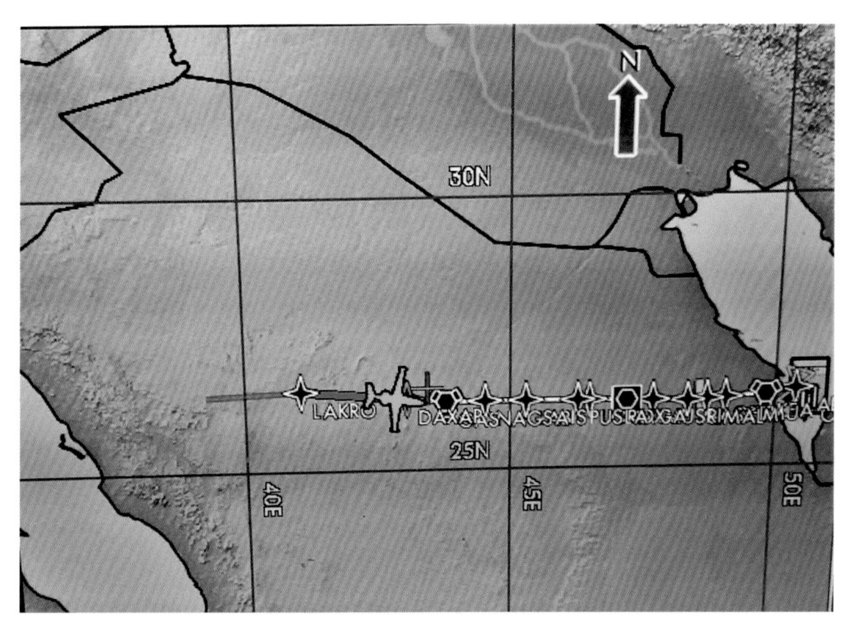

▲ MFD 顯示飛機正在飛越沙烏地阿拉伯

▲ 飛 OBBI 機場的到場程序（STAR）時俯瞰機場與填海的新生地

過 Buraidah 之後，飛到沒有城鎮與人煙的不毛之地，俯瞰大地一片紅色，有兩種地質會使地表呈紅色，一是土壤含豐富的鐵質，二是地表層有礦物鹽，不論是哪種因素，這都是不適合人類居住的地方，但是這荒蕪土地的下面是世界最大的油氣田，老天爺是公平的。

到 LADMA 航點前，吉達飛航情報區將導航工作移交給了巴林飛航情報區（Bahrain FIR），LADMA 航點是兩個飛航情報區的交換點，LADMA1 與巴林國際機場的直線距離只有 18 海浬，航管接手後就馬上給了 LADMA 1 的到場程序與 ILS 30R 的進場程序是 ILS 30R、與使用跑道是 30R 號跑道，該跑道尺寸為 13,000 x 200 英呎。 飛機於巴林時間下午 2 點 53 分降落，飛行時間是 2 小時 36 分鐘，飛行距離是 934 海浬。

降落後離開跑道，前導車帶領我們往機場的東停機坪（Eastern APRON），東停機坪的寬度比較窄，只有 40 公尺寬，Eclipse 500 的飛機雖然小，但是其迴轉的半徑卻很大，以致飛機無法正確停在停機坪的規線上，感到很不爽。

迎接我們是 Aventura Air Center 的地勤，該 FBO 就是巴林國際機場的通用航空航站，位置在機場的西邊，中間隔著民航航站，這場地的安排與昨天的沙姆沙伊赫機場類似，筆者的推測是該機場在早期沒有這麼忙碌，通用航空的飛機就可直接停在 FBO 旁的停機坪，但近年來幾個較開明的阿拉伯國家，如巴林、卡達爾、阿拉伯聯合酋長國（United Arab Emirates，UAE），簡稱阿聯酋，不再侷限自己在伊斯蘭宗教的意識形態內，全力開發經濟與商務，這幾個國家也全力發展民航業，成為亞洲、歐洲與非洲之間的客貨運樞紐（Hub）。 阿聯酋航空（Emirates）的機隊有 255 架大型民航機，服務 157 個航點。 與卡達爾航空（Qatar Air）的機隊有 235 架大型民航機，服務 173 個航點。 台灣的中華、長榮與星宇的機隊與航點加總起來也不敵 Emirates 或 Qatar Air。 人口只有 170 萬國土只有 780 平方公里的巴林，它的 Gulf Air 航空也有 32 架大型民航機，服務 52 個航點。 繁忙的空運迫使 Aventura Air Center 旁的停機坪全被用來停大型民航客貨機，不得不在機場東方一個小空間劃出 8 個停機位（81 至 88 號停機位）供給小型通用航空飛機停泊。

▲ OBBI 機場通用航空停機坪

回看1990年代，當時中國大陸才改革開放才10 幾年，美國的民航客貨運公司，如聯合航空（United Airlines）與聯邦快遞（FedEx）都在台灣設立了微樞紐 Mini Hub，目標是經營為大陸、南亞、美洲等 3 大區域間的新轉運中心，如果不是李登輝的「戒急用忍」 政治意識形態導致了自我侷限下，今天桃園機場在大陸、南亞、美洲間的民航客貨運將有機會取代香港的。 再看看由一位民進黨前官員陳唐山所說「鼻屎之地」 的新加坡，他是一位台大畢業的美國普渡大學博士呢！ 這位台大人的自大真是不可思議，單單只檢視新加坡在國際空運，還不需要去檢視海運與金融產業就可知道新加坡在國際上的重要性，新加坡航空公司的機隊有 141 架大型民航機，服務 137 個航點，而新加坡是中東、南亞、東亞、澳洲、美洲間重要的民航客貨運樞紐。 台灣因為意識形態白白失去成為國際樞紐的機會。 大陸在

1978 年開始改革開放後，從 1979 年開始向國外派遣留學生，筆者當初在美讀書時被學校要求到機場去接一位大陸留學生，但該員走出機場關口時，筆者看到的是一位40多歲的老先生（ 筆者那時只有 24 歲，所以感覺 40 多歲人「老」 ），他是一位大學教授，大陸因文化大革命，大學生都變成紅衛兵，大學也都打烊了，以致沒有應屆畢業生或者是畢業少於 10 年的大學生可以被派遣到國外深造。 筆者提這件往事其意義是指出 在 1990 年代的初期，大陸還有需要台灣之處，台灣擁有很好的立基點與機會可將自己在大陸和國際事務上更上一層樓，但可惜是意識形態讓台灣自我侷限。 而造成這種政治意識型態的主要人物都是台大畢業的，蔣經國曾私底下説過，他的情治系統無法掌控台大，但卻不知道他為何用李登輝呢？可能是國運不昌吧？ 因為良相孫運璿先生不幸操勞過度在 1984 年中風了！ 將來歷史家們會説真話，這些做出自我侷限政治意識型態的政客將會被歷史批判的，只能説台大畢業的政客已經將台灣搞殘掉了。 就單看核四就可以了解台灣是怎麼被台大法律系畢業的政客搞殘了，林義雄發起廢核絕食運動，陳水扁令核四停工，要復工但卻拖到台電與 GE 等所簽訂合約的可更改日之後，如此一搞就讓 GE 等廠商可應復工與台電重新簽約再賺台電一筆，復工後蘇貞昌與蔡英文受陳水扁之命催促復工速度，馬英九上台後蘇貞昌與蔡英文又開始在推動廢核，偏偏他們 3 個人的系友馬英九是一個無魄力無膽識的人，在受到壓力就將核四封存，核四前前後後損失了超過 2,200 億新台幣，也等於這 5 個政客為了私利浪費了台灣人民 2,200 億新台幣的血汗錢，更最殘酷的事實是為填補核四的洞而去擴建中部火力發電廠，中火燃燒煤所產生的空汙不知道讓多少台灣中南部的人民得到肺癌而痛苦死亡，以上 5 個台大法律系畢業的政客手上不知道沾滿多人民的血，最不可思議的是台大醫學系畢業的賴清德曾經説過「乾淨的煤」，只能無奈地説台大畢業的政客都很聰明，很敢去愚民，也很會顛倒黑白。 一個全方位發展的國家或地域是不可能由一所大學畢業同科系近親繁殖的一群人來領導的，筆者在這裡岔題寫了這麼多的感觸是希望台灣的廣大選民在選公僕時，尤其是所謂的 「知識藍」 或「知識分子」 不要看不起學歷低的草莽人物，因為「學歷」 絕對不等於「遠見」、「能力」、「膽識」、「執行力」、「正直」、「責任」與「榮譽」，以上所述的特質都是一位良相必須具有的。 讀者會感覺為何筆者對台大有這麼多感觸，原因其實是很單純，台大受到台灣人民給的最高寵愛，但這個學校產出的政客們不但沒有成為台灣社會的正面榜樣，反是為了私利將台灣搞殘了，是誰給這些台大畢業的自私政客有機會將台灣搞殘與造成現在的困境呢？ 是台灣社會觀念「學歷至上」 所導致的。 一座核電廠被台大法律系畢業的政客操弄烏煙瘴氣且如此的荒唐，但他們還自認為有能力對抗大陸，真是可悲與可笑至極。

地勤派了一輛 9 人座將我們送到到通用航空航站，這小小的航空站內設有入境與海關，備有金屬探測門與 X 光機，也有移民與海關官員在值勤，通關基本上是一個形式。Bill 這回將他的無線電對講機留在機上沒有帶下機，以免又被海關託保了。

▲ Aventura Air Center 通關檢查

▲ OBBI 的 FBO－Aventura Air Center

▼ 由OBBI 機場到麥納麥市的 Shaikh Bin Salman Causeway 橋

今晚夜宿的旅館是 Sheraton，位在巴林島的麥納麥市中心，機場所在地的穆哈拉格島與巴林島是以一座橋樑連接，該橋樑名稱很長（Shaikh Bin Salman Causeway），但橋梁長度很短，只有 250 公尺長，反差很大，過了該橋就是法赫德國王公路的起點。 FBO 派一輛車送我們到旅館，在 Shaikh Bin Salman Causeway 的橋上就可以看到麥納麥市容的天際線，第一個感受是推翻的筆者對中東國家「駱駝、沙漠、綠洲、帳篷」的刻板印象，看到它的天際線，讓筆者感覺到台灣城市的市容真是很醜，實在很丟臉。

在客房稍作了休息與處理商務後就與 Bill 一同去遊覽法赫德國王公路兩旁的建築，這個區域實在是很有看頭的。 法赫德國王公路與北邊潟湖之間的廣場公園名稱是「The Avenues Park」，潟湖的中央的井字形建築是四季飯店（Four Season Bahrain），看 Google 衛星圖可判定該飯店的地應該是人造島，在法赫德國王

▲ 法赫德國王公路與北邊潟湖之間的廣場公園稱為（The Avenues Park）

▼ 麥納麥法赫德國王公路周圍的景緻

公路旁 Sheraton 飯店的旁邊有一棟風帆形的建築是巴林國際貿易中心（Bahrain International Trade Center），2 片風帆式高樓間裝了 3 組風葉，建築造型頗具特色。 廣場很乾淨沒有垃圾，廣場的西邊有許多具有前端與現代特色的高聳建築正施工中。 在廣場公園的東邊是一棟扇形 400 公尺長 80 公尺寬沿著潟湖建造的購物中心「The Avenure Shopping Mall」，購物中心除世界知名的連鎖商店外，美國連鎖餐廳也都進駐了，如 McDonard's、Five Guys、Texas Roadhouse、Cheesecake Factory、Fridays、PF Chens 等等，蘋果電腦旗艦店也設在這個購物中心。 當然巴林大部分地區的建築還是很日常生活的，不會都像在法赫德國王公路周邊一般的前端與現代，但是一個一百七十萬人，人口中有一半是非本國人的國家，在城市建設上卻有這麼大的魄力與美感，徹底打破了筆者來此之前「駱駝、沙漠、綠洲、帳篷」的刻板印象。 這是巴林王國不侷限自己在伊斯蘭的宗教意識形態下發展出的成果。

▲ 巴林國際貿易中心（Bahrain International Trade Center）

▲ 潟湖北方的四季酒店

▲ The Avenure Shopping Mall

▲ MALL 內的美式連鎖餐廳－Five Guys

▲ MALL 內的美式連鎖餐廳－Fridays

▲ MALL 內的美式連鎖餐廳－McDonald's

2018 年 5 月 1 日 OBBI – OOMS（第 11 段航程）

OBBI：Muharrag, Bahrain，巴林 穆哈拉格

OOMS：Muscat, Oman，阿曼 馬斯喀特

第 11 段航程 OBBI － OOMS

今天要飛往阿曼（Oman）的首都也是其最大城市的馬斯喀特（Muscat）。阿曼的正式國名是阿曼蘇丹國（The Sultanate of Oman），它是阿拉伯世界最古老的獨立國家，它的地理位置是波斯灣的戰略要地，其領土與西北部的阿聯酋、西部的沙烏地阿拉伯、西南部的葉門銜接著，海洋疆界濱臨伊朗和巴基斯坦。 阿曼東南邊是阿拉伯海，東北邊是阿曼灣。 阿曼的馬達哈（Madha）和穆桑達姆（Musandam）兩個地區是被阿聯酋所包圍著，霍爾木茲海峽（Strait of Hermuz）就在穆桑達姆的頂端，霍爾木茲海峽是進出波斯灣海峽的咽喉，伊朗、阿聯酋、沙烏地阿拉伯、卡達爾、伊拉克、科威特與巴林的產油國油輪與氣輪都要通過霍爾木茲海峽後才能輸往世界各國。

17 世紀後期開始，阿曼蘇丹國是一個強大的帝國，它與葡萄牙和大英兩個帝國爭奪在波斯灣和印度洋的影響力與話語權。 19 世紀是阿曼的鼎盛時期，阿曼的影響力與控制範圍遍及霍爾木茲海峽，一直延伸到現代的伊朗和巴基斯坦，20 世紀開始國力開始下降，但 300 多年來兩個帝國之間所建立基於互惠互利的關係使英國承認阿曼是這區域的貿易樞紐，該樞紐確保了兩個帝國在波斯灣和印度洋間的貿易通道，並保證英國在印度的統治地位。 從歷史上看，馬斯喀特是波斯灣也是印度洋最重要的貿易港口。 阿曼擁有全球排名第 25 石油儲備量，聯合國開發計劃署將阿曼列為世界上發展最快的國家。

這幾天勞頓奔波很累，想多睡幾小時，所以約接駁車在上午 11 點 30 分才來接我們，到了機場後的例行事務還是簽收 FBO 的服務清單，燃油也是我倆到了停機坪油罐車才來到加 Jet-A 燃油，燃油共添加了176 加侖，Aventura Air Center 的 UV Air 合約價是每加侖美金 2.73 元，回到美國後收到 UWA 帳單支付 FBO 美金 940 元的服務費。

飛行計劃申請航路是 OBBI DCT BAH GOLKO SODAK BOTOB VEDED Y604 ORSIS N685 LAKLU G216 MCT DCT OOMS：巴林國際機場（OBBI）起飛後，直飛 BAH VOR，轉飛到 GOLKO 航點，轉飛 SODAK 航點，轉飛 BOTOB 航點，接 Y604 號航路飛往

VEDED 航點，轉飛 ORSIS 航點，接 N685 號航路飛往 LAKLU 航點，接 G216 號航路飛往 MCT VOR，再直飛馬斯喀特機場（OOMS），巡航高度為 FL330。

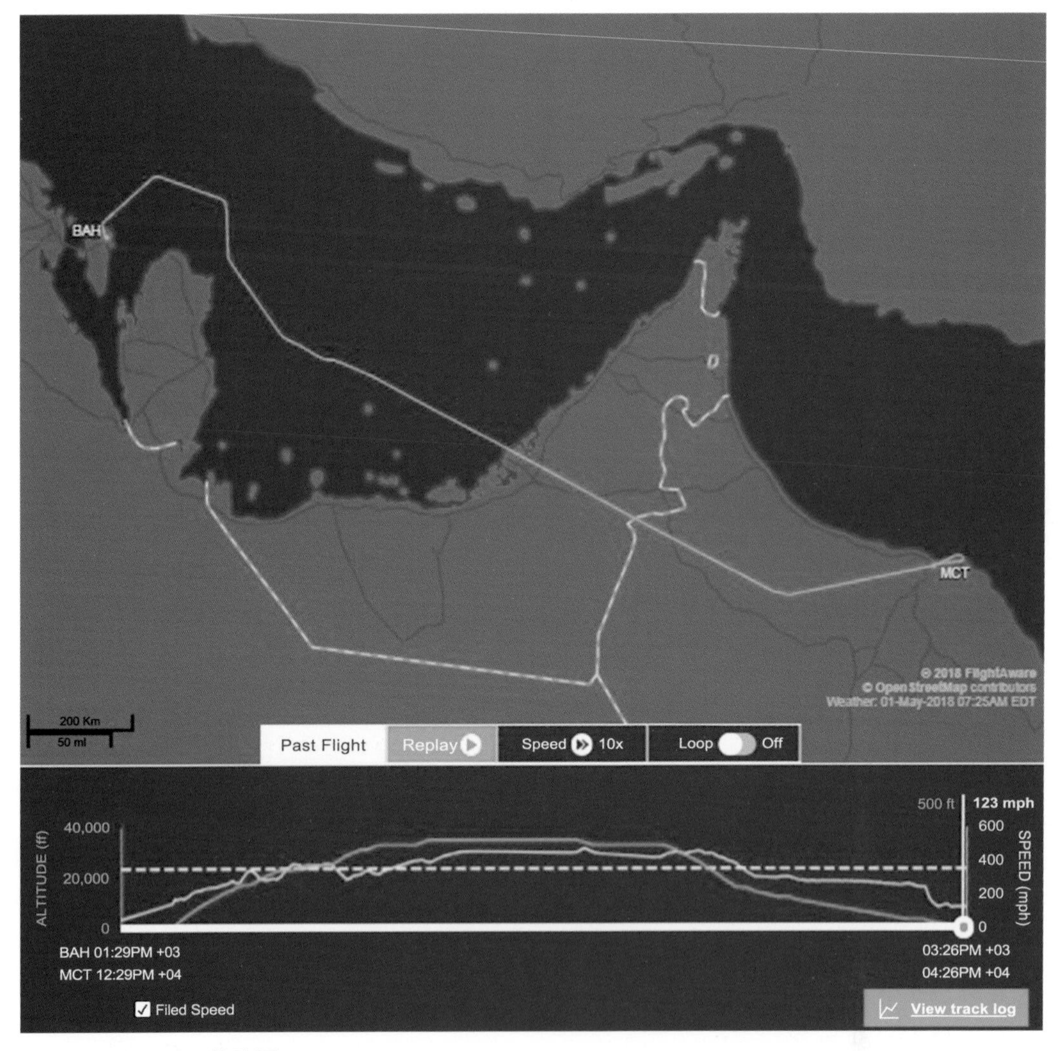

▲ OOBI 至 OOMS 航跡圖

這航路是從卡達爾北方繞道，而非沿 N318 號航路直接飛越卡達爾，繞道的原因可能是在 2017 年 6 月 3 日巴林外交大臣的推特帳號遭到卡塔爾的駭客攻擊，2 天後巴林跟隨沙烏地阿拉伯終止與卡塔爾外交關係。卡塔爾的領導人塔米姆本哈馬德阿勒薩尼（Tamim bin Hamad Al Thani）在 2013 年主政前，卡塔爾在外交政策上是服從沙烏地阿拉伯的，塔米姆開始主政後就開始自主外交事務，在許多地緣政治卡塔爾經常與沙烏地阿拉伯有了不同的做法。1996 年卡塔爾政府成立了半島電視台（Al Jazeera），該電視台逐漸成為阿拉伯世界最受歡迎的新聞台，它經常批評沙烏地阿拉伯的統治者，也提供了威脅到沙烏地阿拉伯君主制度的伊斯蘭聖戰組織一個可操作的媒體平台，因此沙烏地阿拉伯藉機要求所有服從它的中東國家斷絕與卡塔爾的外交關係，同時圍堵卡塔爾的經濟！ 在 2021 年 1 月 4 日，卡塔爾和沙特阿拉伯同意重新開放領空、陸地、和海洋邊界，以期全面恢復外交關係，所以國與國的關係只有利害關係，是沒有道義可言，有利則合，有害則分。

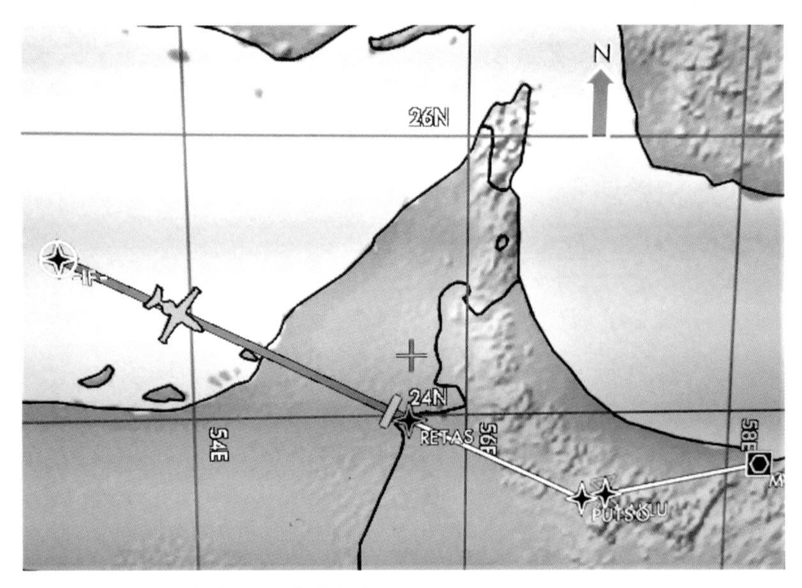

▲ MFD 顯示飛機接近阿聯酋海岸

飛機於巴林時間下午 1 點 29 分由 30R 跑道起飛，飛了 145 海浬後來到 N685 航路的 TOSNA 航點前，巴林飛航情報區將導航工作移交給了酋長國飛航情報區（Emirates FIR），TOSNA 航點是兩個飛航情報區的交換點。 飛近阿聯酋的阿布達比（Abu Dhabi）海岸線時，看到在填海造陸的跡象。 阿聯酋的兩大城市；阿布達比與杜拜（Dubai）的近 20 年的發展實在是令人讚嘆。

▲ 阿聯酋海岸線的填海造陸

▲ 鳥瞰馬斯喀特市

進入阿聯酋的領空約 70 海浬，到 N685 航路的 RETAS 航點前，酋長國飛航情報區將導航工作移交給了馬斯喀特飛航情報區（Muscat FIR），RETAS 航點是兩個飛航情報區的交換點。 到達 RETAS 也代表飛機已經飛進阿曼的領空，距離馬斯喀特國際機場（Muscat International Airport，OOMS）只有 155 海里了。

今天馬斯喀特國際機場使用跑道是 26 號跑道，該跑道尺寸為 12,760 x 150 英呎。 進場程序是 ILS 26，該程序是飛越 MCT VOR 後轉飛 065 方向到距離 MCT VOR 13 海浬時，右轉去銜接 ILS 26 Localizer 的進場航路。 馬斯喀特國際機場位置在馬斯喀特市的西邊，飛機往 065 方向飛時，馬斯喀特市在飛機的左邊，由空中鳥瞰該市高樓與綠地是稀少的，最大一片綠地是最大的清真寺， 進旅館後查出這清真寺是蘇丹卡布斯大清真寺（Sultan Qaboos Grand Mosque），也是阿曼蘇丹國最大的清真寺。

飛機於馬斯喀特時間下午 4 點 26 分降落在 26 號跑道，飛行時間是 1 小時 57 分鐘，飛行距離是 548 海浬。 這航程是這次環球飛行鐘航程與時間最短的一段，如不繞路可再少飛 80 海浬。

馬斯喀特國際機場航站是剛新建完成，在40 天前（3 月 20 日）才正式使用（Inaugurated），滑行時所看到的都是「新」，前導車將我們引導到的西南角的 412R/L 到 416 號停機坪，這個停機坪應該是停放通用航空的飛機，但其面積大到可停放 5 架波音 B777 的諾大停機坪今天只停了渺小的 N287WM。 UWA 公司特約公司 Air Services Tourism LLC 的 2 位地勤來迎接我們，其中一位是 Abdul Rab Abbasi 先生。 這座機場沒有通用航空專屬航站，而載送我們到民航航站又是一輛大型旅客接駁車。 筆者才會意到在北美以外的國際機場，如果沒有通用航空專屬航站，或沒有通用航空 FBO，又通用航空的出入境人數稀少時，接駁的車輛都是使用大型旅客接駁車。

▲ OOMS 機場新航廈

馬斯喀特國際機場航站是非常新穎與現代，穿了機長的制服與在有地勤帶領，下了接駁車後是一路暢通走出航站，該機場並不小，從下車走出航站大門的距離約500公尺遠。

今晚夜宿的旅館是 Radisson Blu，它位在馬斯喀特的市中心，馬斯喀特的市中心沒有高樓聳立，卻有幾棟多樓層超大型的購物中心，這裡一年四季都很熱，沒人會想露天逛街。 地勤約了一輛計程車送我們去旅館，車快要到旅館之前經過一個清真寺，這個清真寺叫 Jami Sultan Said bin Taimur，這是由該國卡布斯本賽義德蘇丹建造的奧斯曼風格（Ottoman style）清真寺，以紀念他的父親 Said bin Taimur 蘇丹，而卡布斯本賽義德蘇丹於 2020 年 1 月 10 日逝世，他的堂兄 Haitham bin Tariq 被任命為該國的新統治者。

▲ 由機場赴旅館途中

▲ Jami' Sultan Said bin Taimur 清真寺

進住旅館後，UWA 飛行服務公司電告Bill 他所申請的印度觀光簽證是無法入境印度，飛行機組人員入境印度需要申請商務簽證，UWA 請他多滯留在馬斯喀特一天，他們的工作人員要想辦法在明天試著將他的觀光簽證改成商務簽證。 我們的下一個航程就會飛到印度，如 Bill 因簽證關係不能入境印度，我們就得一天飛3段航程到泰國清邁，其中兩段航程只是在印度機場技術降落加燃油，在美國這種加了燃油就起飛的行為稱為 Quick Turn。 Bill 因此心情不佳晚上不想出門，筆者於是詢問前台夜晚的馬斯喀特有哪裡值得逛的，前台建議 Mutrah Souq，前台於是叫了一部計程車，並幫筆者與駕駛議好了車資，Here we go 乘車兒去了。

▲ Mutrah Souq 市集

▲ Mutrah Souq 市集內的阿曼手工藝品店

沿路上駕駛先生與筆者用他的手機來溝通，駕駛先生輸入阿拉伯文到手機後再翻成英文給筆者讀，筆者回應輸入英文到手機後再翻成阿拉伯文交給駕駛先生讀，一路上的溝通是還算順暢。 從旅館到 Mutrah Souq 是取 1 號快速路向東走，兩地距離是約 19 公里，沿路的基建與建築都做得不錯，車到了 Mutrah High Street 交流道就離開高速公路駛往 Mutrah Souq，沿路擠滿了要去夜市的車輛，街道很擁擠。 駕駛先生說要等筆者逛完夜市後回夜市接筆者回旅館，這裡無停車位，於是約了晚上 8 點半在夜市入口碰面。

Mutrah Souq 是一個保留了傳統阿拉伯市場風味的夜市，這夜市有賣傳統的紡織品、五金和珠寶，阿曼手工藝品、印度手工藝品與古董的商店，但夜市裏頭居然沒有賣吃的，肚子咕嚕咕嚕正在抗議，只得先離開夜市去找吃。 沿著 Mutrah High Street 隨便走時，抬頭一看，山丘上有一座古堡，投射燈光將古堡照射得很壯觀，回到飯店後查了一下資料得知它是穆特拉堡（Mutrah Fort），是一座具有歷史地位的堡壘，堡壘俯瞰著港口，用來防禦馬斯喀特港口免受侵略者攻擊，建於公元 1507 年，直到葡萄牙人占領阿曼期間，才對堡壘進行改建和加固。 白天時穆特拉堡是開放給遊客參觀的，但很不幸現在是夜間，無法參觀，加上筆者當時也只想找吃的。

▲ 穆特拉堡（Mutrah Fort）

▲ 卡布斯蘇丹港（Sultan Qaboos Port）與停泊的卡布斯本賽義德蘇丹的郵輪

走到海港旁的環港大道時，港中有一艘中型郵輪停泊著非常突出，因為整個港口只有這一艘較大型的船隻停泊著，筆者好奇於是去詢問了一個當地人這郵輪的主人是誰，他告訴我這是卡布斯本賽義德蘇丹的郵輪，這個港口的名字叫作卡布斯蘇丹港（Sultan Qaboos Port）。 這就是筆者在先前説過該國蘇丹是夠牛的，有一座城堡位在埃及的沙姆沙伊赫，但這位蘇丹已有 7 年沒去過那座城堡，看守這城堡的衛士與工作人員還是要用他的專機作 3 個月一次的輪調，阿曼最大的蘇丹卡布斯大清真寺是以這位蘇丹命名的，還有這一位蘇丹不知道已經有多少年沒有搭乘這艘郵輪了。 當然這世界上有很多總統、國王、蘇丹、酋長是擁有了巨大的財富與權勢，有眾多人服侍他們，他們所過的生活是我們這些小老百姓難以想像的。 筆者只是一位過客，單純的在埃及的沙姆沙伊赫與阿曼的馬斯喀待了很短的時光，但這位阿曼蘇丹的名字就不時的圍繞著筆者。

肚子好餓，於是沿著環港大道走回 Mutrah Souq，終於在環港大道的路旁看到一排的露天餐廳，萬歲！ 趕快找一家餐廳坐下點了削羊肉片、阿拉伯薄餅、沙拉與哈密瓜果汁。 筆者向四周望去在這裡吃飯的人大多衣著本地服飾，感覺上筆者不單是個外地人而是更像個外星人。 上菜後狼吞虎嚥的將食物掃光，因為所剩間不多，要趕回 Mutrah Souq 的入口等車，筆者雖然有攜帶旅館名片，但在這英文不一定能通，最好還是搭預約好的車子回旅館。 到了 Mutrah Souq 入口，時間是晚上 8 點半，有太多車與人來這逛夜市，就是無法找到預約好的計程車，所幸下車時有索取駕駛先生的手機電話，於是打電話給他，在一陣雞同鴨講後，終於看到他的車輛，一路很滿足的看著沿路的夜景打道回府。

▲ 在 Mutrah Souq 市集露天小吃用餐的著阿曼服飾的客人

▲ 筆者的晚餐

2018 年 5 月 2 日 Muscat, Oman，阿曼 馬斯喀特

早餐時 Bill 說 UWA 電告要到今晚才能知道他的印度觀光簽證是否能被改成商務簽證。 今天就利用時間前往距離旅館不遠的 Oman Avenues Mall 一座多樓層超大型的購物中心逛逛吧，體驗一下馬斯喀特市民的消費能力。

▲ Oman Avenues Mall 內的美國加州漢堡店 Five Guys

▲ Oman Avenues Mall 內的家俱店

Oman Avenues Mall 的面積有 84,500 平方公尺，內有 2 百多家大小商店，這購物中心的建築內外造型現代，室內空間非常寬敞，也光鮮明亮，再次推翻了筆者對中東國家「駱駝、沙漠、綠洲、帳篷」的刻板印象，筆者真是孤陋寡聞，俗話說「行萬里路，勝讀萬卷書」。 美國中部與南部的人民，很多都是一生都沒踏出他們居住的州，甚至還有人一生都沒踏出他們居住的郡，加上教會灌輸他們都是上帝的選民，所以他們都認為自己是居住在世界的中心。

筆者對這購物中心有幾個印象：

1) 馬斯喀特市民消費能力不比美國大城市中產家庭的消費能力差。

2) 美國連鎖餐廳在開放阿拉伯國家的深度扎根。

3) 華為在阿拉伯國家的扎根程度。

4) 任何一個國家或種族的兒童都愛麥當勞的冰淇淋。

晚餐時Bill 說 UWA 飛行服務公司電告無法幫他的印度觀光簽證改成商務簽證，這就代表明天要飛 3 段航程，只能在印度古吉拉特邦的艾哈邁達巴德（Ahmedabad，Gujarat）與西孟加拉邦的加爾各答（Kolkata，West Bengal）作技術降落加燃油，而不入境印度。

這3段航程的飛行距離約 2,450 海浬（4,500公里），又因為向東飛去，泰國與阿曼有 3 小時的時差，含2次的技術降落，總飛行時間約為 11 小時，這就是意義著如果清晨 6 時由馬斯喀特國際機場起飛，降落到泰國清邁國際機場（Chiang Mai，Thailand）時就會是當地晚上 8 點，晚餐後立即用電話與 email 聯絡 Abdul Rab Abbasi 先生，請他安排計程車清晨 5 點來接我們。

▲ 中國華為品牌扎根在阿拉伯國家

▲ 孩子都愛麥當勞的冰淇淋

2018 年 5 月 3 日 OOMS － VAAH － VECC － VTCC

OOMS：Muscat, Oman，阿曼 馬斯喀特

VAAH：Ahmedabad, Gujarat, India，印度 古吉拉特邦 艾哈邁達巴德

VECC：Kolkata, West Bengal, India，印度 西孟加拉邦 加爾各答

VTCC：Chiang Mai, Thailand，泰國 清邁

我倆清晨 5 點 20 分就到了機場，Abdul Rab Abbasi 先生領著我們一路暢通無阻的經過移民與海關走到了距離航站大門最遠的登機口搭機場接駁車去停機坪。 到了停機坪後約 10 分鐘油罐車駛來加 Jet-A 燃油，燃油共添加了156 加侖，UV Air合約價是每加侖美金 2.57 元。 照片中穿黃色背心的那位就是 Abdul Rab Abbasi 先生。回家後收到多張這段行程的 UWA 帳單；地勤公司服務費與機場費用的美金 3,289 元，OBBI 至 OMMS 間的導航費及氣象服務費的美金 133 元。 讀者如覺得該費用美金 3,289 元很貴，筆者也完全同意，但等到下面章節提到印度兩個機場的收費，各位就不會覺得這裡的收費是昂貴的。

▲ 在 OOMS 機場與地勤代表 Abdul Rab Abbasi 先生合影先生

第 12 段航程 OOMS － VAAH

今天的第 1 段航路是由巴林馬斯喀特國際機起飛，飛越阿拉伯海（Arabian Sea）後降落在印度的艾哈邁達巴德國際機場（Ahmedabad International Airport，VAAH）。飛行計劃是：OOMS DCT MCT G216 ALPOR M504 TELEM G210 VASLA DCT VAAH。航路的解釋為：馬斯喀特國際機場（OOMS）起飛，直飛 MCT VOR，接 G216 號航路飛往 ALPOR 航點，接 M504 號航路飛往 TELEM 航點，接 G210 號航路飛往 VASLA 航點後，直飛艾哈邁達巴德機場（VAAH）。巡航高度是先爬升到 FL370 後再爬升到 FL390，筆者不了解 UWA 為何規劃階層式的爬升，大型民航機因航程初期因重量很重需要在較低的巡航高度先巡航數小時消耗掉部分燃油重量減輕後再爬升到較高的巡航高度。但 Eclispe 500 型飛機在正常的外氣溫度下可直接爬升到 FL410。

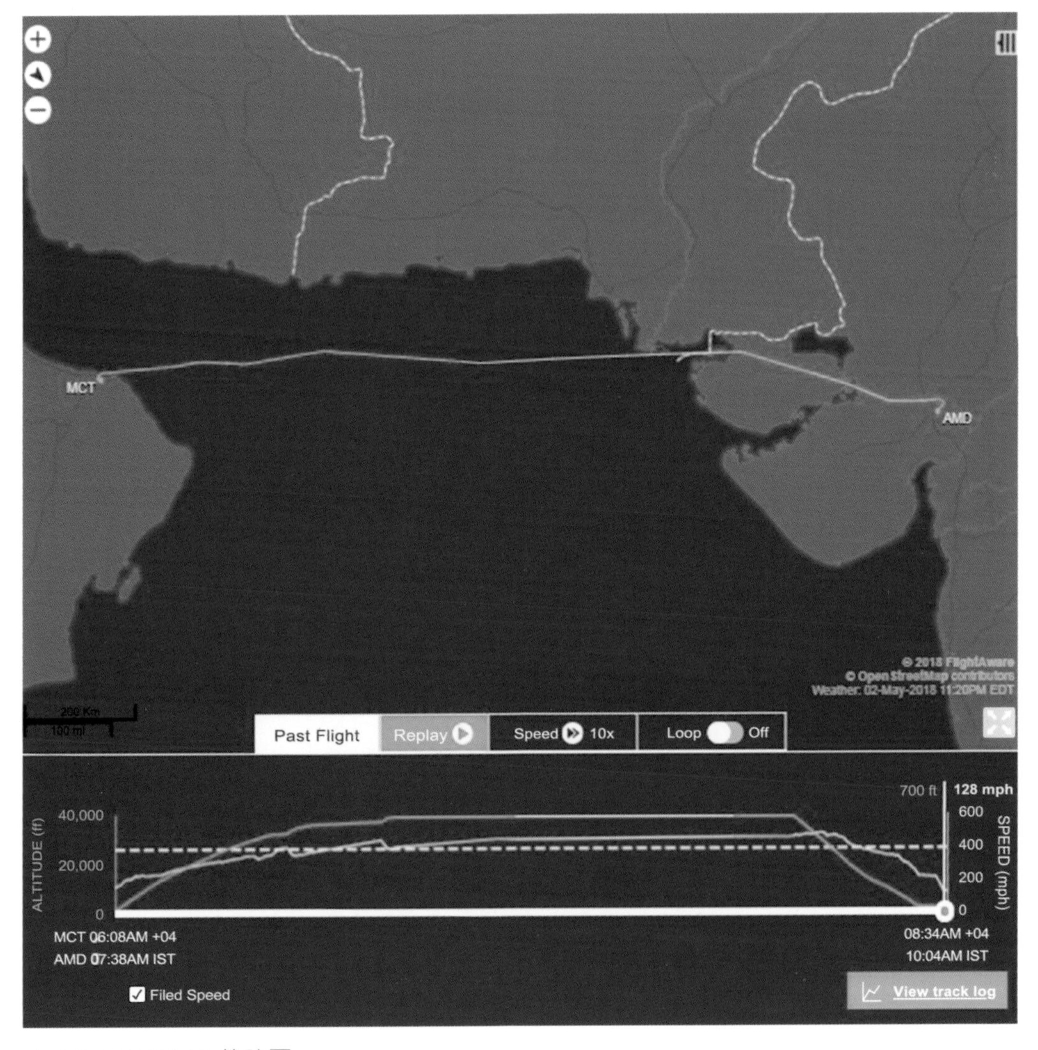

▲ OOMS 至 VAAH 航跡圖

▲ 俯瞰印度無規章式的大大小小農田

飛機於阿曼時間上午 6 點 08 分由馬斯喀特國際機場的 26 號跑道起飛，依循著 G216 號航路飛行了約 170 海浬就抵達了ALPOR 航點，抵達該航點前，馬斯喀特飛航情報區將導航工作移交給了巴基斯坦的卡拉奇飛航情報區（Karachi FIR），ALPOR 航點是兩個飛航情報區的交換點。卡拉奇飛航情報區航管無線電通訊的雜音很強，好像與無線電台距離很遠？而且航管要我們通報飛機讀現在位置的座標、時間與高度，因無線電通訊的雜音很強，加上航管口音有點重，在通訊與回報上有點吃力。G216 航路與巴基斯坦海岸是平行的，兩個平行線的相距約 60 至 70 海浬，沒有理由雷達照不到？無線電通訊也應該很清晰才對？這區域也是南亞國家與阿拉伯國家的民航班機的通道，卡拉奇飛航情報區航管是沒有理由在雷達銀幕上看不到我們，筆者到現在還是很納悶，尤其是巴基斯坦與印度是這麼的敵對，且兩個國家又是如連體嬰的靠在一起，兩國的雷達肯定 24 小時監視著對方，沒有理由看不到我們這架巡航在 FL390 的小飛機，有機會要去詢問常飛 G216 或 M504 航路的民航機組朋友來解惑。

在卡拉奇飛航情報區飛行了 420 海浬後來到了TELEM 航點，TELEM 不僅是卡拉奇飛航情報區與印度孟買飛航情報區（Mumbai FIR）的交換點，也在位在兩國的疆界上，導航工作移交給了孟買飛航情報區，我們就要適應印度式的英文口音了。進入印度的領空後俯視大地，農田都不是成井字型的規律分布，都是無規章式的大大小小的農田，這是在一個人口眾多的古老國度會發生的現象，一代代父傳子分財產與土地時會將土地愈分割愈小，也會呈不規則形狀，大大小小的農田的生產力是極差。台灣早期的農地也是如此，但在 1970 年代開始實施農地整合重劃後，農業的生產力與效率得到顯著的提升。讀者可用 Google Map 搜尋「Ahmedabad」後，用衛星圖去觀看該城市周圍的農田就可印證到筆者的描述，然後再將 Google Map 移到台灣嘉南平原，就可看到農田都是呈矩形，這是農地整合重劃的結果。

艾哈邁達巴德國際機場的全名稱很長，Sardar Vallabh Bhai Patel International Airport。 今天的進場使用 23 號跑道，該跑道的尺寸是 11,500 x 150 英呎，進場程序是過了 VASLA 航點後航管給了雷達導航去銜接 ILS 23 定位器的進場航路，飛機於印度標準時間上午 10 點 04 分降落在 23 號跑道，飛行時間是 3 小時 04 分鐘，飛行距離是 845 海浬。

艾哈邁達巴德是印度古吉拉特邦（Gujarat）的首都也是該邦最大的城市，它是印度重要的經濟和工業中心和第二大棉花生產地。 難怪在沿著 ILS 23 定位器航道進場時，由駕駛艙望去是工廠林立，而先前所看到的農田應該大部分是棉花田吧？

▲ 地勤代表與印度移民官海關在比手畫腳

▲ 第一次看到有這麼多人陪者加燃油且加油工是坐在高凳上

前導車將我們引導到了該機場國內航站旁的 5 號停機坪，UWA 特約地勤公司，KC Aviation PTE 的 2 位地勤已等候在停機坪，寒暄過後，油罐車隨後到位，加燃油前加油工先將小量的 Jet-A 燃油注入一個透明的玻璃瓶，蓋上瓶蓋後用手搖轉玻璃瓶使燃油在瓶內旋轉，再將玻璃瓶舉起要求筆者檢查玻璃瓶內的燃油是否含有雜質與水分，並要求筆者簽字畫押才同意為飛機添加燃油。 但是過了一陣子加油工還是沒有動作，好像是在等候某種許可，等了約 10 幾分鐘後，一輛廂型車駛過來，開門後下來 3 為男士與一位女士，首先 1 位地勤站在一旁與那 4 位在飛機旁開會，開會完後其中一位穿著紅色花格子襯衫的男士與穿著傳統服裝的女士走到機翼旁後，燃油工才拿一個高凳子到機翼的加油口，坐穩後才開始為飛機添加燃油，這時一位穿著紅色花格子襯衫的男士與穿著傳統服裝的女士好像在旁監督。 筆者自飛行開始從來沒有遇到這種狀況，於是私下問地勤這是怎麼回事，地勤告知其中兩位穿白色襯衫的是移民官，而穿著紅色花格子襯衫的男士與穿著傳統服裝的女士是海關。 他們來到停機坪一方面是他們的職責，另一方面沒有見過 Eclipse 500 機型，因為這是 Eclipse 500 機型第一次降落在這機場，過程中他們在飛機前合影留念。

當時一共有 13 位人員在現場伺候著 N287WM；2 位地勤、2 位移民官、2 位海關、2 位加燃油工作人員、1 位機場警察、4 位機場工作人員。 印度什麼不多，但就是人多，但這麼多人伺候是會有意想不到的代價的。

上次去洗手間是在清晨 5 點 30 分，現在是印度準時間上午 10 點 30 分，Bill 與我已經有 4 小時半沒有上廁所，有急迫的內急，但是這次的降落是技術降落，加燃油不入境，所以不能去到航空站內上洗手間，於是問地勤哪兒可方便，地勤與機場工作人員及警察討論後，一位工作人員帶領我們到停機坪的另一端的白色機棚內上洗手間，白色機棚內很暗沒有人工作，可能都去準備吃午餐吧？ 這洗手間相較於台灣加油站洗手間的標準真是慘不忍睹。

燃油共添加了 164 加侖，UV Air 合約價是每加侖美金 3.91 元。 回家後收到幾張 UWA 帳單，地勤公司服務費與機場費用的美金 4,296.30 元，OOMS 至 VAAH 間的導航費及氣象服務費的美金 125 元，及飛越巴基斯坦的 Overfly 費用的美金 168 元。 艾哈邁達巴德機場費用中收了美金 825 元的移民海關規費，而且連燃油也要支付關稅，沒有 Duty free，在這機場只蜻蜓點水般的停留了 1 小時 40 分鐘，並沒有入境印度，連一間像樣子的洗手間也沒有提供給我們，荷包就失血了美金 4,940 元，印度機場的收費驚人的高，看到 UWA 的帳單時筆者都傻掉了！ 印度什麼服務都沒有，但收費卻是多多。

關機艙門前筆者還需要簽字認可「Arms Declaration」，保證 N287WM 機艙內沒有爆裂物、武器槍械、彈藥、毒品、金、銀等等！印度什麼服務都沒有，但文件卻是多多。

▼ VAAH 停機坪全景 － 紅色圈機棚是解放內急之處

KC AVIATION PTE LTD #101188 Trip #118024426
Exchange Rate: 1.00000000 US dollar: 3,941.56

No.	Date	Airport	Item	Note	Amount	Total
6	03-May-18	VAAH	HANDLING SUPERVISION		445.00	
7	03-May-18	VAAH	COMMUNICATIONS		150.00	
8	03-May-18	VAAH	CUSTOMS / IMMIGRATIONS		825.00	
9	03-May-18	VAAH	LANDING PERMIT		380.00	
10	03-May-18	VAAH	PERMIT REVISION		293.00	
11	03-May-18	VAAH	CUSTOMS FEES	FUEL DUTY	42.47	
12	03-May-18	VAAH	LANDING FEES		6.43	
13	03-May-18	VAAH	NAVIGATION FEES		32.79	
14	03-May-18	VAAH	HANDLING FEES		495.83	
15	03-May-18	VAAH	VENDOR ADMIN FEE		204.34	
16	03-May-18	VAAH	GOODS AND SERVICES TAX		281.98	
17	03-May-18	VAAH	AGENT TRAVEL EXPENSE		259.40	
18	03-May-18	VAAH	AGENTS FEE		525.32	
19	03-May-18	VAAH	UWA ADMIN FEE		354.74	4,296.30

▲ VAAH 機場 技術降落收費明細

第 13 段航程 OOMS – VAAH

第 2 段航程是由印度的西邊飛越印度抵達最東邊的大城市西孟加拉邦的加爾各答國際機場（Kolkata International Airport，VECC）。飛行計劃是 VAAH DCT AAE W40 BPL A791 CEA DCT VECC：艾哈邁達巴德機場（VAAH）起飛，直飛 AAE VOR，接 W40 號航路飛往 BPL VOR，接 A791 號航路飛往 CEA VOR，直飛加爾各答國際機場（VECC）。巡航高度是先爬升到 FL370 後再爬升到 FL410。

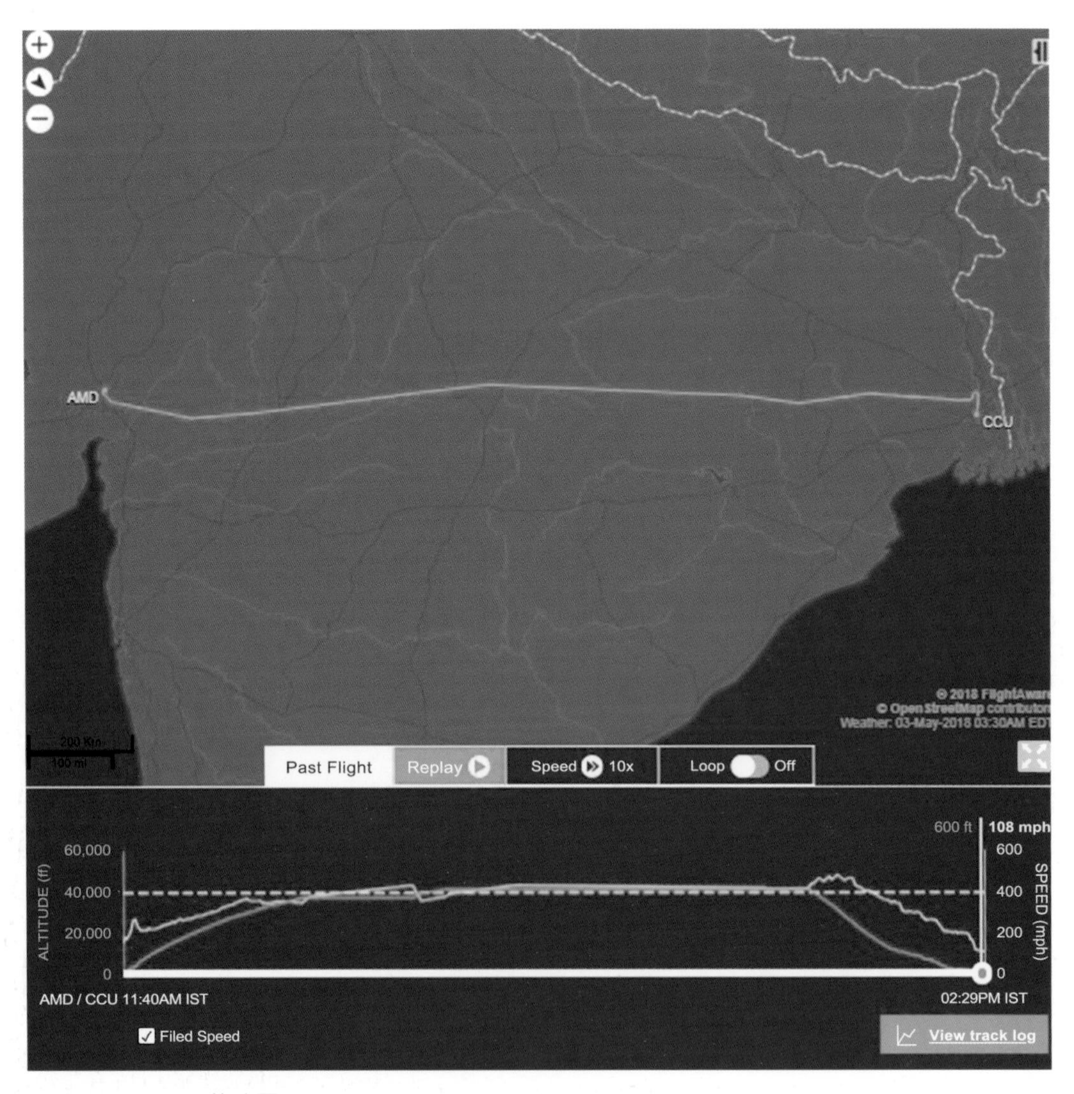

▲ VAAH 至 VECC 航跡圖

▲ VECC 通用航空停機坪 – 還是一群人陪著加燃油但卻沒有提供解放內急的場所

飛機於印度標準時間上午 11 點 40 分由艾哈邁達巴德國際機場 23 號跑道起飛，機場塔台將導航交給孟買飛航情報區，航管就發出 intercept and join W40 航路的指令，約 30 分鐘爬升到 FL370 的巡航高度，印度的大地景觀千篇一律都是無規章式的大小農田。 巡航在 FL370 不到 10 分鐘航管就給了爬升到 FL390 的許可，過了約 30 分鐘航再給了爬升到 FL410 的許可。

從起飛後約 420 海浬時就接近了 JJB VOR，孟買飛航情報區就移交導航給加爾各答飛航情報區（Kolkata FIR），JJB VOR是這 2 個飛航情報區的交換點，該航點的位置在印度國土東西最寬兩點的中心，而最寬兩點的距離是 1,150海浬。 JJB VOR 位在賈巴爾普爾機場（Jabalpur Airport）之內，賈巴爾普爾市為印度中央邦（Jabalpur，Madhya Pradesh）的第三大城市。 大約由此開始大地被低雲層所遮蓋著，就無法觀察到印度東部的大地景觀了。

在飛行中 Bill 經常指正筆者飛行上的缺點，他以航空公司的駕駛艙的 SOP 來指教筆者，雖然他不具備 Eclipse 500 的 Type Rating，但是飛行就是飛行，他有 30,000 小時以上的飛行時數，筆者在這次飛行中改正了不少業餘飛行員的不專業的動作，在此感謝他！

加爾各答國際機場（Kolkata International Airport，VECC）的全名也同樣很長，Netaji Subhash Candra Bose International Airport。 今天的進場使用 19L 號跑道，該跑道的尺寸是 11,899 x 150 英呎，加爾各答進場台給了雷達導航去銜接 ILS 19L 定位器的進場航路，飛機於印度標準時間下午 2 點 29 分降落在 19L 號跑道，飛行時間是 2 小時 49 分鐘，飛行距離是 925 海浬。

加爾各答是印度西孟加拉邦的首都，它位在Hooghly河的東岸，距離東邊的孟加拉國邊界約 44 海浬（80公里）。 加爾各答市是印度東部的商業和金融樞紐，也是印度東北的主要海空陸運的樞紐，它是印度第三大城市經濟體，450 萬人口，是印度第七大城市，加爾各答港是印度最古老的港口，也是印度唯一的主要內陸河港。

前導車將我們引導到了該機場北邊停機坪，UWA 特約的地勤公司，KC Aviation PTE 有 2 位先生已等候在停機坪，寒暄過後，油罐車隨後到位，這裡加燃油前工作人員還是先將小量的 Jet-A 燃油注入一個透明的玻璃瓶，蓋上瓶蓋後用手搖轉玻璃瓶使燃油在瓶內旋轉，在將玻璃瓶舉起要求筆者觀察玻璃瓶內的燃油是否含有雜質與水分，並要求筆者簽字畫押才同意為飛機添加燃油。 但是這回沒有移民官、海關、機場警察到場監督。 燃油共添加了 180 加侖，UV Air 合約價是每加侖美金 2.48 元。

加燃油時筆者望向四周沒有機棚或建築，於是去就問地勤哪可上廁所，結果地勤告訴我們「找個稍微隱蔽之處就地解決吧」！什麼啊！這就是印度的待客之道嗎？ 機場與地勤完全沒有提供基本的服務，那麼收費就應該很低嗎？要這麼想就大錯特錯了，印度收費絕不手軟，如艾哈邁達巴德國際機場一樣，不管是否有使用機場設施或與服務，還是全部照章收費！ 回家後就收到 UWA 帳單共美金 3,926.49 元。 在加爾各答國際機場停留的時間只 1 小時 10 分鐘。 環球飛行的過程中，印度機場的收費最不合理，但也只能心痛默認了。 回到家後曾向 UWA 提出申訴，但 UWA 也是兩手一攤。

我們雖然只在印度的天空與地面上沒有待多久，對印度的感受是服務質與量是遠遠低於收費程度，還有印度的農田沒有被重劃過，均是無規律大大小小的分布。

KC AVIATION PTE LTD #101189 Trip #118024426
Exchange Rate: 1.00000000 US dollar: 3,602.29

20	03-May-18 VECC HANDLING SUPERVISION		445.00	
21	03-May-18 VECC COMMUNICATIONS		150.00	
22	03-May-18 VECC CUSTOMS / IMMIGRATIONS		825.00	
23	03-May-18 VECC LANDING PERMIT		380.00	
24	03-May-18 VECC AIRPORT FEES	ENTRY PASS	1.49	
25	03-May-18 VECC LANDING FEES		87.77	
26	03-May-18 VECC NAVIGATION FEES		28.18	
27	03-May-18 VECC PARKING FEES		0.79	
28	03-May-18 VECC HANDLING FEES		346.83	
29	03-May-18 VECC VENDOR ADMIN FEE		199.21	
30	03-May-18 VECC GOODS AND SERVICES TAX		274.93	
31	03-May-18 VECC AGENT TRAVEL EXPENSE		152.63	
32	03-May-18 VECC AGENTS FEE		710.46	
33	03-May-18 VECC UWA ADMIN FEE		324.20	3,926.4

▲ VECC 機場不提供解放內急場所但一個多小時的技術停留的收費絕不手軟

第 14 段航程 VECC － VTCC

今天的第 3 段航程是由加爾各答國際機場起飛，飛越孟加拉與緬甸後抵達泰國北部的清邁國際機場（Chiang Mai International Airport，VTCC）。飛行計劃是 VECC DCT SUMAG B465 MDY R207 SISUK DCT VTCC：加爾各答國際機場（VAAH）起飛，直飛 SUMAG 航點，接 B465 號航路飛往 MDY VOR，接 R207 號航路飛往 SISUK 航點，直飛清邁國際機場（VTCC）。巡航高度是先爬升到 FL390 後再爬升到 FL410。

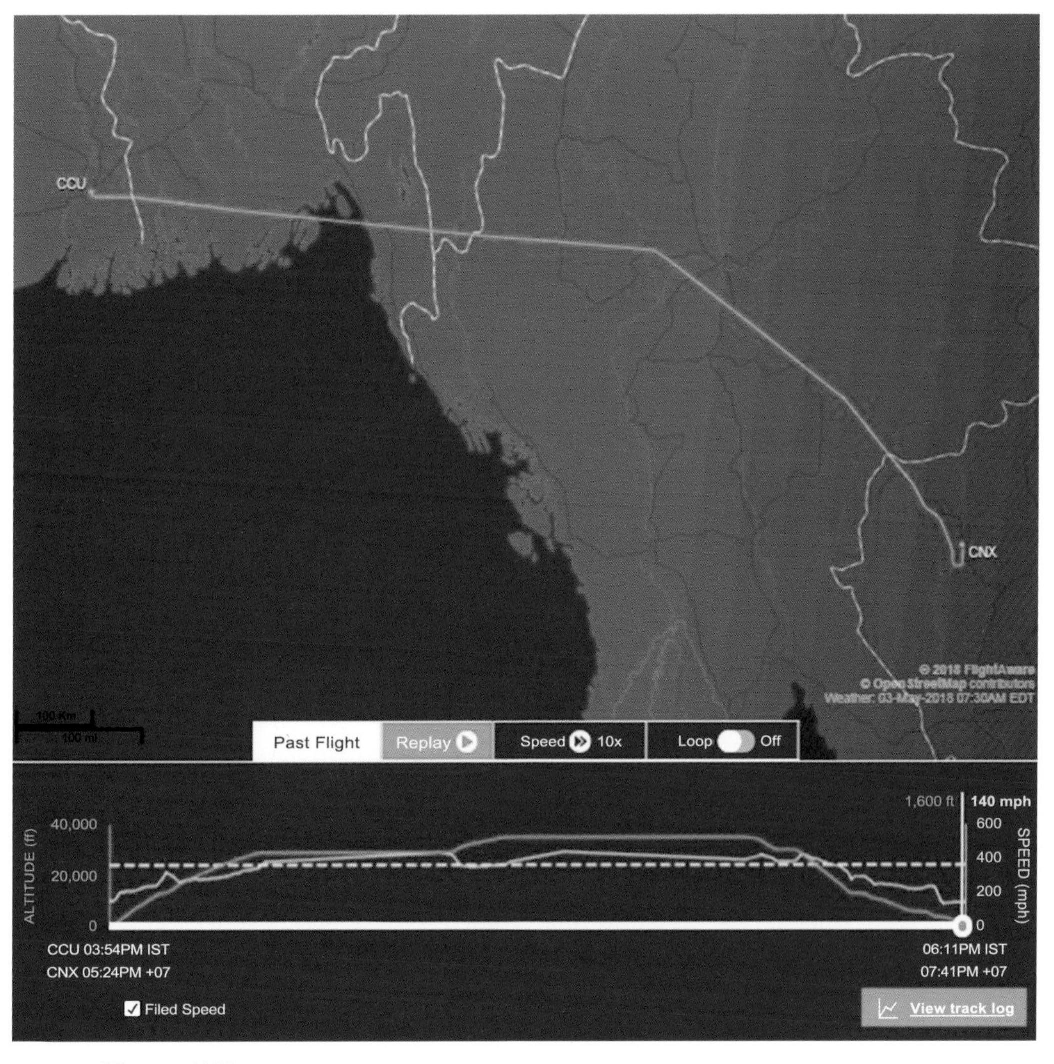

▲ VECC 至 VTCC 航跡

飛機於印度標準時間下午 3 點 54 分由加爾各答國際機場的 19L 號跑道起飛，當機場塔台將導航交給加爾各答離場台約不到 10 分鐘，飛機就到達了 SUMAG 航點，在這航點前加爾各答飛離場台就把導航交給孟加拉的達卡飛航情報區（Dhaka FIR），SUMAG 航點是位在兩國的國界上，亦是兩個航管單位的交換點。 達卡飛航情報區的無線電通訊品質不良，且又要求我們通報飛機位置的座標，巴基斯坦與孟加拉飛航情報區的作業方法類似。 飛過 SUMAG 航點後銜接 B465 號航路向東飛去約 200 海浬就接近了 APAGO 航點，到這個航點就代表飛機已經離開了孟加拉進入緬甸的國境，當然飛機在接近 APAGO 航點前孟加拉飛航情報區就移交導航給緬甸仰光飛航情報區（Yangon FIR）。 過 APAGO 航點飛行 193 海浬就抵達 MDY VOR，這座 VOR 導航台是位在緬甸第 2 大城市曼德勒（Mandalay）的市中心的機場內。曼德勒是緬甸的經濟中心，也被認為是緬甸文化的中心。 此時筆者就想到孫立人將軍，1942 年 4 月的第二次世界大戰時的孫立人將軍率新 38 師中國遠征軍進駐緬甸曼德勒，孫將軍被任命為曼德勒衛戍司令負責指揮曼德勒會戰。 4 月 14 日，大英帝國的緬甸軍步兵第 1 師及裝甲第 7 旅被日軍包圍於仁安羌，糧盡彈缺，水源斷絕，陷於絕境。 孫將軍奉英軍羅卓英將軍之請託，命劉放吾團長率領 113 團星夜馳援，該團在 4 月 16 日下午 4 時就趕到巧克伯當，英緬甸軍司令斯利姆將軍於 17 日早親自前往 113 團部會晤劉放吾團長，斯利姆將軍命令劉放吾團長的 113 團乘汽車至平牆河地區會同安提司准將之戰車攻擊消滅平牆河北岸約 2 英哩公路兩側之日軍。 18 日凌晨 113 團會同英軍戰車向日軍發起猛烈攻擊，至晌午即攻克了日軍陣地，殲敵日軍 1 個大隊，解救出被日軍包圍的英國南方軍區司令哈羅德亞歷山大上將、威廉斯利姆中將、7,000 餘位英軍，同時也救出被日軍所俘虜的美國傳教士各國的新聞記者及婦女 500 餘人。 仁安羌大捷是中國遠征軍入緬後第 1 個勝仗，孫立人以 1 個團，不滿 1,000 人的兵力，擊退數倍人數的日軍，解救出近 10 倍人數的英軍，但這位善戰的將軍因為不是黃埔軍校畢業，在他的軍旅生涯中，常被黃埔排擠，最不可思議的是被心眼狹小的蔣介石妒忌他的能力，最後被蔣家父子以莫須有的罪名軟禁了 30 餘年。 蔣介石所領導的國民黨除了不得民心外最糟的是他「忌才」，會失敗的這麼徹底不是沒有道理的。

飛越 MDY VOR 後，飛機轉向東南依循 R207 號航路飛往 SISUK 航點，SISUK 航點是仰光飛航情報區與泰國曼谷飛航情報（Bangkok FIR）的交換點，位在兩國的國境上，飛越 SISUK 就進入泰國的領空了。 這時飛機左邊的積雲被夕陽照射得非常壯觀，但是這壯觀景緻的背後是飛機在降低高度時將穿過積雲，積雲內部一定會有雷雨與擾流（Turblent），清邁國際機場的周圍就有高山環繞，機場的西邊約 6 公里處就有一座 1,690 公尺的山峰，劇烈的擾流幾乎是不可避免的。

▲ 航程中雲層被夕陽照射景緻非常壯觀美麗

▲ 雷雨積雲形成中

清邁國際機場的到場程序是 LAMUN 1A，進場程序是 ILS 36，使用 36 號跑道，該跑道的尺寸是 11,155 x 145 英呎，飛機沿著 R207 航路飛到 LAMUN 航點時就開始依照著 LAMUN 1A 到場程序中的航路到場，清邁進場台航管給予的高度去銜接 ILS36 的起點 MAKOK（Initial Fix，IF），再依循 ILS 36 進場降落。 飛越 SISUK 航點後飛機就開始降低高度，這時天色已暗飛機也進入雲層中，打開的機上的氣象雷達，怪怪！PFD 銀幕上是一片黃與紅色的顯示，代表前方是大雷雨，將機上引擎進氣口除冰啟動，雲裡有連續閃光代表周遭在打雷，依循 LAMUN 1A 到場程序時，擾流愈來愈劇烈，趕快左手抓緊控制桿（York）右手放在油門桿上，降低空速到每小時 140 海浬（140 Knots, Kn），飛機被強烈上升與下沉的繞流衝擊時，自動駕駛會自動跳脫的，終於一次非常強烈下沉的繞流衝擊飛機使筆者與Bill 的頭都撞到了駕駛艙上的天花板，自動駕駛也跳脫，因雙手與心理都有準備，得以迅速的將飛機的狀態矯正，這時的高度是 10,000 英呎，飛機正下方的有 5,978 英呎（1,822公尺）的山峰。 在接近 MAKOK 前，清邁離場台發出 Intercepet ILS 36 localizer，clear for ILS 36 approach 的許可後，筆者將飛機導航由 GPS 轉到 LOC，這時飛機高度已經降到 5,600英呎，並持續向 3,500 英呎下降，在離機場 36 號跑道 10 海浬處，ILS 的下滑導引被啟動（Glideslope alive），這時飛機出了雲底層，可以看到 36 號跑道燈與清邁市區的燈光。

飛機於泰國時間下午7 點 41 分降落在 36 號跑道，飛行時間是 2 小時 47 分鐘，飛行距離是 729 海浬。 今天飛了一共 8 小時 40 分鐘，總飛行距離是 2,499 海浬，今天飛越了阿曼、巴基斯坦、印度、孟加拉、緬甸與泰國共 6 個國家。 下機前先檢查機艙後的行李，雖然行李都是被牢牢的固定著，但是經過強烈的擾流後，行李雖還是被震得東倒西歪了。

前導車將我們引導到了 1 號停機坪位置，1 號停機位置就在塔台旁，也是在國際航站的旁邊。 UWA 泰國分公司的 2 位地勤女士到場迎接，其中 1 位是 Somgulaya Parithong 女士，她是 UWA 資深營運官。 這時已是晚上 8 點多，由今晨 4 點起床是 13 個小時之前，現在只想趕快入境乘車去飯店，再出去找晚餐吃。 今早阿曼的 Radision Blu 旅館幫我們準備了餐盒（當然不好吃），這餐盒內的食物就是我們今天的飛行口糧。 地勤知道我們的需求後就迅速的帶領我們入境，所幸該航站很袖珍，沒幾步路就出了航站大門，在途中當然先上了洗手間，走出大門後地勤所安排的9人座廂型車已航站出口等候我們，服務真週到！ 今晚夜宿旅館是 Holiday Inn，位在機場正東方 4 公里處，清邁是區內的路都不寬又不直，所以車程要花約 15 分鐘，Holiday Inn 的位置是在貫穿清邁市的 Ping River 旁邊。

前往旅館的路途上押車先生非常健談，給了我們在 13 小時行程的勞累一些歡樂。 這家 Holiday Inn 的客房之大，有客廳、書房、臥室、浴室，一個晚上的房價約美金 60 元，可稱得上價廉物美，事實上筆者在客房內時還差點迷了路。 安頓完畢後就領著 Bill 去旅館後面路上一家泰國式熱炒店吃晚餐，讓 Bill 體驗一點南亞風味。

2018年5月4日 VTCC – VVDN – RCSS

VTCC：Chiang Mai, Thailand，泰國 清邁
VVDN：DaNang, Vietnam，越南 峴港
RCSS：Taipei, Taiwan，台灣 台北松山

原本規劃的行程是今天在越南峴港（DaNang，Vietnam）入境住一個晚上，短暫的體驗一下越南，但是 Bill 說他不想在越南停留，他想早一點飛回到美國，於是行程變更成今天要飛 2 段航程，第 1 段航程是在峴港國際機場技術降落補充燃油，第 2 段航程就直飛台北松山機場。

筆者今早起床後心中非常激動，今天終於能自己駕駛自己飛機飛回到自己的出生地，筆者平生第一次搭乘飛機是在 1978 年 7 月 8 日，由台北松山機場搭乘華航的 B747-SP 直飛舊金山展開了筆者赴美讀研究所的人生旅程。 光陰如箭，一晃就是 40 年，當初茂盛黑髮的年輕人，現在已是 63 歲頭頂上也沒有剩下幾根毛的老頭子，當初出國留學時，絕想不到 40 年後能夠駕駛自己飛機環球飛行，更無法想像能降落在台北。 筆者因經營事業所需，一生中通勤太平洋兩岸近 700 餘次，但那些旅程都是乘坐航空公司的班機，與自己駕機飛回台灣是截然不同的。

▲ 剛到美國讀研究所的筆者

▲ 早上的清邁

早上 7 點 45 分，昨晚送我們到旅館的 9 人座廂型車已在等候旅館前，今天的押車是昨天押車先生的妻子，夫唱婦隨一起打拼賺錢。清邁的街道與交通狀況與台灣很類似，汽車與機車並行，唯一不同是道路走左邊，駕駛座在右邊。到了機場後看到兩位地勤女士在國際機場入口處迎接我們，一路領著我們經過移民與海關，油罐車昨晚就把 Jet-A 燃油加好，燃油共添加了 164 加侖，UV Air 合約價是每加侖美金 2.70 元。回家後收到玲瑯滿目的 UWA 帳單；地勤公司服務費與機場費的美金 2,956元，飛越孟加拉的導航費與 Overfly 的美金 654 元，飛越緬甸 Overfly 的美金 35 元，及 VECC 至 VTCC 的導航費的美金 207 元。

▲ 在 VTCC 機場與地勤合影

▼ VTCC 機場全景

第 15 段航程 VTCC － VVDN

第 1 航段的飛行計劃航路是 VTCC DCT UTTAR W16 CMP W43 OKENA A202 SAV R328 HUE DCT VVDN：清邁國際機場（VTCC）起飛，直飛 UTTAR 航點，接 W16 號航路飛往 CMP VOR，接 W43 號航路飛往 OKENA 航點，接 A202 號航路飛往 SAV VOR，接 R328 號航路飛往 HUE VOR，直飛峴港國際機場（VTCC）。 巡航高度是先爬升到 FL370 後再爬升到 FL410。

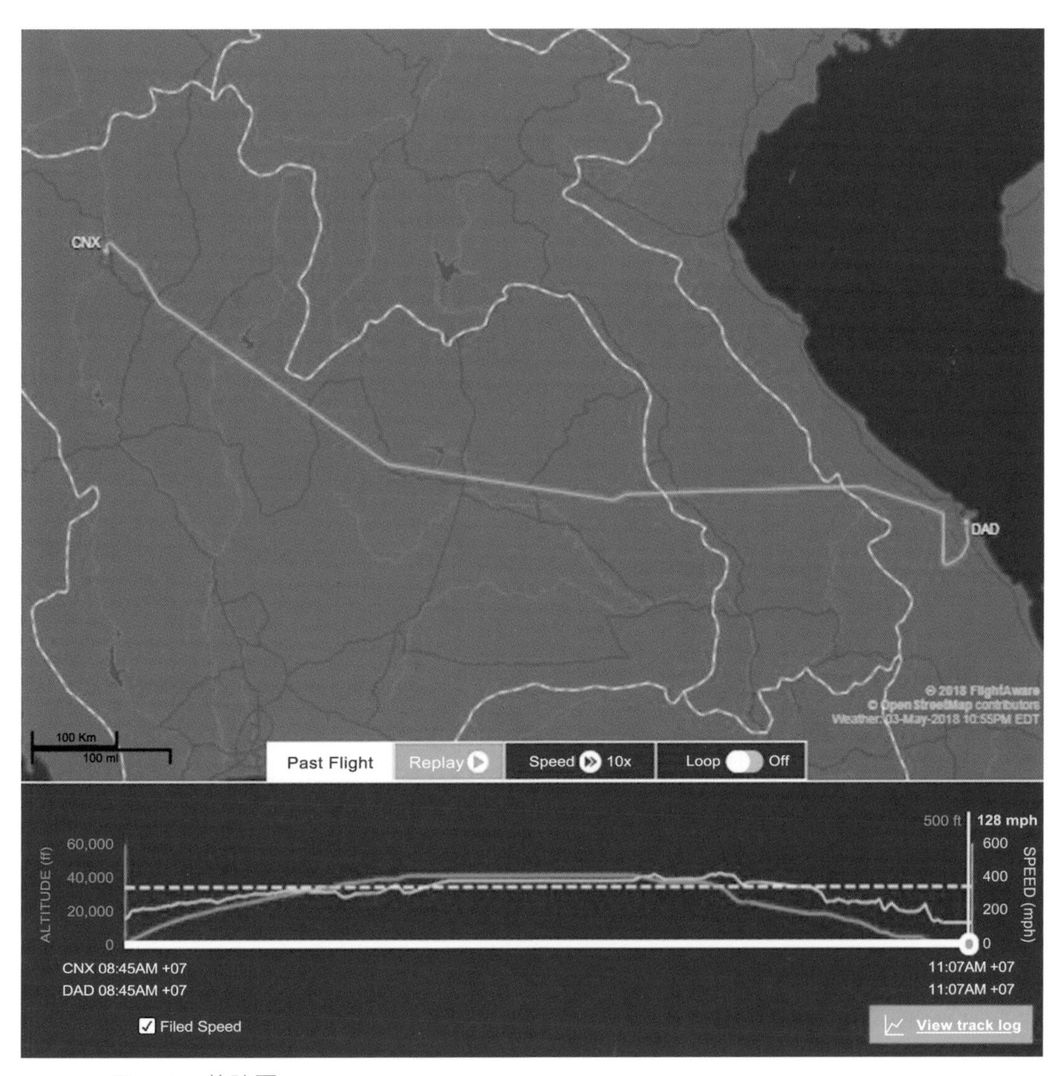

▲ VTCC 至 VVDN 航跡圖

飛機於泰國時間上午 8 點 45 分由清邁國際機場 36 號跑道起飛，起飛後機場塔台將導航交給清邁離場台，之後再交給曼谷飛航情報區，飛行約 380 海浬，就到了 SAV VOR，這個 VOR 導航台是座落在寮國的沙灣拿吉機場（Savannakhet Airport）之內，沙灣拿吉是現在寮國第 2 大城市，也是沙灣那吉省首府，沙灣那吉意思是天堂裡的城市。 到達 SAV VOR 前曼谷飛航情報區移交導航給寮國的永珍飛航情報區（Vientiane FIR），SAV VOR 是泰國曼谷飛航情報與永珍飛航情報區的交換點。 從沙灣拿吉到越南的國境的距離是約 100 海浬了，在這個緯度，北緯 16 度 30 分，寮國與越南的國境都相當的窄，越南在這個緯度，東西只有 55 海浬。 沿著接 R328 號航路飛到 TORED 航點，TORED 是永珍飛航情報區與越南的胡志明飛航情報區（Ho Chi Minh FIR）的交換點，飛越該航點既進入了越南，導航工作也移交給了胡志明飛航情報區。 過了 TORED 沒多久，導航移交給峴港進場台，該台航管就給雷達導航的飛行方向，先直飛向峴港國際機場，在距離機場約 25 海浬，航管航管就給的 170 飛行方向，今天進場程序是 ILS X 35R，使用 35R 號跑道，該跑道的尺寸是 11,483 x 150 英呎。 飛機向170方向飛行了約 30 海浬航管才給了 030 方向飛行，可能前面有民航客機要降落，應該是航管為控制飛機的間距？

飛機於越南時間上午 11 點 07 分降落在 35R 號跑道，飛行時間是 2 小時 22 分鐘，飛行距離是 658 海浬。 前導車將我們引導到了該機場民航航站與 3 號軍用停機坪之間的停機坪，這個停機坪沒編號但應該是給通用航空飛機停機使用的，因為這停機坪上已經停了兩架通用航空的飛機。 UWA 特約 T&T Aviation 公司的地勤黃先生 Huynh Kien Lan 在停機坪等候我們，黃先生是位年輕人，也是由美國啟程後接待我們的地勤最年輕的一位，越南人民的平均年齡是 29.8 歲，是非常優良的人口紅利。 事實上今天所飛越幾個國家的人口紅利都很高，印度人民的平均年齡是 26.4 歲，孟加拉 25.1 歲，寮國 21.4 歲，勞力密集產業已經在這個地區集中，這是堵也堵不住了趨勢。 2018年 6 月時筆者赴廣州看照明展，該照明展有超過 2,000 個廠商參展，參展人數多達 100 萬人次，筆者印象最深刻是在會場中看不到超過 50 歲的人，筆者是在現場中唯一 60 多歲的人。 在美國的展覽場中，70 歲的參觀者還是隨處可見的。

▼ VVDN 機場全景

▲ 在 VVDN 機場與地勤黃先生合影

與黃先生寒暄後不久油罐車就來到飛機旁，5 月的越南實在好炎熱，一下子就滿身大汗。 Bill 與我都需要上洗手間，就請問黃先生是否能指引我們，黃先生馬上請我們上他的車子載我們到民航航站，下車後帶領我們穿過機場地勤作業的辦公室，讓我們使用辦公室的洗手間。 在過程中黃先生就跟筆者説他希望有一天也能像筆者一樣能自駕飛機環球飛行，筆者就建議因為越南沒有通用航空的現實，他應先去考航空公司的機師，只有先踏入航空業後才有機會來完成自駕飛機環球飛行的人生目標，而這個目標可能要數十年的堅持才有機會達成。

回到停機坪時，燃油已添加完畢，燃油共添加了 145 加侖，UV Air 合約價是每加侖美金 3.09 元。 回家後收到多張 UWA 帳單；地勤公司服務費與機場費的美金 865 元，機場降落許可美金 628 元，飛越寮國 Overfly 費的美金 82 元，及 VTCC 至 VVDN 的導航費的美金 276 元。

▲ VVDN 機場的軍用機棚內的 2 架米格 21（Mig 21）戰鬥機

峴港是越南一個直轄市，如按城市人口計算它是越南的第 3 大城市，位於漢江河口，是越南最重要的港口城市之一。 峴港機場是法國在殖民越南期間所建立的，法國人被驅離越南後，它成為越南共和國的空軍基地，1959 至 1975 年間的越戰，美國陸空海軍與陸戰隊駐紮在這基地，直到 1975 年 3 月 29 日北越軍隊包圍了峴港，美軍與南越軍隊撤離峴港。 越南航空公司從 1951 年至 1975 年使用機場營運國內和國際航班。 該機場的軍用機棚內停有 2 架米格 21（Mig 21）戰鬥機，但看起來好像是不堪用。 文章寫到這裡正好是美軍由阿富汗倉皇撤僑撤軍的 2021 年 8 月底，兩種撤軍相似度甚高，美帝國主義為自私短暫利益，造了不少的惡業，遭受苦難的都是當地無辜百姓，令人不勝唏噓！

第 16 段航程 VVDN － RCSS

飛往台北松山機場的飛行計劃航路是；VVDN DCT DAN A1 IKELA P901 IDOSI DCT ELATO A1 HLG DCT RCSS）：峴港國際機場（VVDN）起飛，直飛 DAN VOR，接 A1 號航路飛往 IKELA 航點，接 P901 號航路飛往 IDOSI 航點，在直飛到接 ELATO 航點，接 A1 號航路飛往 HLG VOR，直飛台北松山機場（RCSS）。 巡航高度是先爬升到 FL370 後再爬升到 FL410。

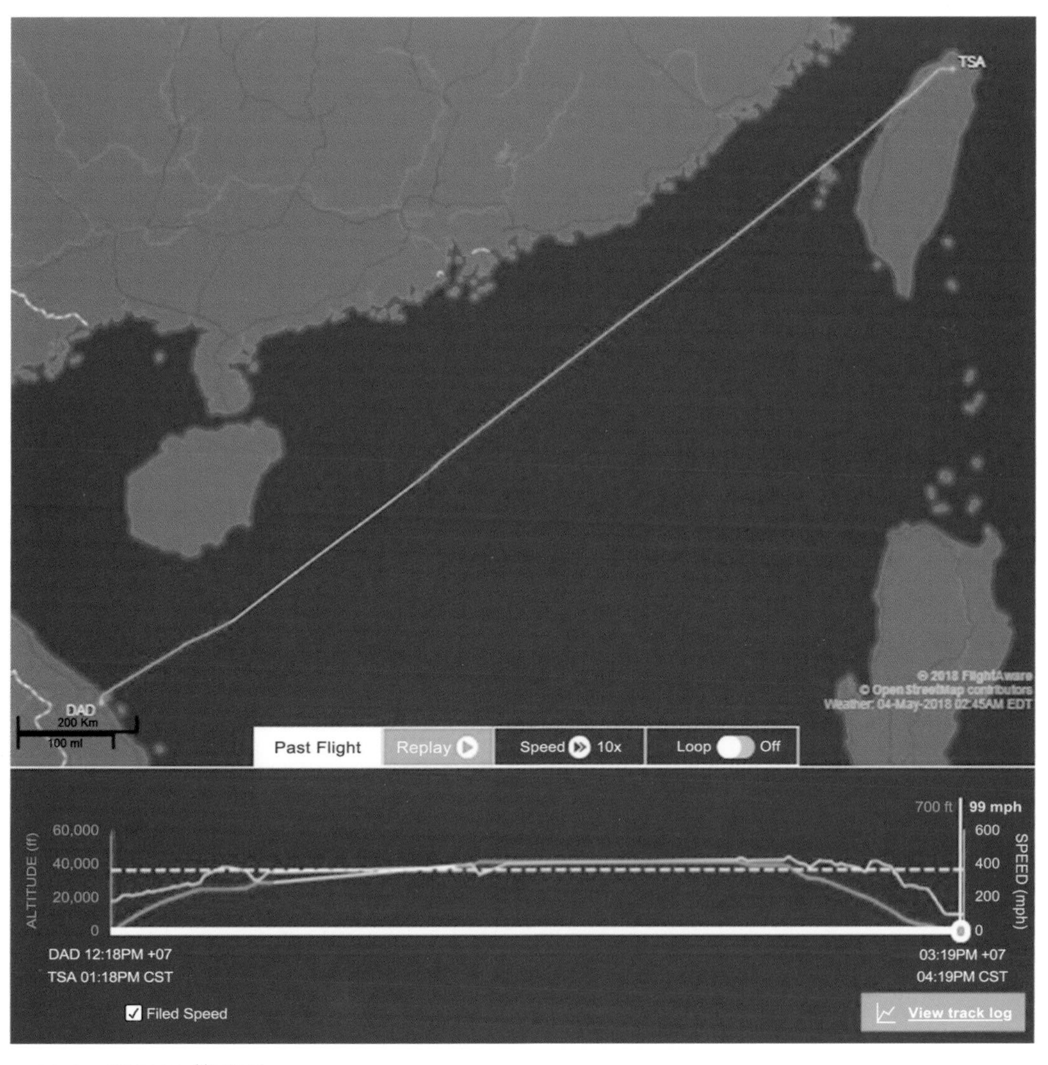

▲ VVDN 至 RCSS 航跡圖

▲ 排隊等起飛前在香港航空 B737-800 後呼吸它的噴射引擎廢氣

筆者印象深刻是飛機準備就緒發動引擎前等候滑行許可 20 分鐘之久，今天這裡晴空萬里，狠毒的 5 月越南太陽照著飛機，加上空氣濕度高，即使不關閉機艙門，駕駛艙的溫度高達攝氏 50 度，小飛機沒有輔助發電機（Accessory Power Unit，APU），全靠電池發動引擎，引擎正常運轉後才能啟動空調，20 分鐘的等候搞得滿身大汗，真是難熬。 終於等到地面台給了滑行許可，立即關閉機艙門，啟動引擎，開啟空調，開始往 35R 號跑道滑行，由空調吹出來的風也是熱的，小飛機的空調是點綴用的，意思意思一下。 今天峴港國際機場很忙碌，峴港機場航站只有 10 個空橋，但在我們前面卻有 3 架航空公司的班機排隊要起飛，我們前面是香港航空的 B737-800，我們在它後面呼吸它的噴射引擎廢氣。

飛機於越南時間下午 12 點 18 分由峴港國際機場 35L 號跑道起飛，起飛後機場塔台將導航交給峴港離場台，飛機爬升到一個高度後導航再交給胡志明飛航情報區，該情報區的航管只給了 FL250 的巡航高度，而這段航程有 960 海浬，如都在 FL250 巡航，飛機到台灣前就沒有燃油了，筆者於是向胡志明航管要求爬升到 FL410 的許可，但該航管回覆他們只能給 FL250，要筆者向下一個情報區，中國三亞（Sanya FIR）提出 FL410 的要求，兩個飛航情報區的交接點是 A1 航路上的 BUNTA 航點，該航點與峴港國際機場的直線距離是 83 海浬。 三亞航管接手後，筆者馬上提出 FL410 的要求，但三亞只給了爬升 FL350 的許可，A1 航路來往南亞與香港之間的民航機是非常頻繁的，大型民航機的巡航音速是至少 0.78 馬赫（Mach），而民航機的巡航高度大多是落在 FL300 至 FL400 之間，如 N287WM 以

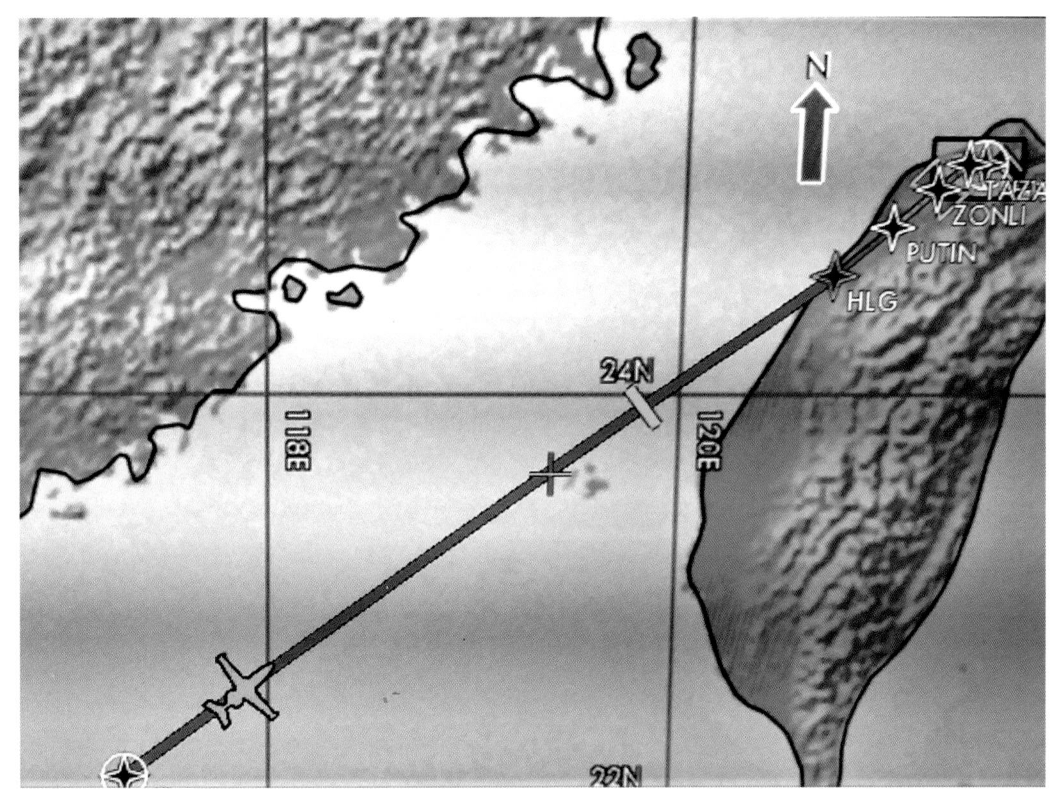

▲ MFD 顯示飛機進入台北飛航情報區

每小時 200 海浬的空速由 FL250 爬升到 FL410 時，就會阻礙到 A1 航路上的大型民航機，這就是為何不給 FL410 的爬升許可，以避免追撞。 但是剩下的航程如只能巡航在 FL350 的話，飛到台灣前所剩下的燃油量絕對低於安全存量，只得再次向三亞航管要求 FL410 的許可，但三亞航管的回應是要筆者向香港飛航情報區（Hong Kong FIR）提出要求，香港國際機場是這個區域的樞紐中心，在這區域的巡航高度想必是由香港飛航情報區來控管的。 三亞航管與中國籍的飛機通話時都是用中文，所以筆者就用中文告訴三亞航管 N287WM 所申請的飛行計劃的巡航高度是 FL410，如果只能在 FL350 巡航，飛到台北前燃油會所剩不多，甚至會飛不到台北，三亞航管非常的幫忙，他馬上與香港飛航情報區聯絡，沒有幾分鐘後就給了爬升到 FL390 的巡航許可，並告訴筆者香港飛航情報區已知道 N287WM 的狀況。 飛機在三亞飛航情報區內依循著 A1 航路飛行了 196 海浬後來到了 IKELA 航點，導航就移交給了香港飛航情報區，IKELA 是兩個情報區的交換點，筆者在切換無線電頻率到香港飛航情報區前用中文向三亞的航管先生致謝，這也是筆者平生第一次用中文在空中與航管通話。

Eclispe 500 的巡航音速最高只能達到 0.64 馬赫，在北美所常見的輕型噴射機（Very Light Jet，VLJ）的巡航音速在 0.7 馬赫左右，如 Honda Jet 的 0.72 馬赫，Citation M2 的 0.70 馬赫，Citation CJ2 或 CJ3 的 0.71 馬赫，或 Phenom 100 的 0.70 馬赫。 北美的航管經常指揮不同巡航音速（0.64 至 0.90 馬赫）的飛機，又加上北美空域廣大，可用 GPS Direct 航行，巡航速度差距這麼大不是個問題。 但輕型噴射機是很少會出現在這裡的空域中，這裡的航管 99.9999% 都是指揮 0.78 馬赫以上的大型民航機，今天來了一架只有 0.64 馬赫的 Eclipse 500，絕對會為非常繁忙香港情報區的航管在指揮空中交通時帶來困擾，就如同在單行道上，所有的車輛都是以每小時 120 公里的速度向前行駛，突然有一輛以每小時 90 公里行駛的車輛要插入就會造成慢車擋路。

香港飛航情報區接手後告知已收到 FL410 的巡航高度的需求，會儘快的協調空中交通後給予許可，筆者回應了「謝謝」。 飛越了 A1 航路上的 IDOSI 航點後就離開 A1 直飛 ELATO 航點，這時航管給予爬升並巡航 FL410 的許可，從峴港國際機場起飛到現在已經飛了 305 海浬的距離，這是在筆者飛行的經歷中沒有遇到過的狀況，但凡事都有第 1 次吧！ 爬升到了 FL410 後航管又給了 Fly offset right 10nm 的飛行許可，既為依循現行航路向右偏移 10 海浬後平行飛行，應該有民航機尾隨著飛 IDOSI 至 ELATO 的航路而巡航高度也是 FL410，這就是如同在 2 線道的高速公路的左線道上有一輛車以 90 公里時速行駛，後面駛來了一輛 120 公里時速的車，這輛慢車就需要移到右線道，來避免追撞或阻礙車流。 航管還有一個非常安全的考量是大型客機在 FL 300 至 FL400 間如巡航空速降到 0.60 馬赫就有可能接近失速，這就是為何在繁忙的 A1 航路上航管不給 Eclipse 500 機型 FL300 以上的巡航高度，筆者持續要求 FL410 之後三亞才給了 FL350，而香港在 IDOSI 到 ELATO 間有給 FL410 但要我們飛 offset right 10nm 來避免慢機擋路。

在 ELATO 航點前，香港給了取消右偏移 10 海浬平行飛行並直飛 ELATO 航點的許可，並將導航移交給台北飛行情報區（Taipei FIR），這瞬間心裏非常激動「我終於做到了」。 台北航管給了直飛 HLG VOR 的許可，今天的到場程序是 Houlong 1，進場程序是 ILS 10，使用 10 號跑道，該跑道尺寸為 8,547 x 197 英呎。 距離澎湖約 70 海浬航管給了下降高度的許可，過了 HLG VOR 後就依循 Houlong 1 Arrival 的到場程序飛行，在中壢上空時可看到在飛機左方桃園國際機場，筆者在桃園國際機場起降約 700 次，但都是坐在客艙中看桃園機場，這次是坐在駕駛艙中看，意義非凡。

▲ 飛 Houlong One 到場程序時鳥瞰桃園機場

▲ 飛松機 ILS 10 進場程序俯瞰 10 號跑道

▲ 降落松機 10 號跑道前（袁町 攝）

▲ Touch Down 松機10 號跑道前（袁町 攝）

飛機依循 ILS 10 進場程序於台北時間下午 4 點 19 分降落在台北松山機場10號跑道，飛行時間是 3 小時 01 分鐘，飛行距離是 958 海浬。

▲ 袁町先生與筆者合影

在這進場與降落的過程中，一位航空專業攝影師，袁町先生到松機拍了幾張N287WM在進場與降落的照片，松機也拍了一張以圓山飯店為背景降落前的照片，這是 Eclipse 500 第一次降落在松機。 在此感謝袁町先生與松機幫筆者做了這麼重要的飛行紀錄。 當時我並不認識袁町先生，為了酬謝他拍攝了這些珍貴的照片，筆者想辦法找到了他，並在 2019 年 5 月間有機會見面，當面致謝！

筆者在這段航程的遇到的幾個生平第 1 次；一是用中文與航管通話，二是起飛後飛超過300海浬才獲得 FL410 的巡航許可，三是偏移 XX 海浬後平行飛行，四是自駕飛機飛到出生地，五是 N287WM 是第一架 Eclipse 500 降落在松機。 這一段航程對筆者而言是一生都難忘的，這一生沒有白活一場。

▲ 降落松機 10 號跑道前圓山飯店為背景（由松機臉書下載）

▲ 在松機通用航空停機坪與 Win Air 地勤合影

前導車將我們引導到了 FOB 是通用航空飛機的過境停機坪（Transit parking），這個停機坪位在民用航站與軍用航站之間。 UWA 特約華捷商務公司（Win Air）倆位地勤在停機坪等候我們，其中一位女士是該公司的地服部主任寇惠婷小姐，打開艙門後與他們寒暄，在閒聊時寇小姐說華捷商務公司是郭台銘先生旗下所經營的公司。

將飛機安頓完畢後，乘坐安排好的廂型車到長榮台北商務航空中心（EVA Sky Jet Center）辦理入境，中心內設有海關安檢設施，並有移民與海關官員在值勤，通關過後來到長榮的貴賓室等候，筆者在台北的同事陳惠齡小姐來接我們，長榮台北商務航空中心在松機的位置有一點隱密不太好找。 筆者是桃園機場的長榮貴賓室的常客，這間貴賓室的擺設及裝潢可說是桃機長榮貴賓室的縮小版。

由進入義大利空域後，各國的航管中還是以香港與台灣航管的英文口音最少，希望這不是筆者的偏見。 所有地勤中，寇小姐最漂亮，郭董會用人，讓所有來到台北的商務客的第一印象就很賞心悅目。

今晚就能躺在筆者台北家中的床上，可到街上品嚐小吃，11 天來的三餐不正常與勞累一掃而空，計劃在台北停留3個晚上，除可好好的大打牙祭與補充睡眠，明後兩天還需要去台北公司短暫處理公事外，最重要是做好一位稱職的導遊，帶領 Bill 暢遊台北。

接下來的兩天，筆者領著 Bill 到台北市內及市郊遊覽，並品嚐台灣美食；中正紀念堂、101、龍山寺、圓山飯店、陽明山國家公園、永康街牛肉麵、鼎泰豐、鐵板燒、杭州小籠包、夏慕尼鐵板燒。

▲ 遊中正紀念堂

▲ 遊圓山飯店

▲ 品嚐永康牛肉麵

2018 年 5 月 7 日 RCSS – RKNY – UHSS

RCSS：Taipei, Taiwan，台灣 台北松山
RKNY：Yangyang, Gangwon, South Korea，韓國 江原道 襄陽
UHHS：Yuzhno-Sakhalinsk, Sakhalin, Russia，俄羅斯 庫頁島 尤日諾薩哈林斯克

早上 9 點就驅車來到長榮台北商務航空中心，寇小姐已在大門等候，進入後就辦理出境手續，乘車到過境停機坪，大前天急忙著入境回家休息，並沒有好好打量這座落在民用航站與軍用航站之間的停機坪。 這個停機坪的面積只有約 140 x 60 公尺的長寬，以一般過境停機坪的需要面積是小了一點，這停機坪的東邊是軍用停機坪，其面積是境停機坪的 10 倍，平時都是空著，但通用航空飛機是不准停在軍用停機坪，郭董海灣 G650 飛機的尺寸是長 31 公尺與寬 31 公尺，所以 3 架 G650 就會將這停機坪塞滿了。 而桃園機場的停機位已不足，已經不再接受通用航空飛機在那過夜。

▲ 平生第一次加中油的噴射燃油

寇小姐告訴筆者，該公司在松機的合作燃油供應商的油罐車所配備的加油接口是大型飛機用的 Coupler 形式，並無配備油槍，而在松機內只有中油公司的油罐車有油槍，筆者到了停機坪後等待一段時間中油的油罐車才來到。 燃油共添加了 132 加侖，UV Air 合約價是每加侖美金 2.82 元，132 加侖的數字應該有誤，因為由峴港飛到台北的飛行時間是飛行時間是 3 小時 01 分鐘，正常的耗油量應該是 170 加侖，何況起飛後前 300 海浬是巡航在較低的高度，燃油消耗量應該更多的才對，筆者是中油汽車加油站的 30 多年的老客戶，就當作中油給筆者特惠價吧。 回家後收到很厚一疊的 UWA 帳單；華捷、長榮台北商務航空中心、台勤與松機的收費共美金 4,258 元，松機降落許可的美金 305 元，香港飛航情報區也分別寄來導航費的 1,554 港幣的帳單。

在亞洲，通用航空還是屬於金字塔尖人們的交通工具，一次進出機場就要支付非常昂貴的費用。 在籌劃環球飛行時筆者曾經請 UWA 提出各國家的機場費用的報價，其中，日本機場地勤公司的報價是一次起降就要支付約美金 8,000 元的費用，中國機場的報價約為美金 6～7000 元。 美國機場基本上是不收起降費，所以世界各國的航空公司都將它們新進飛行員送到美國的飛行學校接受一系列的訓練，直到取得商業儀器多引擎飛行執照後，再回到所屬國家接受航空公司的模擬機訓練。一位飛行員由受訓開始到取得商業儀器多引擎飛行執照之間，起降次數至少要 500 次。 美國機場與航管導航費用都是由美國納稅者的稅金所支付的。 就單單看筆者的駐在機場（KFFZ），中國幾家民航公司送來這機場受訓的新進飛行員人數至少有 30～40 人，美國的政府也沒有向中國政府或中國航空公司收取機場起降與航管費用。

第 17 段航程 RCSS － RKNY

飛往南韓江原道省的襄陽國際機場（Yangyang，Gangwon，South Korea）的飛行計劃航路是；RCSS DCT PIANO L3 SALMI B576 ATOTI Y722 SOT Z50 EGOBA G597 BIKSI DCT RKNY：松山機場起飛，直飛 PIANO 航點，接 L3 號航路飛往 SALMI 航點，接 B576 號航路飛往 ATOTI 航點，接 Y722 號航路飛往 SOT VOR，接 Z50 號航路飛往 EGOBA 航點，接 G597 號航路飛往 BIKSI 航點，直飛襄陽國際機場（RKNY）。 巡航高度是先爬升到 FL370 後再 爬升到 FL410，然後降低到 FL390。

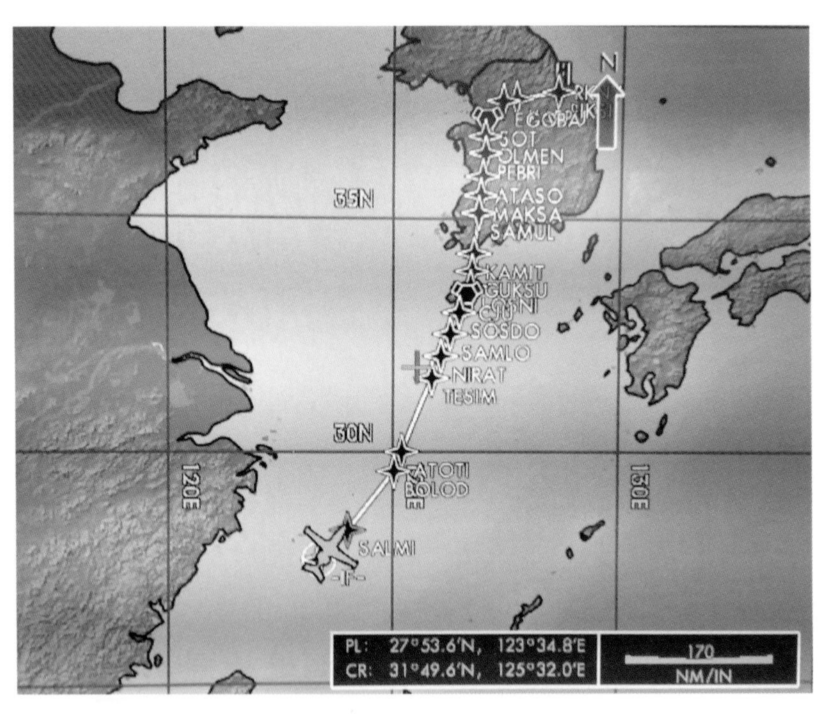

▲ MFD 顯示 RCSS 至 RKNY 航跡圖

讀者一定會很納悶為何筆者安排飛到韓國江原省襄陽國際機場，當時的考量就是避免在日本降落，日本降落的費用可以說是全球最高的，從襄陽機場起飛後的下一站是俄羅斯庫頁島的尤日諾薩哈林斯克（Yuzhno-Sakhalinsk, Sakhalin, Russia）。考量 Eclipse 500 的續航限制，所以將技術降落選在南韓的最東北角的國際機場，該機場離 38 度只有 50 公里遠，這樣安排可由松機繞過日本飛到俄羅斯。 原本計劃在襄陽住一個晚上，但又因 Bill 的歸心似箭而取消，今晚就要在尤日諾薩哈林斯克夜宿了。 在過去幾天因 Bill 的簽證問題或歸心似箭，使行程超前了 3 天，又加上襄陽改成技術降落，整個行程就超前了 4 天了，行程提前 4 天使 Bill 在俄羅斯入境時惹來了意想不到的困境。

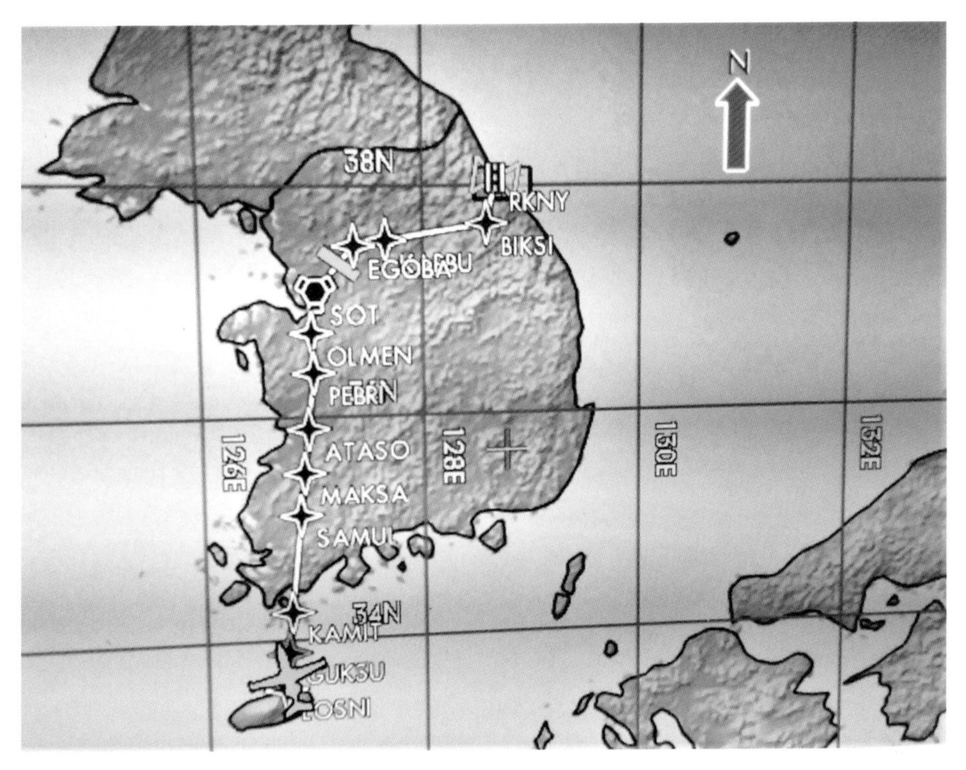

▲ MFD 顯示進入南韓的航路

Jet-A 添加完後就是到了要告別松機的時候，由衷希望在有生之年還能再有機會自駕飛機飛到松機。 N287WM 於台北時間上午 10 點 10 分由松機 10 號跑道起飛。 飛到了 PIANO 航點時就進入了中國東海防空識別區（East China Sea Air Defense Identification Zone，ADIZ），L3 航路中 SALMI 是台北與日本福岡飛航情報區（Fukuoka FIR）的交換點，飛到 ATOTI 時日本福岡將導航移交給南韓仁川飛航情報區（Incheon FIR），直到 Y722 航路上的 SAMLO 航點才離開東海防空識別區，該 ADIZ 跨了 4 個飛航情報區；台北、上海、福岡與仁川。 Y722 航路會飛越濟州島的正上空，但今天有低空雲層無法看見濟州島，在這空域的由左側吹來的噴射氣流（Jet Stream）高達每小時 100 海浬，飛機機身必須偏左多達 15 度飛行才不致偏離航路。 從濟州島到襄陽國際機場並無直達的公告航路（Published Airway），所以是依循 Y722 航路飛往首爾，到了 SOT VOR 再轉向 043 方位的 Z50 航路。 SOT VOR 導航站是位在韓國平澤市松丹（Songtan）的烏山空軍基地（Osan Air Base）內，松丹位於首爾以南 64 公里處。 烏山空軍基地是美國空軍的基地，同時是大韓民國空軍作戰司令部的總部。 這個基地是最靠近 38 度線的空軍基地，主要任務想必是保護首爾。 美國駐韓部隊設有的 2 個主要空軍基地，它們是烏山空軍基地與崑山空軍基地。

依循著 Z50 航路飛到 EGOBA 航點後，就轉 090 方位接 G597 航路。 G597 航路是平行於南北韓間的 38 度線，G597 的緯度是 37.5 度，平均距離是 60 公里，它是南韓最靠近北韓的一條公告航路。而在北韓境內，平壤以南到 38 度線之間有 130 公里寬，東至日本海，西至黃海的廣大區域是無任何公告航路，這可驗證了自韓戰後兩方敵對延續了 70 年了還沒有任何緩解。 筆者是韓戰結束後出生的人，在服預備軍官役時蔣介石正好逝世，當時會擔心對岸會發動戰爭，如果真是發生戰爭，今天筆者就可能就沒有機會在這裡寫作環球飛行了。 如今的台灣海峽與南北韓間 38 度線再度又成為世界上最危險的火藥庫，筆者誠心希望不要有悲劇發生。

今天的到場程序是 BISKI 2H，進場程序是 ILS 33，使用 33 號跑道，跑道尺寸為 8,202 x 145 英呎。 飛機在依循 ILS 33 進場程序時看到遠方的山脈，那應該是雪嶽山國家公園（Seoraksan National Park），而雪嶽山國家公園的北方就是北韓。 飛機於南韓時間下午 2 點 15 分降落在襄陽國際機場，飛行時間是 3 小時 08 分鐘，飛行距離是 925 海浬。

襄陽國際機場位於江原道省襄陽縣，是為了提供束草、江陵和平昌等地區的空運所建設的，機場航站有 4 條空橋，是一座非常袖珍型的國際機場。 2010 年時期由台灣飛來的包機與旅客佔全部進出境人數的 40%。 機場南方約 30 公里的平昌是 2018 年冬季奧運會的主辦城市，襄陽國際機場提供了該冬運的關鍵交通服務。最值得一提的是該機場也是韓國的民用航空飛行員的訓練機場，飛行學校有 20 多架 Cessna C172 與 Diamond DA40 的訓練機，這種規模在美國與澳洲以外國家是少見的。 我們依循 ILS 33 進場時，曾要求航管給予 Direct to Final 的許可，但因為有學員正在訓練 Touch and Go，於是我們被Vector 到距機場20海浬外才給了 Clear for ILS 33 approach。 這次環球飛行的航程中，除 KFFZ 機場外，RKNY 是的另一個民用航空飛行員的訓練機場。 台灣台東的豐年機場（RCFN）有安捷（Apex）飛行學校，該學校使用 Diamond DA40 與 DA42 的機型在豐年機場提供自費飛行員接受飛行訓練。

前導車將我們引導到了航站的第 4 號空橋旁的停機坪，打開艙門後先來迎接我們的是南韓的冷空氣，然後是看到 UWA 特約地勤；UBJet 的一位小姐與一位先生在停機坪等候我們，這位先生是該公司的老闆 Jason Lim，而這位小姐的身材非常嬌小也好年輕，她站在 Bill 身旁合影時，Bill 比她高出一個頭，兩位地勤都很親切和善，這也是 Eclipse 500 機型第一次降落在襄陽國際機場。

Korea Airport Service 的油罐車到機旁添加 Jet-A 燃油，燃油共添加了 182 加侖，UV Air 合約價是每加侖美金 2.96 元，回家後收到的 UWA 帳單有；地勤服務、機場使用費、海關等共美金 1,652 元，降落許可的美金 273 元。 相較於印度機場技術降落收費，襄陽機場技術降落收費是算合理的。

▲ 飛 RKNY 機場 ILS 33 進場程序俯瞰 33 號跑道

▲ RKNY 機場

▲ 在 RKNY 機場停機坪與 UB Jet 地勤代表們合影

第 18 段航程 RKNY － UHSS

飛往俄羅斯庫頁島的尤日諾薩哈林斯克國際機場所申請的飛行計劃航路是；RKNY DCT NOMEX Y437 TENAS L512 KAMSA Z171 NOMAS Z17 MRE Y13 CHE V1WKE B223 LUMIN DCT UHSS，巡航高度是 FL410。 這條航路會先向東南東方向飛一小段後再轉向東，再轉東北東，再轉向東北，飛越日本青森市，津輕海峽，在飛越北海道後進入俄羅斯。

▲ RKNY 至 UHSS 飛行計劃的航路（Sky Vector）

起飛前向襄陽機場航管索取飛行許可時，航管卻給了一條不同的航路是；RKNY DCT PILIT SAMON Y14 GOLDO NAMMY OBAKO HWE RUMOI LUMIN PERUB DCT UHSS。這條航路是嚴重的向南偏了100 海浬，航路的最南端的轉折點是 SAMON 航點，距離日本本州海岸只有 40 海浬。 筆者於是詢問航管為何給了偏南的航路，航管回應這航路是日本福岡飛航情報區所給的，原因是日本自衛隊空軍正在日本海演習，原申請航路正好穿過演習區。 新許可航路的總飛行距離會超過 1,100 海浬，已接近飛機的安全續航極限，應對方法只有在進入日本福岡飛航情報區後，再向航管請求直飛到 LUMIN 航點，LUMIN 是日本福岡飛航情報區與俄羅斯哈巴羅夫斯克飛航情報區（Khabarovsk FIR）的交換點。 早知如此，今天的技術降落機場應該選擇在釜山，這樣就不會多繞 200 海浬。 唯一值得安慰的是選在襄陽國際機場降落就等於我們曾經飛越了南韓大部分的領空，如選在釜山技術降落就是擦邊飛越南韓。

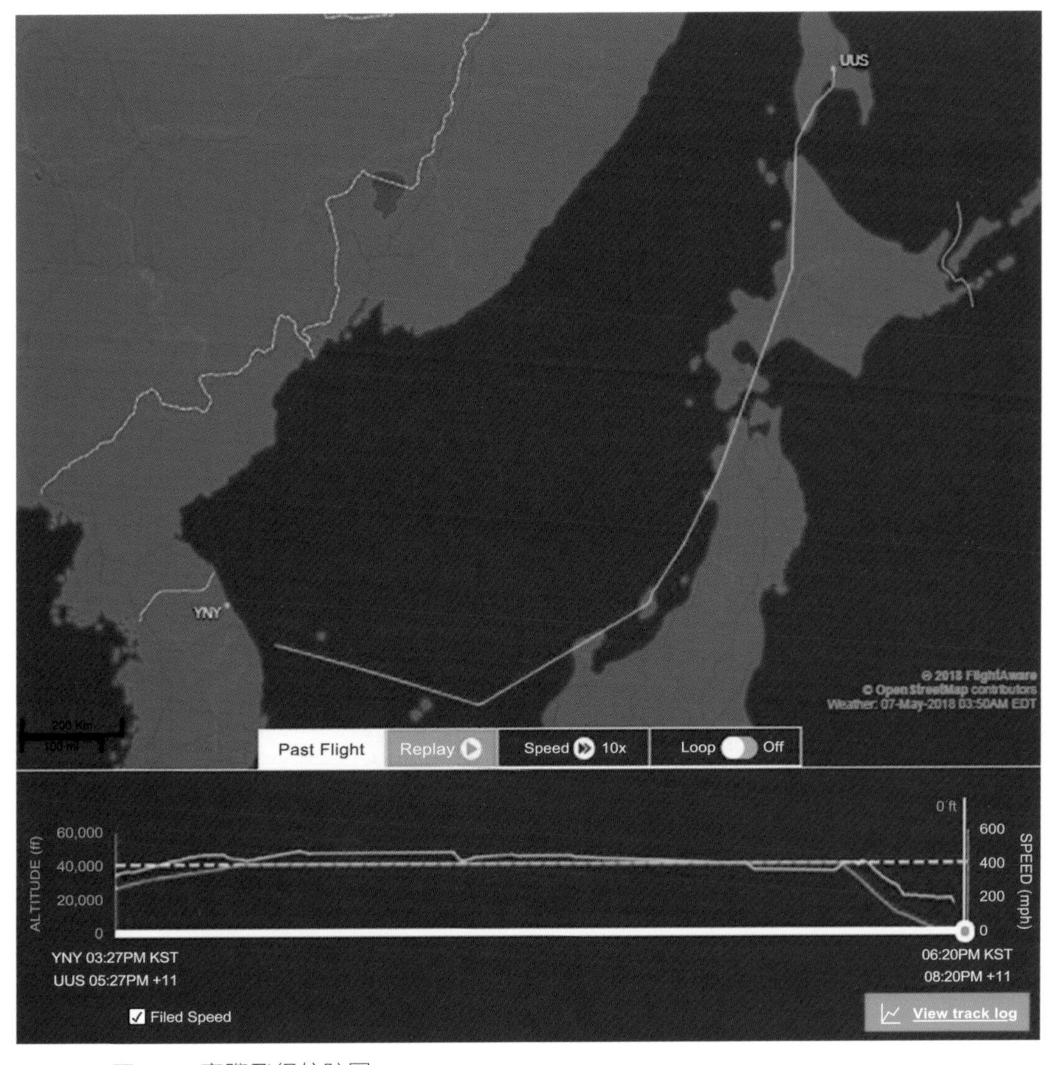

▲ RKNY 至 UHSS 實際飛行航跡圖

飛機於南韓時間下午3 點 10 分由 33 號跑道起飛，導航由仁川飛航情報區交給福岡飛航情報區後就立馬請求 GPS 直飛 Lumin 許可，航管回應說要去協調自衛隊，本來抱著樂觀的心態相信會取得直飛許可，但不一會兒航管回報演習行還在進行中，無法給予直飛許可，不得已之下只能半小時後再提出申請。 約 30 分鐘後飛機已經飛到這段航路的最南點 SAMON，過了 SAMON 飛機就依循 Y14 航路向東北東方向飛去，於是再度向航管請求直飛 LUMIN ，但該請求還是以演習還在進行中被拒絕了，事實上由 SAMON 以 GPS 直飛 LUMIN 的距離是 660 海浬，依循許可航路的距離是 695 海浬，差距已不多，在北美以外飛行時提出 GPS 直飛的請求好像都不會被授予。 這段航路基本上是沿著日本本州的西海岸飛行，飛越能登半島（Noto Peninsula）最北端的石川縣輪島市（Wajima，Ishikawa），佐渡島的佐渡市（Sado，Sado Island），本州最北端的青森縣五所川原市（Goshogawara，Aomori），本州與北海道間的津輕海峽，北海道函館市（Hakodate，Hokkaido），北海道最北端的稚內市（Wakkanai），北海道與庫頁島間的宗谷海峽（Sōya Strait）後直飛 LUMIN 航點就位在宗谷海峽中線上。 石川（Ishikawa）這個名字對筆者是特別親切的，因為筆者的 3 個孩子都是由石川小學（Ishikawa Elementry School）畢業的，但 Ishikawa Elementry School 不是一個日本小學，而是筆者家附近的一個美國小學，它是紀念一位日裔的美式足球四分衛石川次郎（Jiro Ishikawa）所命名的。

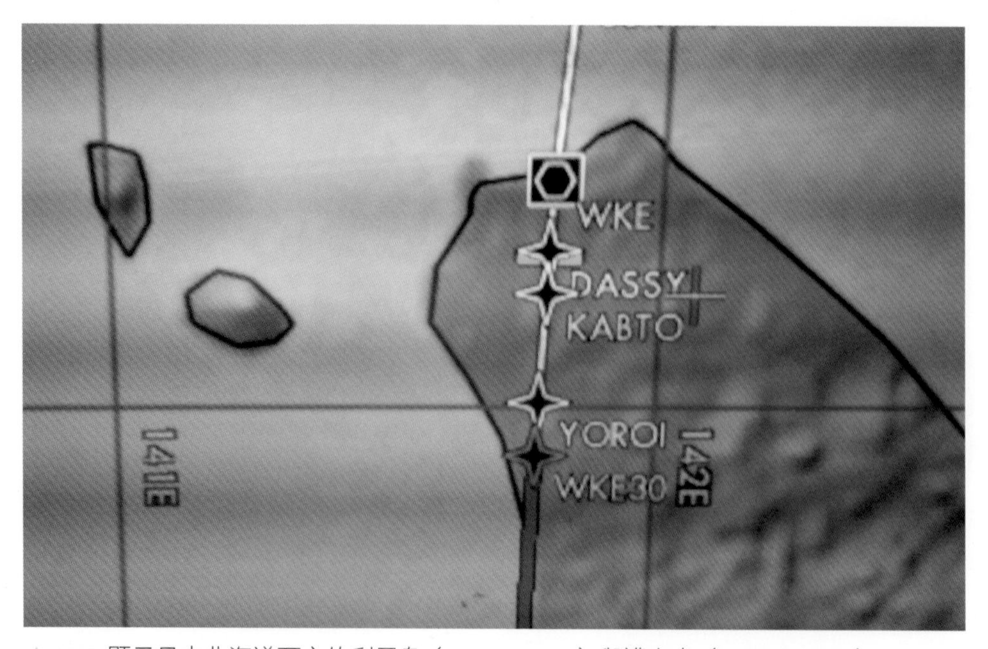

▲ MFD 顯示日本北海道西方的利尻島（Rishiri Island）與禮文島（Rebun Island）

北海道最北端的稚內市以南約 40 海浬有兩座圓錐形火山峰形成的小島，也正好在飛機左下方，較近飛機的是利尻島（Rishiri Island），較遠的是禮文島（Rebun Island），利尻島與禮文島現為日本的國家公園，2 座島在夕陽反射的海面中是別有韻味的。

▲ 靠近的是利尻島，較遠的是禮文島

飛越稚內市就進入了宗谷海峽，西方稱該海峽為拉佩魯斯海峽（LaPérouse Strait），該海峽最窄之處是位在俄羅斯的磷蝦角（Cape Krillion）和日本的宗谷角之間，其距離只有 41 公里（22海浬）。 特別值得一提的是；日本領海在宗谷海峽離岸延伸只有 3 海浬，而非國際領海通用的 12 海浬，這是因為讓擁有核武器的美國海軍軍艦和潛艇通過宗谷海峽時不違反日本領土與領海上禁止核武器的法律。今天的兩段航程讓筆者深深的感受到國家之間的對立；中國的東海防空識別區、南北韓間的 38 度線、日本與北韓間的日本海、北海道與庫頁島間的宗谷海峽都有軍事對峙與濃濃的火藥味。

哈巴羅夫斯克飛航情報區航管在 LUMIN 航點接手導航後，航管的英文口音就由日本口音轉成俄羅斯口音了。 尤日諾薩哈林斯克國際機場的進場程序是 ILS 1，使用 1 號跑道，跑道尺寸為 11,155 x 147 英呎。 飛機於庫頁島時間下午 8 點 20 分降落，飛行時間是 3 小時 12 分鐘，飛行距離是 1,120 海浬。 這是 Eclipse 500 這種機型第一次降落在尤日諾薩哈林斯克國際機場。

▲ 飛 UHSS 機場 ILS 1 進場程序俯瞰 1 號跑道

前導車將我們引導到了飛機的過境停機坪，這個停機坪就位在航站正前面。UWA 俄羅斯分公司的一位亞裔女地勤在停機坪等候我們，同時在停機坪等候我們有多位穿不同制服的軍人或安全人員，其中一位還荷著自動步槍，這種一次派出這麼多制服軍警來伺候我們的大陣仗場面在其他國家是沒有過的，當然這可能是俄羅斯機場的標準安全作業程序，但也有可能是 N287WM 是一架美國註冊的飛機，上面來了一位白老美。

打開艙門後攝氏零度的俄羅斯冷空氣先與筆者「寒」 暄呼，再來才是與地勤打招呼。 地勤與機旁的俄羅斯官員與制服軍警七嘴八舌地用俄羅斯語討論事情，雖然筆者不知道他們在協調什麼，但想必是在打點從我們到港與離港間的事務，同時地勤也安排油罐車來添加燃油，共添加了 175 加侖，UV Air 合約價是每加侖美金 4.11 元。

燃油添加完畢後就進入航站接受移民與海關的檢查，事實上整個機場也只有我們兩位要辦理入境，Bill 先辦理入境護照檢驗，不知為何 Bill 站在移民櫃台前超過了 10 分鐘還沒有完成，於是機場又開另一個櫃台辦理筆者入境，不消 1 分鐘筆者就完成了入境手續。 地勤解釋後才知道 Bill 的簽證是無效，無法入境，代誌大條了！ 依照原先規劃的行程我倆是要到 5 月 11 日才會抵達俄羅斯，但因 Bill 歸心似箭所以提早了 4 天。 申請俄羅斯個人旅遊簽證時是要填寫起迄日的，簽證持有人也必須在起訖日之間進出俄羅斯，這與其他國家的旅遊簽證的有效期是簽發日的起算以年或月為單位是大大的不同。 Bill 在申請俄羅斯簽證時就填寫 5 月 11 日是抵達日，並沒有向前推幾日天給自己預留空間。 這下子好了，偏遠地區的俄羅斯官員可逮到一次難得機會來整整白老美了，Bill 於是被移名官員帶去拘留室隔離，不准地勤與筆者與他見面，地勤也由移民官那得知，Bill 被要求馬上離境，Bill 很氣憤地說他可以馬上離境，請移民局官員安排預定下一班國際線班機，當然如果 Bill 自行離境後，筆者就是單飛越過白令海（Berling Sea）飛到阿拉斯加。 但是另一個問題接踵而來了，當年尤日諾薩哈林斯克國際機場的航線基本上都是國內航線，該機場是莫斯科與庫頁島各城鎮，還有與日本北方四島間的樞紐，但國際線只有一週兩次班機飛韓國釜山，而下一班飛往釜山的班機是兩天後。 晚上 9 點以後機場工作人員都下班了，整個機場航站只剩下幾位移民局官、一位安檢入口的女性工作人員、Bill與筆者。 這過程中地勤一直在打電話聯絡各方想辦法解決這難題，但是她搞了一陣子沒有結果就暫時離開機場，而筆者就可自由隨意地在機場航站大廳、停機坪、出境大廳內走動，沒有一個人在監督攔阻筆者的行動，剛抵達時有多位制服官員與荷自動步槍的軍人在旁監視我們的狀況看來都是形式主義。

▲ N287WM 停在 UHSS 機場

過了午夜 1 點，一位移名局主管將我請到一個房間，Bill 後來也進來這房間，這位主管開始問話，想了解我們的背景，並做了筆錄。 筆者告訴移名局主管我們兩個人只是單純要完成環球飛行，Bill 的簽證是無心之過，大約進行了半小時的問話，移名局主管發給 Bill 臨時簽證，Bill 可以入境俄羅斯了，Bill 與我走出了機場航站時已經是快午夜 2 點，地勤代表不久就來到航站，驅車載我們到 Mira Hotel。 在路上Bill 告訴筆者在拘留隔離時他被照相，按指紋，並被要求罰款才能入境，但 Bill 拒絕交罰款，並反要求移名局幫他買離境的機票與負責在離境前的吃住，也許移民官認為還是發臨時簽證給 Bill 是最周全的解決方法吧？ 但前前後後折騰了 5 個小時。 哈林斯克市是位在機場北方，Mira Hotel 位在市中心，車程約 8 公里，進到旅館房間時已經是午夜 3 點了。

環球飛行過程中一定會遇到無法事先想像到的狀況，除了要周全的計劃與準備外，如遇到問題時就需要見招拆招了，沒有權力兩手一攤。

回家後收到了 UWA 的地勤服務與機場費帳單美金 1,351 元，這回真是辛苦了這位地勤，本來簡簡單單的接機送機工作因為 Bill 簽證問題搞得這麼複雜，過程中非常混亂，筆者忘了向她索取名片，事隔多年早已忘了她的名字，借此向她說一聲「謝謝」。

最長的一日　2018 年 5 月 8 日 UHSS – UHPP – PASN – PANC - PAKT

UHSS：Yuzhno-Sakhalinsk, Sakhalin, Russia，俄羅斯 庫頁島 尤日諾薩哈林斯克
UHPP：Petropavlovsk, Kamchatka, Russia，俄羅斯 堪察加半島 彼得 巴甫洛夫斯克
PASN：St. Paul Island, Alaska, USA，美國 阿拉斯加 聖保羅島
PANC : Anchorage, Alaska, USA，美國 阿拉斯加 安克拉治
PAKT：Ketchikan, Alaska, USA，美國 阿拉斯加 凱奇坎

今天清晨到了約 3 點才上床睡覺，所以決定多休息一點，下午才起飛。 到旅館餐廳吃早餐時，Bill 說他不想再停留在俄羅斯，他要今天就直接飛回美國，他說他想要在明天就飛回到家，想必他是因為昨天被移民官拘留所以不想再停留在俄羅斯吧？ Bill 在成為航空公司機師之前是擔任美國中西部一個小鎮的警長，被敵對國家的官員拍大頭照按指紋對 Bill 而言是一種汙辱吧？ 這下子航程又要大亂了，原定計劃今晚飛到俄羅斯堪察加半島的彼得羅巴甫洛夫斯克（Petropavlovsk，Kamchatka），在那兒待一晚，明天再飛到俄羅斯的阿納德爾（Anadyr）待一晚，後天才飛到美國阿拉斯加安克拉治（Ahchorage，Alaska）。 Bill 明天要回到家就代表今天需要飛到阿拉斯加，飛阿拉斯加前會先越過國際換日線，就等於賺了一天時間，於是我倆商議定出今天所要飛行的 4 段航程：

1. 薩哈林斯克飛往彼得羅巴甫洛夫斯克機場作技術降落。
2. 再飛往美國阿拉斯加的阿留申群島（Aleutain Islands）中的阿達克島（Adak）的機場作技術降落。
3. 再飛往阿拉斯加的安克拉治國際機場辦理入境手續並加燃油。
4. 最後飛往阿拉斯加的雷維拉吉哥多島（Revillagigedo Island）的凱奇坎（Ketchikan）。

其總飛行距離超過 3,300 海浬，飛行時間約 11 小時。 我們有兩人可接力，每人各負責兩航段的飛行，應該可勝任這個挑戰。 但老天爺卻在第二段航程中丟了一個大變化球，下面由筆者慢慢地道來，就準備接老天爺丟出的變化球吧！

地勤在中午 12 點來旅館接我們。 昨晚，不！應該說是清晨實在太累了，沒有注意到這裡的汽車的駕駛座是位在車的右邊，但這裡的道路是靠右行駛的，往機場的路上特別觀察到其他車輛的多是右駕駛座，這時才聯想到日本曾經統治過庫頁島，又庫頁島離日本這麼靠近，日本產業對庫頁島的影響力是必然的，日本是靠左行駛的國家，車輛都是右駕駛座。 18 和 19 世紀時，清朝還管著轄庫頁島，每年派員巡查該島 1 次。 1858 年俄羅斯帝國通過瑷琿條約與北京條約逼迫清朝割讓庫頁島。 1905 年日本通過樸資茅斯條約獲得庫頁島南部（北緯 50° 以南），到 1918 年日本就統治整個庫頁島。 1945 年 2 月 11 日英美蘇三國在雅爾達達成二戰後將庫頁島北部交予蘇聯的協議，同年 8 月 8 日蘇聯發動八月風暴占領整個庫頁島。 日本在舊金山和約中放棄了庫頁島南部（北緯 50° 以南）和千島群島的主權。 所以地勤女士是亞裔也不足為奇了，只是不知道她是日裔還是華裔？

沿途上有現代外觀的購物中心，還有東正教教堂，有東正教就代表這裡是俄羅斯了。 尤日諾薩哈林斯克機場航站當時只是一個塔台與航站建在一起的袖珍型航站， 2019 年時機場在原航站的北邊擴建了一個有 3 個空橋的新航站。

▲ 赴 UHSS 機場途中的東正教教堂

▲ 赴 UHSS 機場途中的購物中心

▲ UHSS 機場航廈

驅車時地勤告訴我倆到了機場後會有當地的電視台希望能對我們作採訪，並詢問我與 Bill 的意願，我們認為採訪是無傷大雅也不會耽誤太多時間，於是答應接受採訪。

到機場後沒有辦理出境手續就直接走到停機坪，出境手續是要在下一站的彼得羅巴甫洛夫斯克機場辦理，希望在那 Bill 不要再出嘍子！ 走去飛機路上看到兩位女記者與一位男攝影師跟著來，她們先與地勤嘀咕一下子後地勤再解釋給我們要如何採訪，當然電視台記者會以俄文發問，地勤立即現場翻譯英文，我們以英文回答，地勤再立即翻譯成俄文給記者。 現在筆者只能記起當時採訪時所提出多個問題中的 2 個問題：

1. 在尤日諾薩哈林斯克機場的紀錄中過去還沒有發生過環球飛行的飛機在這座機場降落過，為何我們這次會選擇這座機場作為環球飛行的一站？
2. 請我們比較行程中降落過的機場表達我們對尤日諾薩哈林斯克機場的看法與意見。

我的天啊！第一個問題的真正理由是日本的機場費用太貴，但是照實回答是不妥的。 而第二個問題是更本無法如實回答了！ 對尤日諾薩哈林斯克居民而言，他們是很少會出現在世界舞台上的，今天居然有一架環球飛行的飛機會選擇在這裡降落，對當地居民而言也是一件可以被報導的好新聞吧？ 筆者是這樣子回答第一個問題的：「在規劃環球航程時，衡量 N287WM 的續航力，在台北與安克拉治之間，尤日諾薩哈林斯克是非常適當的降落加燃油的機場。」筆者這樣回答是不是夠政客！ 而第二的問題不知道是否是機場官員要她們提問的？ 昨天到停機坪後有這麼多制服軍警荷槍伺候著，後來 Bill 又因簽證無效被移民局拘留隔離了 5 小時，直到今早 3 點才入睡，如果我們照實說出這不愉快的經歷與體驗，就會使採訪方感到很難堪與尷尬，所以回答第 2 個問題必須更政客了；不著邊際，沒有重點，扭來扭去的回應，可讓他們對機場官員與觀眾交差。 說實在的，今天筆者也記不起當時是如何回應第 2 個問題了，因為那段回答是不著邊際，沒有重點，扭來扭去的政客式回答，很難被記得起來。

第 19 段航程 UHSS － UHPP

飛往堪察加半島的彼得羅巴甫洛夫斯克機場的飛行計劃航路是：UHSS DCT ODEKO G103 PAKLI T564 NAMUL B915 UB G73 SAMIK DCT UHPP，巡航高度是 FL410。

飛機於庫頁島時間下午 1 點 13 分從尤日諾薩哈林機場的 1 號跑道起飛。 Bill 向這個讓他一生難忘的機場説再見了，他嘴裡雖沒有説出但筆者知道他心中不安的心情一定多少釋放了一些。 這航程要飛越鄂霍茨克海（Sea of Okhotsk），該海洋的東邊是堪察加半島（Kamchatka Peninsula），東南邊是千島群島（Kuril

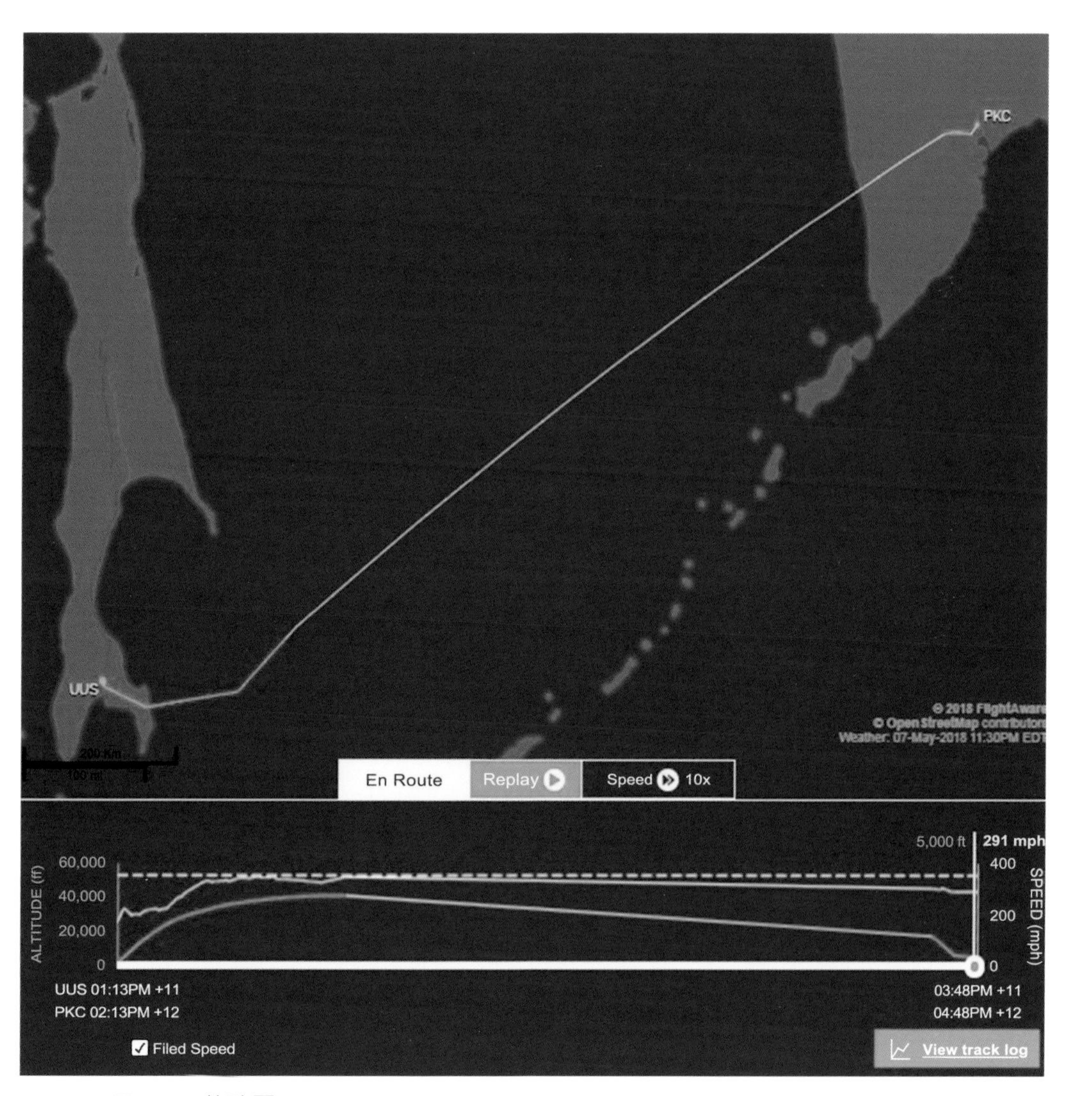

▲ UHSS 至 UHPP 航跡圖

Islands），西邊是庫頁島，北邊是西伯利亞，鄂霍茨克海是以俄羅斯在太平洋沿岸的第一個定居點鄂霍次克命名，它是建立於 1647 年是俄羅斯最古老的聚落之一，古時中國稱該海洋為北海或少海。 俄羅斯的太平洋艦隊將鄂霍次克海作為彈道導彈潛艇的活動區域，鄂霍次克海可說是俄羅斯的內海了，這區域在俄羅斯的國防是非常敏感與重要的。

1983 年 9 月 1 日，蘇聯空軍在鄂霍次克海的上空誤判大韓航空 007 號班機為美國空軍的 RC-135 偵察機，俄空軍在聯絡大韓 007 班機不果、四次空射炮擊警告無效後，蘇聯軍機於庫頁島蘇聯領空內，向 007 號班機發射 2 枚空對空飛彈，命中

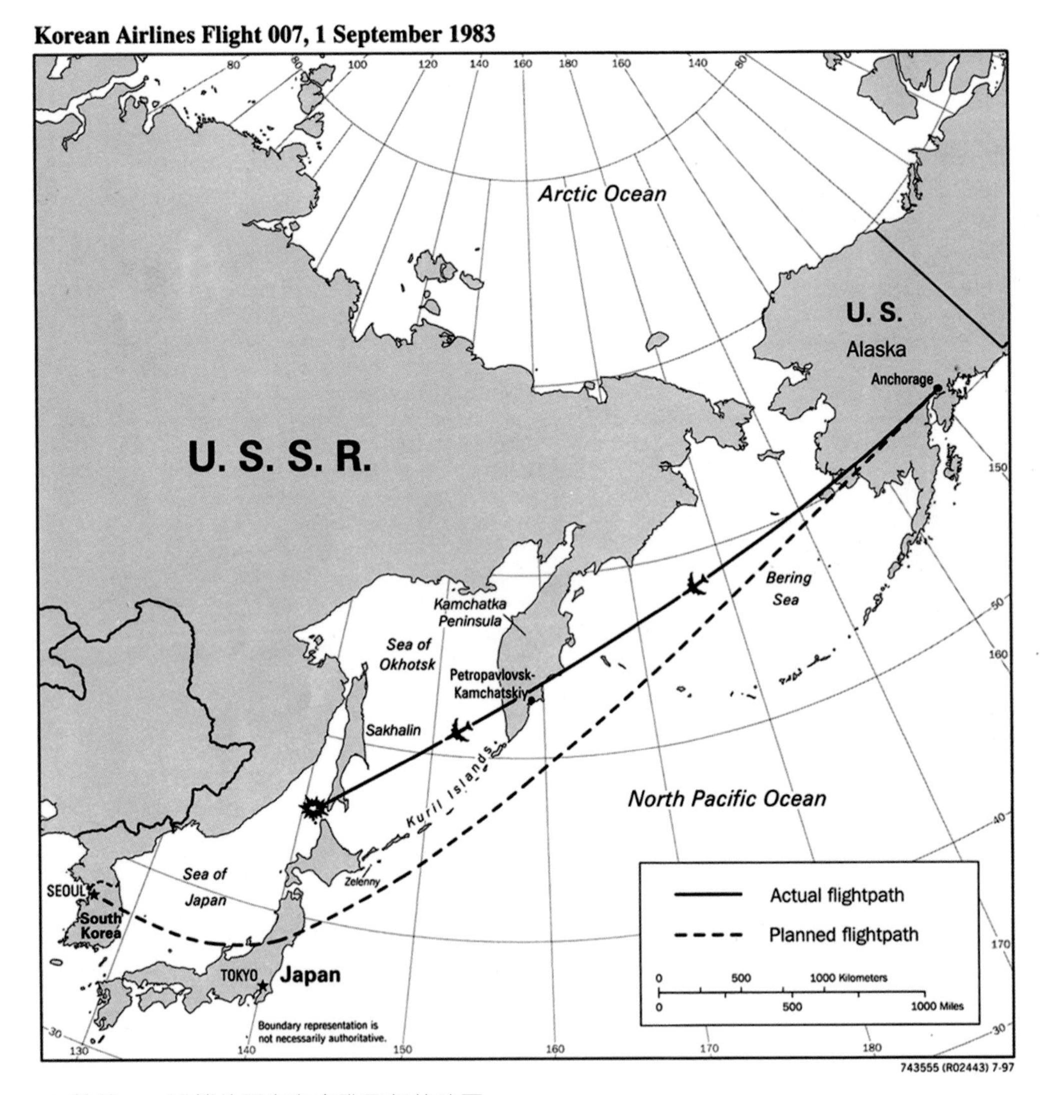

▲ 韓航 007 班機的預定與實際飛行航跡圖

1 枚，007 號班機最後墜毀於庫頁島西南方的公海，此時 007 號班機偏離原定航線達 600 多公里遠。 該班機由是美國阿拉斯加的安克拉治起飛前往韓國首爾，安克拉治起飛後隨即偏離了航線，經過白令海上空的多個航點時航管也未作出警告，雖然飛機偏離航路，但機長還多次向航管通報自己通過飛行計劃航路上的航點，而非實際飛到的航點，以致誤入堪察加半島和庫頁島的蘇聯領空，遭蘇聯空軍 Su-15 攔截後擊落。 1983 年時還沒有 GPS 系統，當時的飛機是用慣性羅盤來導航，當然會比 GPS 導航不準確多，但偏離 600 多公里也是不可思議的，所以當時有非常多的陰謀論，其中之一是大韓 007 班機正為美軍作偵察，但這種真相是不會大白的。

T564 航道中的 UMOLA 航點是哈巴羅夫斯克飛航情報區與俄羅斯的馬加丹（Magadan FIR）的交換點，也是位在航程的中點，UMOLA 離彼得羅巴甫洛夫斯克機場約 450 海浬。 飛機接近 NAMUL 航點時就可以看到堪察加半島的西岸，整個半島的西岸都被雪覆蓋著，第一個感覺與格陵蘭的海岸線很像，今天已經是 5 月 8 日，這裡還是一片白雪。 今天的到場程序是 SAMI 5N，進場程序是 ILS34Y，使用 34 號跑道，該跑道尺寸為 11,155 x 197 英呎。

▲ 堪察加半島的西岸

在依循 34L 機場起降的順風邊（Traffic pattern downwind leg）時，在機場的東邊的遠處有兩座非常的壯觀白雪覆蓋著的火山；北邊那一座是海拔 3,456 公尺高的柯里亞克斯基活火山（Koryaksky），2008 年 12 月 29 日，Koryaksky曾噴發了 6,000 多公尺高的火山灰。 南邊那一座是海拔 2,741 公尺高的阿瓦欽斯基活火山（Avachinsky），阿瓦欽斯基最後一次噴發是在 2008 年。這兩座火山一起被稱為十年火山。

▲ 飛 UHPP 到場程序時遠眺柯里亞克斯基與阿瓦欽斯基活火山及俯瞰 UHPP 機場

飛機於堪察加半島時間下午 15 點 48 分降落在彼得羅巴甫洛夫斯克機場 34L 號跑道，飛行時間是 2 小時 35 分鐘，飛行距離是 802 海浬。

前導車引導我們滑行到了民航航站停機坪的沿途，至少有一大隊的米格 31（Mig 31）戰鬥機與多架軍用運輸機駐紮在這軍民兩用的機場，它是俄羅斯防禦美國的第一線機場。 彼得羅巴甫洛夫斯克市位在阿瓦查灣（Avacha Bay）的東北方，阿瓦查灣的西南方有個小半島，半島內有俄羅斯最大的潛艇基地，名稱是雷巴基（Rybachiy）核潛艇基地，該基地是在蘇聯時期建立的，至今仍被俄羅斯海軍所使用。 在太平洋水面下巡弋的俄羅斯核潛艇基本上都是由這個核潛艇基地出發的。

▲ 遠眺彼得羅巴甫洛夫斯克市與阿瓦查灣

▼ UHPP 機場全景

▲ UHPP 機場的米格 31 戰鬥機

第一次航行到堪察加半島的文字紀載是一群講東斯拉夫語的東正教基督徒所寫的，他們是哥薩克人，在 1697 年航行到了阿瓦查灣地區。 探險家維特斯白令船長（Vitus Bering）於 1740 年建立了彼得羅巴甫洛夫斯克（Petropavlovsk）這座城市，白令船長是一位在俄帝國海軍服役的丹麥人，他以在鄂霍次克（Okhotsk）建造的兩艘船隻：「彼得」 與「聖保羅」 的來命名這座城市，彼得羅巴甫洛夫斯克的字面意思是「彼得和保羅之城」。 對了！阿拉斯加與堪察加半島之間的白令海（Bering Sea）也是以維特斯白令船長來命名的，白令船長從 1728 年就開始系統式的探索與勘查北太平洋到北極海間的海洋。

看看西方探索與冒險的精神，聯想到中國到現在一直在指責西方帝國與日本在清朝後期開始侵略、掠奪並占領中國。西方帝國與日本的侵略不用質疑絕對是錯的，但中國有沒有想過自己為何是被侵略的對象，千年皇朝心態傲世蠻夷之邦，閉關自守。當西方展開工業革命時，整個中國還在死抱著儒家思想與八股不放，不求上進，看不起西方，導致國力光速的衰退，成為西方帝國的口中肥肉。如明朝的帝王能持續支持鄭和作大規模遠洋航海探索，造船與航海技術的能力就能更進一步，廣納新思維、新科技不以儒家思想為限，那麼今天的日不落國就是中國，而非被第一島鏈所限制，造成這種局面只能怪長期根深蒂固又傲慢自大的腐儒思想了。

飛機停妥在民航航站停機坪時，同樣的戲碼又再度上演，在停機坪等候我們有多位制服軍警，只是人數較尤日諾薩哈林斯克機場來的少，也沒有荷自動步槍。UWA 俄羅斯分公司的一位俄裔女性地勤在停機坪等候我們，我們在這機場除了要為飛機添加燃油外，也要到航站內辦理出境手續，這時心中有點上上下下的不安，希望 Bill 的出境手續順利別在被拘留。

地勤安排了一輛廂型車在我們到航站，這航站也很小，Bill 的出境手續花較長的時間，他在移民官櫃檯前無奈的望著我，所幸還是順利完成出境手續，辦完手續後跳上原廂型車回到飛機旁。 這時油罐車來到機旁，燃油共加了 156 加侖，UV Air 合約價是每加侖美金 3.05 元。 回家後收到了 UWA 的地勤服務與機場費帳單美金 1,736.78 元。

由停機坪嘹望柯里亞克斯基活火山與阿瓦欽斯基活火山的景緻是非常壯麗的，尤其是柯里亞克斯基活火山是由海平面凸起 3,456 公尺高，如果能到柯里亞克斯基活火山的山腳下嘹望該火山將會更壯觀的，這不比站在珠穆郎瑪峰的海拔 5,150 公尺基地營眺望海拔 8,848 公尺的峰頂的感覺差到那。

▲ 與 UWA 俄羅斯分公司俄裔女地勤代表合影

▲ 由 UHPP 停機坪遠眺柯里亞克斯基與阿瓦欽斯基活火山

第 20 段航程 UHPP － PADK 但轉場到 PASN

飛往美國阿拉斯加的阿留申群島（Aleutain Islands）中的阿達克島（Adak）的機場飛行畫航路是：UHPP DCT TUPAN B244 GEFAR G583 IRKAN B327 NK B242 KOKES DCT ONEIL DCT PINSO DCT SYA J115 ADK DCT PADK ，巡航高度是 FL410。

阿達克（Adak）位於美國阿拉斯加阿留申群島（Aleutian）西部的阿達克島上的一座小鎮，它也是美國最西端和阿拉斯加最南端的小鎮，該小鎮的前身是阿達克海軍基地。 阿達克雖然是入境美國的第一站，但是哪裡沒有移民與海關，只能作為技術降落的機場，而入境的口岸是美國阿拉斯加安克拉治國際機場，它是我們進入美國以後第二個要降落的機場。 2018 年時，阿達克機場內燃油公司（Adak Petroleum）的上班時間是到晚上 8 點，下班時間如要加燃油則需要事先通知與安排，我們的預定降落時間會是晚上 11 點，為不要發生無燃油可加的狀況，在尤日諾薩哈林時就多次聯絡 UWA，要求他們妥善安排與確認在阿達克機場的加燃油事宜。

飛機於堪察加半島時間下午 17 點 15 分由彼得羅巴甫洛夫斯克機場 34L 號跑道起飛，Bill 愉快的向俄羅斯說再見。 飛機升空後右轉向東北方向飛去，飛機的 3 點鐘方向就是柯里亞克斯基活火山與阿瓦欽斯基活火山，景色極壯觀，彼得羅巴甫洛夫斯克的風景是這次環球航程飛過最壯麗的地區中之一，而另外一個地區是格陵蘭。

▲ 飛機離場 UHPP 時遠眺柯里亞克斯基與阿瓦欽斯基活火山

▲ 堪察加半島大地

KOKES航點是俄羅斯馬加丹飛航情報區與阿拉斯加安克拉治航管中心（Anchorage ARTCC）的交換點，飛到這時就開始聽到孰悉的美式英文口音，KOKES距離阿拉斯加安克拉治達1,309海浬遠，可以說安克拉治航管中心是美國最大區域的ARTCC。今天中午在尤日諾薩哈林機場時，UWA地勤女士交給我們厚厚一疊的3段航程Ops Brief – Flight Supporting Package文件，文件有：飛行計劃、NOTAMs、沿途氣象資料與其他與飛行有關的關鍵資訊。而氣象資料顯示Adak島、整個阿留申群島、白令海部區域都是被低氣壓壟罩著。凡對阿留申群島與白令海的氣候有了解的人都知道，該地區的氣候是晚娘面孔，說變就變，Ops Brief是尤日諾薩哈林早上11點53分印發的，飛到KOKES已經是尤日諾薩哈林下午7點54分，Ops Brief內的氣象資料在千變的白令海已經是過時了。彼得羅巴甫洛夫斯克機場到阿達克機場的飛行距離是980海浬，這距離已經很接近飛機的安全續航里程，飛往PINSO航點時的12點鐘方向就是Eareckson機場（PASY），凡是往返亞洲與北美間的航空公司飛行員一定知道Eareckson機場，因為這機場是美國阿拉斯加安克拉治國際機場與彼得羅巴甫洛夫斯克機場之間唯一可讓大型民航機降落的機場，也是在白令海中唯一的大型飛機的轉場用機場（Diversion Airport）。由PINSO航點到Eareckson機場的距離只有51海浬，這時天色已進入暮光，我們可以清楚地看到該機場的旋轉白綠信標光（Airport Rotating Beacon Light）。該機場位於阿拉斯加阿留申群島Shemya島，前身是美國空軍基地，該基地於1994年7月1日關閉，但Eareckson

機場仍歸美國空軍所有，由美國空軍第 611 空中支援中隊負責加油。 最近一次的民航機轉場到該機場是在 2018 年 12 月24 日發生的，達美航空從北京飛往西雅圖的 128 號航班的波音 767-300ER，機組在巡航時發現發動機有故障的可能，於是決定轉場到 Eareckson 機場，隨後達美航空從西雅圖派出了另一架 B767-300ER 來接載乘客到西雅圖。

MFD 顯示飛往 PADK 機場的飛行航路

雖然 Eareckson 機場的天候不錯，但飛機的 10 點鐘方向，也是阿達克島方向的低空雲層有點厚，N287WM 上雖然有衛星氣象 XM Weather 的接收器，但 XM Weather 服務範圍並無延伸到阿拉斯加與白令海，由 PINSO 到阿達克機場還有 376 海浬的距離，這距離是收不到該機場的 AWOS 氣象報導的。 於是馬上與航管連絡詢問阿達克機場的氣象資料，果真不出所料，該機場氣象資料顯示雲層底部是低於 GPS 儀器進場 MDA（Minimum Decent Altitute）的高度，且側風也強並下雨。 再詢問未來幾小時的氣象預報，得到的回應是雲層底部還是可能低於 GPS 儀器進場的 MDA、側風更強、下雨。 於是馬上詢問航管是否航路附近有轉場機場，也告知航管轉場機場條件是必須有 Jet-A 的加油服務，並儀器進場的 MDA 必須比雲層底部要低，航管回應說只有一個機場，是普里比洛夫群島（Pribilof Islands）中最大的島嶼，聖保羅島（Saint Paul Island）機場。 由 PINSO 到聖保羅島機場的距離遠達 603 海浬，已經遠遠超出飛機的安全航程，於是在問航管該機場未來幾小時的氣象預報，得到回應是雲層底部在 1,000 英呎左右。 這時我倆就得依照氣象預報與剩餘燃油量作生死的抉擇了：

- 如果不選擇轉場，那就要賭命希望飛到了阿達克機場時的雲層底部是高於 MDA，但如飛到時雲層底部是低於 MDA，那就是硬著頭皮降落，因為剩下的燃油已無法作轉場，要是雲層底部太低太濃，黑夜，加上強側風下雨，飛機成功降落機率等於零。
- 如果選擇轉場，飛機飛到聖保羅島機場時的燃油量預計只剩下不足 50 加侖，Eclipse 在海平面至 1,000 高度飛行時的耗燃油量是一小時 750 加侖，即代表飛機到達聖保羅島機場時可能只有一次降落的機會。

▲ KADK 與 KASN 位置圖（Google Map）

Bill 以他的 3 萬多小時的經驗說：「不要去賭天氣預報」，只要燃油量足夠一定要選擇雲層底部高度較高的機場。 於是馬上告訴航管我們決定轉場到聖保羅島機場，於是航管頒給我們直飛 PASN 的許可。 今夜聖保羅島機場的 ASOS（Automated Surface Observing System）所給的風向是西北風，所以要使用 36 號跑道，進場程序是 RNAV（GPS）RWY 36，該跑道尺寸為 6,500 x 150 英呎。 在這順便提一下，機場的氣象自動播報系統有三種；ATIS、AWOS與 ASOS。 前面已經解釋過 ATIS 與 AWOS，ASOS 與 AWOS 的功能相似，只是 AWOS 是由機場負責操作，機場工作人員可加錄 NOTAM 在錄音中，而 ASOS 是由國家氣象台來操作。

2018 年時阿達克機場與聖保羅島機場是都還沒有 ILS 進場設備與程序，當時只有普通的 GPS 進場。 當時如阿達克機場有 ILS 進場設備與程序，我們就不需要轉場了。 如今，兩座機場都已經有 ILS 進場設備與程序，這大大的提升在阿留申群島與白令海的飛行安全。

聖保羅島機場是一座無塔台機場，其夜間的照明如跑道與滑行道燈，都會定時關閉的，在沒有機場人員打開滑行道和跑道燈的情況下，機組可通過 CTAF 來控制的照明系統，通常是快速按通話按鈕（mic）3 次數滑行道和跑道燈會點到低亮度，快速按 5 次就點中亮度，快速按 7 次就點高亮度，一般是點亮 15 分鐘後就自動熄滅。 Bill 說由他來執行進場及降落，筆者就將 Radio 調整到 CTAF 的頻率後，飛機出了雲層底部時，筆者快速按 mic 7 次，結果沒看到跑道燈亮起來，再試一次也沒有用，這回問題大了，我倆都認為是機場的自動點燈系統出了毛病，只有以機場跑道起點的兩個紅燈為目標飛去，因為燃油存量已非常的低，不到 300 磅，最多能做兩次重飛（Go around），所以必須把握飛次機會。 當飛機降低到兩個紅燈平齊時，筆者沒有看到跑道，但是 Bill 突然說跑道在他哪一邊，飛機的大燈稍微有照到跑道，Bill 將飛機安全的降落在 36 號跑道。 聖保羅島機場沒有滑行道，停機坪是為在 36 跑道端，飛機在跑道上作了180 度向後轉向停機坪滑行。 在滑行的途中，筆者再檢查無線電CTAF的頻率是否是 122.30 MHz，發現先前所調整的頻率是錯誤，該打屁股。 造成這種錯誤可能的原因是飛了太久累到老眼昏花了，或因為擔心轉場燃油不足無法飛到聖保羅島機場而分心了，或太有自信而沒有再確認頻率。CTAF 的頻率被調到 122.30 MHz 後快速按 mic 7 次，果然跑道燈就發出高亮度的光。

飛機的降落時間是聖保羅島時間也是阿拉斯加日光時間的 5 月 8 日清晨 1 點 29 分，先前飛越了 KOKES 航點的同時也飛越了國際換日線，賺了一天。 飛行時間是 4 小時 14 分鐘，飛行距離是 1,215 海浬，這飛行時間是超過安全巡航時間甚多，同樣飛行的距離也是超出飛機續航距離甚多，原因是「慶幸」一路順風。

飛機滑行到看似加油站與幾座機棚的停機坪，停妥後打開艙門，白令海又濕又冷的強風來迎接我們兩位午夜訪客，此時機場當然沒有工作人員，第一件事是到加油站找值勤人員的聯絡電話，加油站的大門上果然有聯絡電話，但這沒有手機訊號無法使用手機，這時 Bill 所攜帶的銥衛星手機終於派上用場了，但是該電話卻沒人接就直接轉到語音，再打幾次還是同樣的結果，於是 Bill 聯絡 UWA 的飛行支援部，告訴該部門執勤人「我們已從原定飛行計劃的迄點機場阿達克島機場成功轉場到聖保羅島機場，但是連絡不到加油站值勤人，請 UWA 找出解決方案」，一刻鐘後 UWA 回電給 Bill 說他們也無法聯絡到加油站值勤人。 想也知道，在這白令海中的一個小島，午夜 2 點時間，沒有事先與加油站預約有誰會在機場等候，一般飛來這的飛機基本上都是預訂好，這機場也非航線的中樞位置，午夜時飛機突發降落到這機場加油的機率搞不好一年中都不會發生一次，當然值勤人也不會醒著等電話響。 Bill 與我就開始探索該加油站是否能夠自助加燃油，果然找到加油的油管，但是油管口裝著 Coupler 非油槍，所幸油槍就是旁邊放著，於是筆者就先將 coupler 拆下時，但在拆 Coupler 時油管內的 Jet-A 燃油漏出來灑到筆者的長褲上，這回 Jet-A 燃油的臭味要跟隨著筆者直到今晚入住凱奇坎（Ketchikan）的旅館，才能更換褲子了。 非常時期也顧不了自己身上的 Jet-A 氣味了，首要任務是加滿燃油離開聖保羅島機場飛去安克拉治，油槍裝好後 Bill 負責在機翼加油口加油，筆者負責打開了加油幫浦電開關，接通電後加油幫浦開始轉動，這回應該可順利加油了，但我倆高興了太早了，因為開始加油時燃油是有大量流出但卻只有幾秒鐘，隨著出油量變成絹絲般，之後在試幾次都是一樣的絹絲。 就這樣子折騰 2 個多小時，沒輒了！於是發動一個飛機引擎，滑行去 36 號跑道的另一邊航站停機坪，開著飛機打著飛機大燈巡查是否有加油站，結果只發現消防隊與小航站 2 棟建築物，建築物內沒有燈光，當然也沒有人駐守吧？ 巡查沒有收穫只能再滑行回到加油站旁，這裡的溫度接近攝氏 0 度，帶著小雨的寒風，讓我們感到淒涼，只有關上艙門穿上厚衣，在機艙內睡覺等待白天來臨與加油站上工了，但機艙內散佈了 Jet-A 氣味了，實在不好受！

筆者坐在機長座位瞇著眼，又冷又餓又累，但機艙內散佈了 Jet-A 氣味，也無法入睡。不知道過了多久，突然看到航站那邊的停機坪有車輛燈光，與車頂亮著閃爍黃色的警示燈，想必是機場工作車輛，這時約是清晨 4 點 45 分，萬歲！有人可以幫忙了，於是馬上打起精神，準備出艙門去找該車輛的駕駛，心中還想著由飛機位置到航站有半公里之遠，還是要發動飛機引擎滑行去才不至失去與該車輛的駕駛碰面的機會，加上滑行時飛機噴射引擎所發出的聲音與飛機大燈的燈光，該駕駛也一定會注意到我們。正準備發動引擎時，筆者看到該車輛正往這這裡駛來，在駛過了 36 號跑道時，筆者就看出是一輛油罐車，萬歲！我們被解救了，當時那種興奮是無可言喻的！

在加燃油的時候，那位先生告訴我們是當地警長去敲他家的大門，將他由溫暖的被窩中挖了起來的，UWA 飛行支援部執勤人打電話他沒有接，於是打電話給當地的警長了。

聖保羅島（Saint Paul Island）是普里比洛夫群島（Pribilof Islands）中最大的島嶼，普里比洛夫群島是位於美國和俄羅斯之間的白令海中，由四個火山島組成的群島，聖保羅島西南方有 Otter Island，南方有 Saint George 和 東方有 Walrus Island。聖保羅是四個島上唯一的居民的島嶼，面積為 110 平方公里。 聖保羅島有一所收幼稚園到高三學生的學校、一間郵局、一間酒吧、一間小商店和一間俄羅斯東正教教堂，聖保羅島居民約 500 人，80% 居民是阿拉斯加原住民。

燃油添加完畢後，跟隨該先生到加油站的辦公室是付錢，燃油共加了 198 加侖，每加侖美金 7.85 元，好昂貴，這機場沒有與任何燃油公司簽有合約，除燃油費外還需支付下班時間的特別服務費美金 200 元，總計刷了信用卡美金 1,738 元，雖然很貴但付的很快樂，因為終於可以再起程，同時也可脫離寒冷。

▲ Saint Paul Island 上的東正教教堂

第 21 段航程 PASN － PANC

飛機於聖保羅島清晨 5 點 15 分由聖保羅島機場 36 號跑道起飛。 起飛後馬上連絡阿拉斯加安克拉治 ARTCC 航管，航管還是先前那一位先生，他先歡迎我們，再給予直飛 GASTO 航點與 FL410 巡航高度的許可。 從聖保羅島機場到 GASTO 航點的航程是 633 海浬，飛機爬升超過雲層時看到遠方的上弦月（今天是農曆 3 月 23 日），心中感到好平靜，最長一日的飛行已完成 2 段航程，尤其是第 2 段航程可説一生最驚險與難忘的人生經驗；飛行時間與距離都超出飛機的規範甚多，CTAF的頻率被錯誤的設定導致在黑暗中降落，在寒風中想辦法加燃油最後搞得一身的煤油臭味。

▲ 飛 PANC 機場 ILS 7R 進場程序時遠眺 7R 跑道

經過 2 段航程的折騰，讓 Bill 與筆者都累倒了，這一航段是在清晨飛行，這一區域的 FL410 以上沒有其他飛機，無線電很安靜，我們就輪流休息，今天還剩下由安克拉治機場到凱奇坎機場的 750 海浬航程需要完成。

飛機飛越 GASTO 航點後，航管給阿拉斯加安克拉治國際機場進場程序 ILS RWY 7R 的許可，今天的使用跑道是 7R，該跑道尺寸是 12,400 x 200 英呎，是整個行程中最長的跑道。 在沿著ILS 進場時飛機的非常顛簸，起因是清晨的東風翻越過安克拉治市東邊的 Chugach Mountains 時造成強擾流，對準 7R 跑道面對 Chugach Mountains，整個山脈上被白雪覆蓋，景緻還很壯觀，可惜是陰天，無藍天，無直射日光，如果是晴天又有直射的日光，那景緻也將會是無比的壯觀。

飛機於阿拉斯加日光時間上午 7 點 38 分降落，飛行時間是 2 小時 23 分鐘，飛行距離是 690 海浬。 降落後地面台航管引導我們經由滑行道 E（Taxiway E）滑行到美國邊境保護署（Custom and Border Protection，CBP）的停機坪，該停機坪是位置在國際北航站的 N2 空橋旁，將飛機停妥後，關掉引擎，UWA 特約地勤 Great Circle Flight Service 在停機坪等候我們，引擎停下後沒到 1 分鐘一位海關與一位移民官由航站那走來，打招呼後，移民官大致看了一下護照，海關則問筆者有沒有帶植物、肉品及水果，筆者說只有吃剩下的水果皮，於是地勤拿了一個紅色有蓋子的桶子給我丟棄水果皮之後，全部過程沒有 1 分鐘入境手續就完成了。

Great Circle Flight Service 的停機坪是位在 7R 跑道的南邊滑行道 F 的西邊，所以又得發動引擎，航管引導我們經由滑行道 E，穿過 7L 與 7R 跑道在銜接滑行道 F 後到達該公司的停機坪。 Great Circle 的休息室內備有飲料與點心，我們離開俄羅斯尤日諾薩哈林機場是庫頁島時間 5 月 8 日下午 1 點 13 分，也就是安克拉治的 5 月 7 日下午 4 點13 分，到現在已經有 16 小時了，趁飛機加燃油時好好補充食物與飲料。

Bill 與筆者討論是否要在安克拉治住一個晚上，兩人都認為現在是清早，旅館的 check in 時間是中午以後，現在驅車去安克拉治市也無處可休息，還不如繼續飛到下一站找一家旅館夜宿，如此明天就只需飛 2 段航程就可回到家。 一不做二不休！繼續飛吧！這就是有兩位飛行員的好處。

燃油共加了 153 加侖，UV Air 合約價是每加侖美金 4.50 元。 回家後收到了 UWA 的地勤服務與機場費帳單美金 353 元，俄羅斯空域的導航費帳單美金 446 元，俄羅斯空域內的飛行許可費帳單美金 341 元。

第 22 段航程 PANC – PAKT

終於要展開今天的第 4 段航程了。目標是凱奇坎機場（PAKT），飛行計劃航路是 PANC DCT ELLAM DCT DOOZI DCT PAKT，巡航高度是 FL410。

今早航管給我們 33 號起飛跑道，該跑道尺寸是 10865 x 200 英呎。 飛機於阿拉斯加日光時間上午 8 點 47 分起飛，向東飛到 ELLAM 航點，再飛到 ELLAM 航點後就轉東南方向沿者阿拉斯加東南沿海直飛 DOOZI 航點，ELLAM 與 DOOZI 距離是 640 海浬。

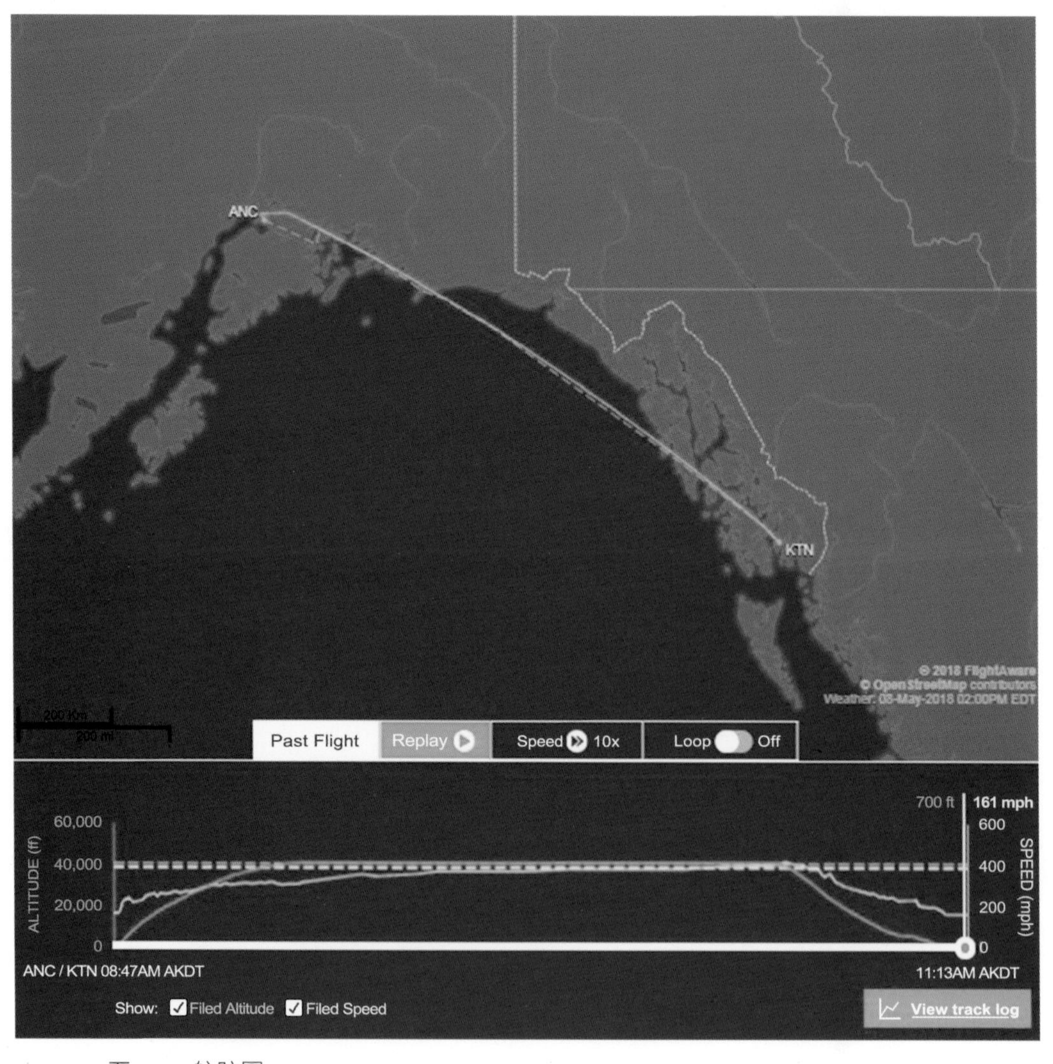

▲ PANC 至 PAKT 航跡圖

沿途天氣良好，阿拉斯加的山嶽冰原、大冰河、冰河入海等壯麗景緻一覽無遺，這一段航段與格陵蘭航程及堪察加半島航段可說是環球飛行中景色最壯麗的3個航段。 除此，歐洲的阿爾卑斯山航段應該與這 3 個航段一樣壯麗，可惜當天被雲層覆蓋以致無法襯托出阿爾卑斯山的縱深景色。 盼望世界各國能無私的在氣候變遷的議題上合作減少碳排放，並且能在最短的時間能做到碳中和（Carbon Neutral），否則這些壯麗的冰原與冰河就會快速的在地球上消失的。

▲ 阿拉斯加冰原與冰河

▲ 阿拉斯加冰河流入太平洋

▲ 阿拉斯加州東南沿海的內通道

再來就飛進了阿拉斯加州東南沿海的內通道（Inside Passage），內通道是從阿拉斯加東南部一直延伸到加拿大不列顛哥倫比亞省西部，再延伸到美國華盛頓州，內通道從北南長 440 海浬（800公里），東西寬 75 海浬（160公里），該地區有 1,000 多個島嶼以及無數個峽灣還有許多與世隔絕的島嶼與社區。 船舶航行在內通道可以避免在外海的惡劣天氣，郵輪、貨輪、拖船、魚船、卑詩渡輪、華盛頓州渡輪、加拿大與美國海岸警衛隊船隻都會使用內通道。 飛機飛到了內通道上空時，天氣稍有陽光但空氣中瀰漫很厚的水氣，視野較不清澈。

今天凱奇坎機場的進場程序是 ILS Y RWY 11，使用 11 號跑道，該跑道尺寸為 7,500 x 150 英呎。凱奇坎機場無塔台，但是 FBO 的工作人員使用 CTAF 提供我們該機場週遭的空中交通的現況，這還蠻特別的，因為一般而言 FBO 是不提供這種服務的。

飛機於阿拉斯加日光時間上午 11 點 13 分降落在 11 號跑道，飛行時間是 2 小時 26 分鐘，飛行距離是 714 海浬。 終於完成這 4 段充滿了驚險與奇特遭遇的 3,327 海浬的航程，總飛行時間是 11 小時 38 分鐘，如納入各機場滯留時間的 7 小時 23 分鐘，由尤日諾薩哈林斯克機場起飛到降落到凱奇坎機場的時間為 19 小時 01 分鐘，不愧為最長的一日！

機場沒有前導車，飛機離開跑道時 FBO 無線電報話要我們將飛機停到過夜停機坪（Overnight Apron），而這個停機坪在航站的東南方，距離 FBO 有點遠，而且地勢比滑行道低，入口有很明顯的下坡，機場通常是不會有這樣的高低差，飛機在滑行時不會像汽車般能靈活控制。 凱奇坎機場是位在 Gravina 島的東北部，機場是從山坡地挖出來的，跑道、滑行道、航站、航站停機坪與 FBO 等建在等高的平面上，其他機場設施就是依山勢而建設了。 FBO 的名稱是 Aero Services，飛機停妥後用無線電呼叫 FBO 請他們派部車來過夜停機坪接我們到 FBO。 因為早抵達凱奇坎有 6 天之多，沒有預定旅館，於是請 FBO 給推薦旅館並幫我們訂房， FBO 推薦了位置在凱奇坎（Ketchikan）市中心，郵輪碼頭旁的地標 Gilmore Hotel。

凱奇坎鎮是內通道中一個郵輪必定停靠的觀光景點，該鎮在 Revilagigedo 島的西南部，與機場的 Gravina 島中間隔著一峽灣，機場與鎮之間沒有橋，兩岸的交通是靠渡輪，渡輪可承載車輛，兩個島嶼的居民與車輛，與到凱奇坎機場的人車，全依靠渡輪來往。 我們向 FBO 買了渡輪的來回票，拖個行李走向渡輪碼頭。 在橫渡峽灣時才得知這峽灣除了會有大型郵輪通過，也是水上飛機（Sea plane）的起降用的水道，這所以要造一條橋連接兩岸是不切實際的，況且兩島間的車流與人流也很少，用渡輪還是最合乎經濟效益的也不會阻礙大型郵輪航行與水上飛機的起降。

▲ PAKT 機場與凱奇坎鎮間的渡輪

▲ 渡輪上回瞰 PAKT 機場

乘坐渡輪時筆者的專業本質又上身了，觀察到渡輪客艙的照明也正在驗證LED，節能減碳已開始深入偏遠地區。

▲ 渡輪上測試 LED 燈具

▼ 渡輪上的全景

Gilmore Hotel 派遣一輛計程車到渡輪碼頭接我們，渡輪碼頭到旅館的車程約 4 公里。 這家歷史悠久旅館是值得介紹一下，它建於 1927 年，是該鎮最古老的酒店，它已被納入國家歷史名錄（National Historical Register）之中，進入該旅館的大廳後，旅客就彷彿回到1920年代的阿拉斯加。 旅館的一樓是 Annabelle's Famous Keg and Chowder House，在這可品嚐大比目魚、鮭魚和帝王蟹等新鮮阿拉斯加海鮮，與當地釀造的啤酒。

進了客房後第一件事就是趕緊將被灑到 Jet-A 的黑色長褲脱下，用洗髮精洗滌去味，但是搞了一陣子 Jet-A 的氣味就是去除不掉，只得先晾乾後用塑膠袋裝起來，回到家後將它交給洗衣機處理。 人是又餓又累又睏，就先到一樓 Annabelle's 去外帶 Clam chowder 湯與麵包到房間享用，洗澡後就先上床睡覺，明天清晨再去逛凱奇坎市鎮，Good night，sweet dream！

▲ Gilmore Hotel 內部

2018 年 5 月 9 日 PAKT – KRDM – KFFZ

PAKT：Ketchikan, Alaska, USA，美國 阿拉斯加 凱奇坎

KRDM：Redmond, Oregan, USA，美國 奧立岡州 雷德蒙德

KFFZ： Falcon Field Airport, Mesa, Arizona USA，美國 亞歷桑納州 梅莎 獵鷹機場

清晨 5 點 30 分出門去逛凱奇坎鎮，凱奇坎有眾多的美洲原住民圖騰柱而因此聞名，整個城鎮隨處都可以看到圖騰。 鎮中的圖騰遺產中心（Totem Heritage Center）保存並延續了特林吉特人（Tlingit）、海達人（Haida）和尖沙咀人（Tsimshian）的活生生的藝術傳統，這些傳統造就了最初的圖騰柱。

▲ 凱奇坎鎮圖騰遺產中心

▲ 凱奇坎鎮街角圖騰

▲ 凱奇坎鎮圖騰遺產中心展示的騰圖

位在該鎮東邊有一條具有阿拉斯加內通道特色的克里克街（Creek Street），這條街實際上是一條高蹺式的木板街道，克里克街在 2014 年與 Gilmore Hotel 一起被納入國家歷史名勝名錄。 克里克街的木板街道與房舍是沿著凱奇坎河東側的斜坡上沿岸而建的，原因是河邊沿岸斜坡的岩石很堅硬所以很難用爆破來取得建地。現在每年都有成千上萬的遊客到克里克街來參觀，因為歷史悠久的克里克街是凱奇坎最受歡迎的景點之一，木樁上的木板路與房舍現進駐了餐館、工藝品店、博物館、還有私人住所，也是凱奇坎最好的鮭魚觀賞區。 探索克里克街時，不要錯過已婚男士步道和鮭魚梯！

其實的早期克里克街是臭名遠播的，在 1903 年至 1954 年之間，這條街是凱奇坎的紅燈區。 它的起源是應 1903 年的一項法令，將妓院從鎮中心驅逐到凱奇坎河河東側的「印度鎮」，直到了 1954 年妓院才被取締而關閉。 而蜿蜒登上克里克街上方的山丘的小徑是「已婚男子步道」，這是妓院的顧客用來逃避警察稽查時逃離克里克街的一條山路。

▲ 凱奇坎鎮克里克街的標示牌

▲ 凱奇坎鎮克里克街的木板街道與房舍

▲ 建築在河床邊上的凱奇坎鎮克里克街的木板街道與房舍

▲ 凱奇坎鎮克里克街入口

▲ 凱奇坎鎮 Cape Fox Ledge 所展示的圖騰

昨天旅館前檯告訴我們今天 5 月 9 日是今年郵輪觀光季的開張日，第一艘郵輪今早將會停靠凱奇坎，想必以觀光旅遊維生的旅館、餐廳、工藝品店等商家無不磨拳擦掌，這裡的冬天很長，一年中只有 5 個月可以做生意。 逛完凱奇坎後大約是 8 點半前回到旅館，就有一艘郵輪已經停靠在旅館外的碼頭了，想必是才靠岸不一會兒，遊客正在郵輪上吃早餐，等吃完早餐後小鳥就會放出籠子，早上筆者出旅館時凱奇坎的街上是空無一人，但等一下街上與工藝品店必定會人滿為患了。 筆者祝各商家今年生意興隆！

▲ 2018 年第一艘停靠凱奇坎港的郵輪

我們在上午 8 點 30 分離開 Gilmore Hotel，搭乘旅館為我們約的計程車前往渡輪碼頭。 在等渡輪由機場那邊駛過來的空檔，看到渡輪碼頭的左邊就是停靠水上飛機的碼頭，期間也有幾架水上飛機起降。 內通道各島嶼間的交通工具除了渡輪與私人船艇外，水上飛機也扮演的重要的角色。

到了 FBO 後就首先請他們派油罐車去過夜停機坪將 N287WM 加滿 Jet-A，燃油共加了 121 加侖，FBO 的 AvFuel 合約價是每加侖美金 6.24元。 回家後收到了 AvFuel 的帳單共美金 797 元，這帳單包含了燃油費、FBO 地勤服務費與降落費美金 10 元。

今天要回家了！

▲ 郵輪觀光客還沒有下船前寧靜的凱奇坎鎮

▲ 凱奇坎鎮水上飛機碼頭

▲ 水上飛機

第 23 段航程 PAKT － KRDM

今天要飛兩段航程。第一段航程的迄點是 KRDM，奧立岡州的雷德蒙德機場（Redmond，Oregan），飛行計劃航路是：KRDM DCT ANN DCT MTLOK DCT HELNS DCT KRDM，巡航高度是 FL410。

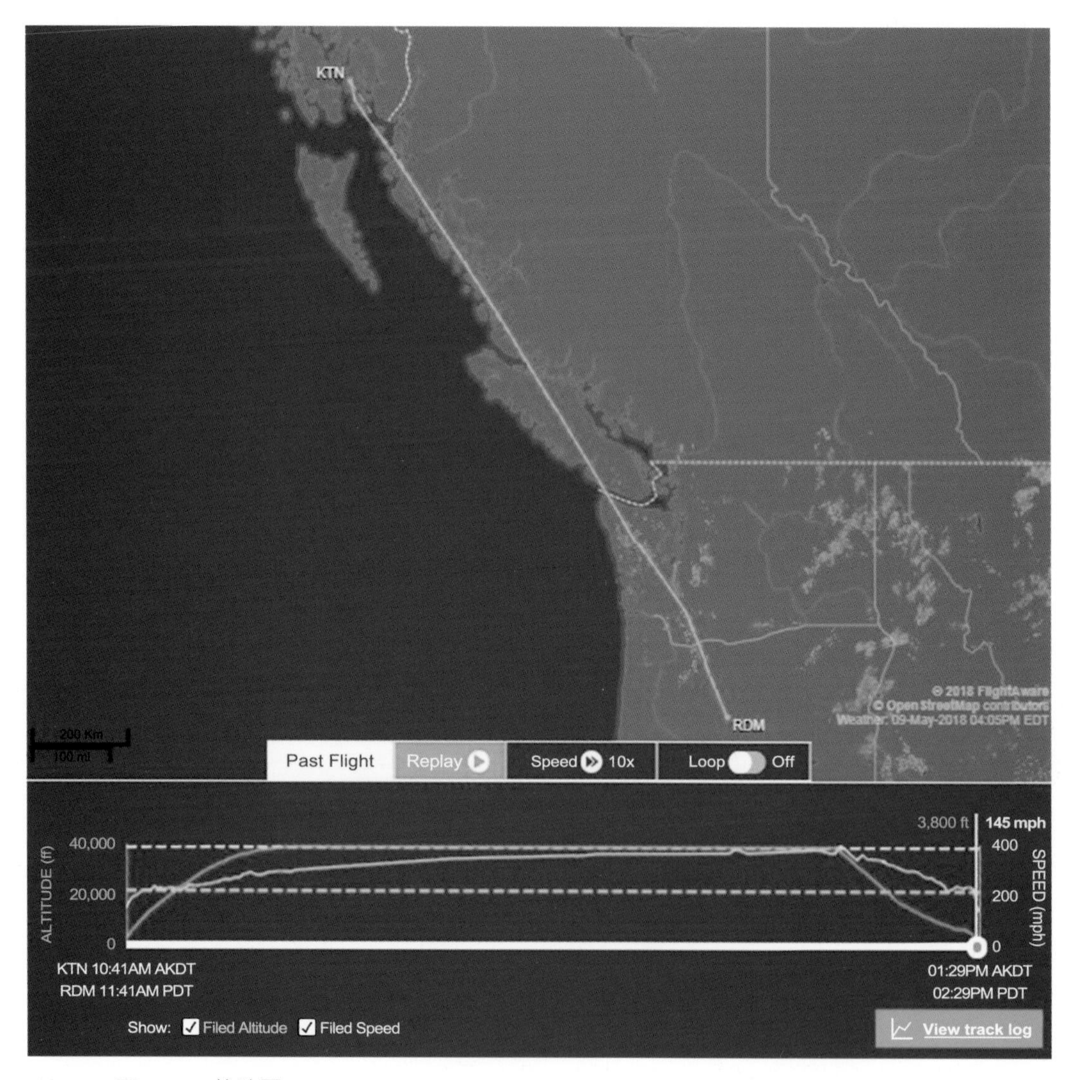

▲ PAKT 至 KRDM 航跡圖

▲ 西雅圖是東邊的海拔 4,393 公尺高 Mt Rainier 的山峰由雲層中凸出

今早凱奇坎機場使用 11 號跑道，飛機於阿拉斯加日光時間上午 10 點 41 分起飛，起飛後就向東南沿者阿拉斯加東南方飛去，飛行約 50 海浬後，導航工作就移交給加拿大溫哥華飛航情報區（Vancouver FIR），飛機在加拿大境內飛行時大地被低雲層涵蓋，以致無法看到加拿大的景色。 飛機在加拿大飛了 435 海浬的航程後進入了美國，導航工作就移交給西雅圖航管中心（Seattle ARTCC），我們終於繞了地球一圈飛回到了美國。

在飛機接近華盛頓州的西雅圖時在 11 點方向可以看到海拔 4,393 公尺高的 Mt Rainier 的山峰由雲層中凸出。 由北太平洋飄來的雲層被 Mt Rainier 與他所屬的 Cascade Range 山脈所擋住，導致該山脈以西的華盛頓州地區非常多雨，標準的地形雨氣候，但山脈以東的華盛頓州卻是非常乾旱的。

飛機進入奧立岡州時就開始由巡航高度下降度，今天雷德蒙德機場使用5號跑道，雷德蒙德機場有兩條跑道；5-23 與 11-29，這時是吹約每小時 25～30 海浬的北風，使用 5 號跑道時每小時 25～30 海浬的北風是等於 10 點鐘方向吹來的側風，這種每秒 15 公尺的側風對在降落時低於 5,000 英磅的 Eclipse 500 在降落時的飛行員駕駛技術是個考驗，所幸 5-23 號跑道的尺寸是 7,023 x 150 英呎，即跑道中心線到跑道邊的距離是 23 公尺，在起落架著地前打直飛機到起落架著地時間不會超過1秒鐘，不致會被這種每秒 15 公尺的側風吹偏離跑道中心線太遠。

飛機於美西日光時間下午 2 點 29 分降落，飛行時間是 2 小時 48 分鐘，飛行距離是 805 海浬。 這裡也不會有前導車，基本上美國機場是不會用前導車的，起降繁忙的美國小機場，如果用前導車，哪還有時間給做其他工作。 當機場有塔台管制時，如滑行道較為複雜，飛行員又是第一次來到這機場不確定如何正確滑行去 FBO 或其他位置時，可要求地面台航管給「Progressive」的導引，地面台航管會給明確階段式的導引。 如果這機場沒有塔台，可用 CTAF 聯絡 FBO，FBO 會給你指引，甚至有時會派出前導車來帶領你去 FBO 的停機坪。

雷德蒙德機場的 FBO 的名稱是 Leading Edge，下機後 Bill 與筆者在 FBO 前合照紀念回到美國本土。 讀者有沒有發現兩人有什麼不同呢？對的！兩人都沒有穿著機師制服了。

在 FBO 的休息室稍作休息，等候飛機添加燃油，這家 FBO 與 Shell 簽約的，合約價是每加侖美金 3.32 元，燃油共加了 179 加侖。 回家後收到了 Shell 的帳單，並沒有收取其他服務與降落等費用。

▲ KRDM 機場 FBO Leading Edge 兩人都沒有穿著機師制服的合影

第 24 段航程 KRDM － KFFZ

這段航程是環球飛行的最後一段航程！噢耶！今晚終於可以在自己溫暖與舒適的床上歐歐睏了！

飛到這段航程的迄點也是這次環球飛行的起點；亞歷桑納州，梅莎獵鷹機場的飛行計劃是：KRDM DCT WYMAN DCT EHK DCT FLG DCT KFFZ，巡航高度是 FL410。

雷德蒙德機場起飛使用跑道還是 5 號，還是吹北風，起飛時的強側風對飛機的掌控影響不如降落時要大，因為起飛時飛機是火力全開，引擎 100% 出力，且在起落架離地前飛機不容易被側風吹偏離跑道中線，起飛後被吹偏離些也不是很關鍵，但降落是卻要保持不能被吹到偏離跑道去吃土或吃草。

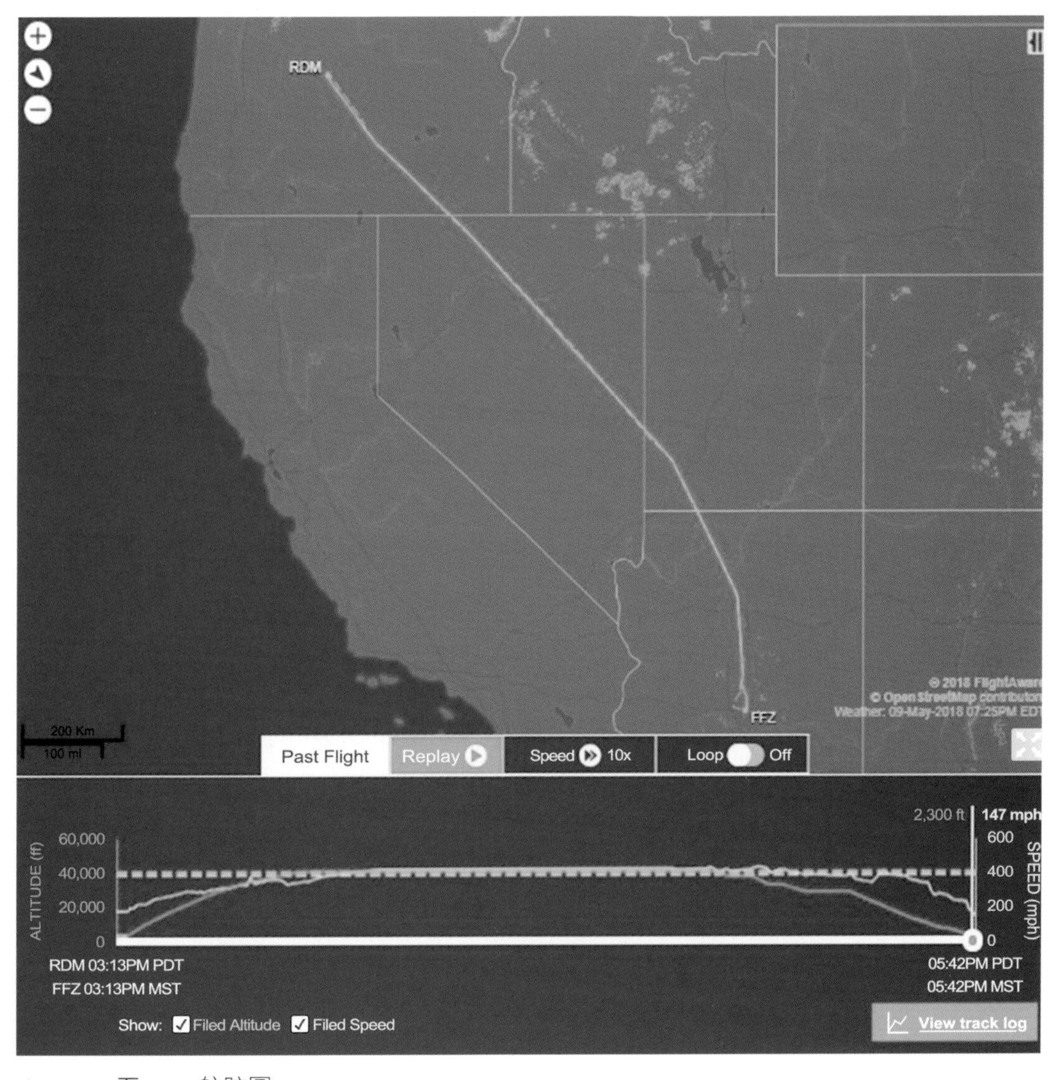

▲ KRDM 至 KFFZ 航跡圖

▲ 飛越大峽谷

飛機於美西日光時間下午 3 點 13 分飛機起飛，航程飛越了奧立岡州，內華達州（Nevada），猶他州（Utah），最後進入亞歷桑納州。 沿途的航管中心 ARTCC 依序為西雅圖，鹽湖城（Salt Lake City），洛杉磯（Los Angles），最後是由阿爾伯克基接手，進入亞歷桑納州邊境不久就可以看到地球上的主要地標；大峽谷（Grand Canyon），它是被科羅拉多河（Colorade River）雕刻而成。 大峽谷長 446 公里，最大寬度為 29 公里，深度超過 1,857 公尺。 隨著科羅拉多高原因地殼變動而抬升起，科羅拉多河及其支流持續近二十億年的沖刷，使大峽谷可揭露了二十億年以來的地球地質歷史。 大峽谷在 1919 年 2 月 26 日伍德羅威爾遜總統簽署了大峽谷國家公園法後成為繼黃石公園（Yellowstone）和麥基諾湖（Mackinac）之後的美國第三座國家公園。

飛越大峽谷後就要由巡航高度下降，再看到另一個亞歷桑納州地標，舊金山群峰（San Francisco Peaks），它是亞利桑那州中部的火山山脈，該山脈的最高點是漢弗萊斯峰（Humphreys Peak），海拔 3,851 公尺。 漢弗萊斯峰西坡是州知名的雪碗滑雪場（Snowbowl），亞利桑那州給世人的感覺是大峽谷與仙人掌一個炎熱乾燥的地方，很難想像這個州冬季會下雪。

▲ 亞歷桑納州地標舊金山群峰

今天梅莎獵鷹機場的到場程序是 Dsert Two，使用 22 號跑道。 飛機於亞利桑那時間下午 5 點 42 分降落，飛行時間是 2 小時 29 分鐘，飛行距離是 829 海浬。

這次的環球飛行順利完成了。一共飛行了 16 天，歷經了 24 個航段，降落 16 個國家，飛越了 10 個國家；法國、德國、瑞士、沙烏地阿拉伯、阿聯酋、巴基斯坦、阿聯酋、孟加拉、緬甸、寮國，總飛行航程 20,031 海浬。

飛機脱離了 22 號跑道後沿著滑行道 D 滑行時，看到有一個人騎著單車在塔台下的停機坪追隨飛機前進，仔細一瞧，騎單車的人居然是我的小兒子「碩盟」，他當時才 15 歲，但他用 FlightAware App 追蹤飛機，知道我們即將降落，所以他就從家中騎了 5 公里的單車到機場迎接我們。 在一看塔台下的停機坪還有停一部很孰悉的金色 Toyota Mini Van，仔細一瞧，這輛車是 Bill 的車，他的夫人 Anita 開車在這等候來迎接我們。 飛機滑行到機棚，碩盟與 Anita 就也跟隨飛機來到機棚，打開艙門時看到親人來迎接感到好溫暖！ 終於毫髮無傷安全回到家了！ 這才是最重要的！

▲ 安全歸來後與筆者兒子合影

▲ 安全歸來後與 Bill 的夫人 Anita 合影

感受與總結

筆者做了一次統計，在所有航程中降落的 24 個機場，其中半數以上的機場可能是有史以來第一次接待 Eclipse 500 機型。 Eclipse 飛機公司的維修部經理曾經告訴筆者還有一架尾號是 N570RG 的 Eclipse 500 機型在 2013 與 2016 已完成環球飛行，但筆者無法在互聯網上查出該飛機的環球飛行紀錄或資訊。

總結這次環球飛行中的印象與記憶較深刻，筆者將它們歸納如下：

- 地面的景觀壯麗：格陵蘭、阿爾卑斯山、堪察加半島、阿拉斯加東南海岸與大峽谷。
- 航管英文口音重有時不易懂的地區：義大利、中東、印度、南亞與俄羅斯。
- 英語系國家以外的航管英文口音輕的地區：香港、台灣與韓國。
- 簽證規定較繁瑣的國家與地區：印度與俄羅斯。
- 通用航空在美、加、西歐與澳洲等以外的國家或地區是社會中的金字塔尖的人群才能享有的交通工具或嗜好。
- 在美、加、西歐與澳洲等以外的國家或地區飛行時，飛行員穿著便服會有意想不到的困擾！如改穿著機師制服會暢通無阻。
- 讀者如計劃第一次環球飛行時，在美、加、西歐、澳洲等以外的國家或地區還是要請全方位的飛行服務公司來規劃航程與協調管理各機場的地勤（Ground Handler）。
- 環球飛行航程中機場的費用以南亞與東亞國家或地區收費最為昂貴，可能與這些國家或地區的通用航空是社會中的金字塔尖的人群才能享有的交通工具或嗜好有直接的關聯，反正這群人有錢，不收白不收。
- 各個國家或地區的航空主管部門對到場、進場與離場程序的名稱、圖案與文字的編排方法都不同，最好是使用如 Jeppesen 公司出版的到場、進場與離場程序，因為 Jeppesen 公司將各程序的圖案與文字的編排統一化，使飛行員能有效率的閱讀與參考。
- 航程中的大多數機場是第一次接待 Eclipse 500 這款機型，更不用說該機場的 FBO 機工會修理這機型的飛機，或會庫存該機型的維修用零件，有當飛機有小故障時，飛行員自己就要從機師轉變成機工，所以飛行員平常就要去了解自己飛機，能自己處理故障或做基本維修是絕對必要的。 表中呈現了 Eclipse 500 機型在世界各地的分布狀況，雖然表中的飛機數量可能少統計了 100 餘架，但還是可從該表就可以領悟到當 Eclipse 500 機型飛離美國後，基本上就沒有維修與零件的後勤支援的。

CONTINENTS	FLEET
Africa	1
Asia	1
Australia & Oceania	2
Europe	24
North America	214
South America	5

TOP COUNTRIES	FLEET
United States	206
Mexico	6
Germany	4
Austria	4
United Kingdom	3
Spain	2
Brazil	2
Australia	2
Canada	2
Guernsey	2

▲ Eclipse 500 機型在世界上的分布狀況表

到 2021 年 5 月為止，世界上有 553 人上過太空，超過 6000 人登頂過世界第一高峰 Mt Everest，約 400 人登頂過世界第二高峰 K2，依據 https://www.earthrounders.com/ 的統計，駕駛輕型飛機環球飛行的人只有 446 人。該網站是非營利，提供給完成環球飛行的人士登記非商業行為的環球飛行過程的摘要與感觸，這是一個榮譽制度的網站，因為所有的紀錄是沒有查證的，全憑登記者的良心。當然我們必須承認，一定還會有為數不少的非商業行為的環球飛行沒有被登錄在這個網站內，但這個網站的可提供給對環球飛行有興趣的人士具有價值的資訊。

還有一個機構 Federation Aeronatical International，FAI 的總部是位在瑞士，該機構對完成環球飛行的人士有頒發證書 https://www.fai.org/page/gac-circumnavigator- diploma，在該機構有登錄完成環球飛行的人至 2021 年 5 月共有 70 人。當然同一位人士極可能會在 FAI 與 Eatthrounder 兩處都有登錄，所以可歸納有人類歷史後至 2021 年 5 月間約有 500 人完成非商業行為的自架輕型飛機完成環球飛行。筆者很幸運能這一生能成為其統計數字中的一位。

筆者不知道以飛行為興趣的人士們，其中有多少人具有自架飛機環球飛行的夢想？為何自駕輕型飛機環球飛行的人數比上過太空的人數還少呢？基本上到今天為止，上太空在世界各國是傾該國政府的力量所完成的。而自駕輕型飛機環球飛行卻是一種個人的行為，通常是要傾個人一生的力量所完成的。自駕輕型飛機環球飛行的個人需要具備下列的條件：

1. 有堅定不移環球飛行的夢想。
2. 具有單或多引擎儀器飛行執照與孰練的飛行知識及經驗。
3. 取得環球飛行所需的人機適航資格與能力。
4. 自己要擁有一架可安全完成環球飛行的飛機。
5. 擁有足夠的財力或有能力募到足夠的金錢來支付環球飛行所產生的費用。

6. 具備針對自己的飛機性能來自行規劃安全的環球飛行航路的知識與能力。
7. 需要有強韌的意志力與執行力。

很多人會認為這是很艱難的目標，但事實的全部過程是國父孫中山先生所說的「知難行易」。 只要立下志向放開步伐一步步向前走，遇到了困難與阻礙時可能需要暫時停下重新調整腳步再出發或是轉向，但絕對不能幫自己找藉口而放棄，俗話說「失敗的人找藉口，成功的人找方法」，這說法對整個環球飛行由開始夢想到安全完成的過程是非常寫實與貼切的，因為全部過程可能需要用到數十年的光陰，一個人在數十年的光陰中命運的變化是很大的，如無強韌的意志力與執行力，這個夢想很容易就會像泡沫一樣的破掉。

人生是很短的，不要去浪費時間。 其實不浪費時間是一個人的人生中最艱難的工作，因為不浪費人生就意味不能懈怠，也意味著「自制」與「紀律」。 尤其是 21 世紀的人們，請不要成為智慧手機的奴隸，探索真實環境會比探索虛擬環境要付出甚多，但是探索真實環境會使你或妳的人生更為充實不虛空，在人生終點時才不致覺得自己虛晃了這一生。

2018 年日期	城市, 國家	機場 ICAO編碼	實際飛行航距(海浬)
4/23	Mesa, Arizona, USA	KFFZ	
	Atlantic, Iowa, USA	KAIO	935
	Montreal - St Hubert, Quebec, Canada	CYHU	1008
	Goose Bay, Newfoundland, Canada	CYYR	725
4/24	Narsarsuaq, Greenland	BGBW	696
	Reykjavik, Iceland	BIRK	689
4/25	Prestwich, Scotland, United Kingdom	EGPK	797
4/26~4/27	Venice, Italy	LIPZ	934
4/28	Iraklion, Crete Island, Greece	LGIR	845
4/29	Sharm-El Sheish, Sinai, Egypt	HESH	685
4/30	Manama, Bahrain	OBBI	949
5/1	Muscat, Oman	OOMS	554
5/3	Ahmedabad, Gujarat, India	VAAH	847
	Kolkata, West Bengal, India	VECC	923
	Chinag Mai, Tailand	VTCC	729
5/4	DaNang, Vietnam	VVDN	658
5/4~5/6	Taipei, Taiwan	RCSS	957
5/7	Yangyang, Gangwon, South Korea	RKNY	925
	Yuzhno-Sakhalinsk, Sakhalin, Russia	UHSS	1120
5/8	Petropavlovsk, Kamchatka, Russia	UHPP	802
	St. Paul Island, Alaska, USA	PASN	1215
	Anchorage, Alaska, USA	PANC	690
	Ketchikan, Alaska, USA	PAKT	714
5/9	Redmond, Oregan, USA	KRDM	805
	Mesa, AZ, USA	KFFZ	829
		總計:	20031

▲ 實際飛行的里程與起降機場

國家圖書館出版品預行編目資料

極限挑戰：駕機環球16天全紀錄/周德九著. -- 初版. --
臺北市：博客思出版事業網, 2022.08
面； 公分
ISBN 978-986-0762-28-0(軟精裝)
1.CST: 飛行員 2.CST: 飛機駕駛
447.8 111010511

生活旅遊26

極限挑戰 駕機環球16天全紀錄

作　　者：周德九
主　　編：張加君
編　　輯：楊容容、陳勁宏
美　　編：陳勁宏
封面設計：陳勁宏
出　　版：博客思出版事業網
地　　址：臺北市中正區重慶南路 1 段 121 號 8 樓之 14
電　　話：(02) 2331-1675 或 (02) 2331-1691
傳　　真：(02) 2382-6225
E - MAIL：books5w@gmail.com 或 books5w@yahoo.com.tw
網路書店：http://5w.com.tw/
https://www.pcstore.com.tw/yesbooks/
https://shopee.tw/books5w
博客來網路書店、博客思網路書店
三民書局、金石堂書店
經　　銷：聯合發行股份有限公司
電　　話：(02) 2917-8022　　傳真：(02) 2915-7212
劃撥戶名：蘭臺出版社　　帳號：18995335
香港代理：香港聯合零售有限公司
電　　話：(852) 2150-2100　　傳真：(852) 2356-0735
出版日期：2022 年 8 月 初版
定　　價：新臺幣 500 元整（軟精裝）
ISBN：978-986-0762-28-0